新型环保气体绝缘与放电基础及应用

邓云坤　张博雅　李兴文　王　科
赵　虎　彭　晶　黄小龙　郭　泽　著
赵现平　马　仪　周年荣　谭向宇

机 械 工 业 出 版 社

近年来 SF_6 替代气体在高压电力设备中的应用取得了较大进展。本书重点介绍了 C_4F_7N、$C_5F_{10}O$ 等新型环保气体的理化特性及放电参数、间隙击穿和沿面闪络特性、不同放电形式的分解产物、电弧开断特性等几个方面的研究工作；并结合理论分析和实验研究，给出了适用于不同类型高压电力设备的气体使用组配方法，汇总了基于新型环保气体的高压电力设备研发与应用情况。

本书可供从事高压电力设备设计、制造、试验和运行方面的有关科研、工程技术人员参考。

图书在版编目（CIP）数据

新型环保气体绝缘与放电基础及应用/邓云坤等著．—北京：机械工业出版社，2020.12

ISBN 978-7-111-67118-3

Ⅰ.①新…　Ⅱ.①邓…　Ⅲ.①高压电气设备-气体绝缘②高压电气设备-放电　Ⅳ.①TM7

中国版本图书馆 CIP 数据核字（2020）第 257675 号

机械工业出版社（北京市百万庄大街 22 号　邮政编码 100037）
策划编辑：林春泉　责任编辑：林春泉
责任校对：张晓蓉　封面设计：张　静
责任印制：常天培
固安县铭成印刷有限公司印刷
2021 年 3 月第 1 版第 1 次印刷
169mm×239mm · 12.25 印张 · 248 千字
0001—1500 册
标准书号：ISBN 978-7-111-67118-3
定价：69.00 元

电话服务　　　　　　　　　网络服务
客服电话：010-88361066　　机　工　官　网：www.cmpbook.com
　　　　　010-88379833　　机　工　官　博：weibo.com/cmp1952
　　　　　010-68326294　　金　　书　　网：www.golden-book.com
封底无防伪标均为盗版　　机工教育服务网：www.cmpedu.com

前 言

六氟化硫（SF_6）是一种优良的绝缘和灭弧介质，在电力行业中得到了广泛的应用。随着使用量的不断增加，每年排放到大气的 SF_6 正以前所未有的速度快速增加。根据全球大气实验计划对温室气体含量的监测显示，从 1973 年到 2018 年的 45 年间，大气中的 SF_6 含量增加了一个数量级。目前，全球每年排放的 SF_6 总量相当于 2.2 亿吨二氧化碳（CO_2）气体，且还在以每年 10%的速率继续增长。SF_6 是目前已知最强的温室气体之一，其以 100 年为基准的全球变暖潜能值（Global Warming Potential，GWP）约为 CO_2 的 23500 倍，并且由于 SF_6 的化学性质极为稳定，在大气中的存在时间可长达 3200 年之久，一旦泄漏，基本不会自然分解，对全球气候变暖的影响具有累积效应。由于温室效应引起的全球气候变暖会给人类的生存环境带来严重的威胁，并可能引起灾难性的后果，因此温室效应已成为国际关注的三大环境问题（臭氧层破坏、全球气候变暖和生物物种急剧减少）之一。

为此，国际社会开展了广泛的全球性合作和努力，以期控制大气中的温室气体含量，共同维持人类社会的可持续发展。在 1997 年日本京都召开的《联合国气候变化框架公约》（United Nations Framework Convention on Climate Change，UNFCCC）第 3 次缔约方会议上，84 个国家相继签署了《京都议定书》（Kyoto Protocol）以共同应对全球气候变暖。在该议定书中，明确将二氧化碳（CO_2）、甲烷（CH_4）、氧化亚氮（N_2O）、全氟化碳（PFC）、氢氟碳化物（HFC）和 SF_6 列为限制排放的 6 种温室气体。我国作为《京都议定书》的主要缔约国之一，正在积极地推进和执行温室气体减排任务。2017 年，我国政府在《巴黎协定》中承诺，到 2030 年，单位国内生产总值 CO_2 排放比 2005 年下降 60%～65%。由于 SF_6 对温室效应的潜在影响较大，因此严格限制 SF_6 气体排放、减少 SF_6 气体使用对于我国达成减排目标意义重大。正因如此，探索可等效替代 SF_6 的新型环保绝缘气体成为电气工程领域重要的研究方向和迫切需要解决的热点问题。

近年来，在国内外相关高校、研究机构和企业的共同努力探索和实践下，SF_6 替代技术的研究及应用取得一系列重要进展，尤其是基于七氟异丁腈（C_4F_7N）、全氟戊酮（$C_5F_{10}O$）等绿色含氟绝缘气体的高压电气设备相继开发成功，并初步实现了工程示范应用，取得了良好的社会、经济效益。云南电科院专门成立了高原环保电力设备团队，组织西安交通大学、上海交通大学、西北工业大学、中国西电集团、浙江省化工研究院等国内相关单位，从气体制备、绝缘与电弧特性、产品研发等几个方面，开展了广泛、深入的研究工作。本书是作者及所在的科研团队 10

余年来在 SF_6 替代气体领域研究工作的系统总结。通过广泛的国际交流与产学研合作，结合理论计算和实验研究，并在工程实践中不断丰富和总结，形成了具有一定特色的技术体系。

本书重点介绍了 C_4F_7N、$C_5F_{10}O$ 等新型环保气体的物性参数、理化特性、绝缘及电弧特性等内容，以期为相关领域的基础研究及设备开发提供有益参考，体系结构及主要内容如下：

第一章主要介绍了 SF_6 气体的基础性质及应用概况，分析了 SF_6 在使用过程中存在的问题，指出对 SF_6 进行替代的必要性，并对当前潜在的几种替代气体方案（单一气体、SF_6 混合气体、新型环保气体）进行对比和分析。通过第一章的内容，让读者对 SF_6 替代的目的和意义有清晰的认识。

第二章主要介绍了 C_4F_7N、$C_5F_{10}O$ 等新型环保气体的分子结构、饱和蒸气压、GWP、臭氧消耗潜能值（The Ozone Depletion Potential，ODP）、毒性、碰撞截面等关键理化参数，以及与 CO_2、空气等混合气体的电子漂移速率、电离反应系数、吸附反应系数、有效电离反应系数、临界折合击穿场强等放电参数，并与 SF_6、空气、CO_2 等气体进行了对比。

第三章主要介绍了 C_4F_7N、$C_5F_{10}O$ 混合气体在不同电极结构、混合比例和压力下的绝缘击穿特性、沿面闪络特性以及在不同放电形式下的分解产物，为环保型气体绝缘电力设备的开发及运维提供参考依据。

第四章详细介绍了 C_4F_7N、$C_5F_{10}O$ 与 CO_2、空气等混合气体电弧等离子体的化学组成、热动属性和输运参数等，分析了不同因素对新型环保气体电弧特性的影响。通过对比 C_4F_7N、$C_5F_{10}O$ 混合气体与 SF_6 物性参数的异同，从微观层面讨论了新型环保气体作为灭弧介质的可行性。最后，通过电弧磁流体动力学仿真和电弧开断实验，分别从电弧燃弧和零区阶段的能量耗散性质讨论了新型环保气体的灭弧性能。本章内容有助于加深对不同气体电弧特性及灭弧机理的理解，同时为 C_4F_7N、$C_5F_{10}O$ 混合气体作为灭弧介质的应用提供参考。

第五章结合电力设备对气体绝缘介质的需求，重点介绍了新型环保混合气体在电力设备中的应用技术及国内外相关环保电力设备的应用情况，同时针对环保电力设备运行中所需的运维技术及其研究进展进行了介绍。

本书第一、五章由邓云坤、王科编写，第二、四章由张博雅、李兴文编写，第三章由张博雅、赵虎编写。全书由邓云坤和李兴文统稿和审定。参加本书编写的还有彭晶、黄小龙、郭泽、赵现平、马仪、周年荣和谭向宇等。

作者在编写过程中阅读了大量相关文献，其中部分内容参考了相关文献的写法，由于都是成熟的内容，并未对所有参考文献一一罗列，在此向相关文献的作者表示诚挚的感谢！

本书的编写工作是在多项云南省电力公司科技项目、国家自然科学基金项目等支持下完成的，特此表示感谢。

由于作者水平有限，书中难免有纰漏。不当之处，恳请读者朋友批评指正。

作　者

2021.1

目　录

第一章 引 言

第一节 SF_6 气 体

一、SF_6 气体的基本性质

1. 稳定的理化特性

纯净的六氟化硫（SF_6）是一种无色、无味、无毒、不可燃的气体。常温下惰性极强，化学性质稳定，一般不与其他材料发生化学反应。在20℃、标准大气压下，SF_6 气体的密度为6.14g/L，约为空气密度1.29g/L的5倍，因此在空气中 SF_6 气体易下沉使浓度升高且不易扩散。SF_6 气体的临界温度为45.6℃，临界压力为38.5kg/cm^2，即 SF_6 气体被液化的最高温度和最小压力，表明其不能在过低温度和过高压力下使用。SF_6 气体的热传导性能较差，导热系数约为空气的2/3，但其分子的定压比热为 N_2 的3.4倍，因此对流散热能力比空气更强。

2. 优异的电气性能

SF_6 气体分子的电子碰撞附着截面较大，使之具有很强的电子吸附能力，从而表现出优异的绝缘性能。此外，SF_6 分子直径比空气中氧气分子、氮气分子的大，使得电子在气体中的平均自由行程缩短而不易在电场中积累能量，减少了碰撞电离的能力。同时，SF_6 气体分子量是空气的5倍，离子的运动速度比空气中氧、氮离子的运动速度慢，正、负离子更容易发生复合，使得 SF_6 气体中带电质点减少，阻碍了气体放电的形成和发展。基于以上特点，SF_6 气体在均匀电场下的绝缘强度约为空气的3倍。

SF_6 气体对电场均匀程度的敏感性要远高于空气等介质。具体来说，与均匀电场中的击穿电压相比，SF_6 在极不均匀电场中击穿电压下降的程度比空气要大得多。换言之，SF_6 优异的绝缘性能只有在电场比较均匀的场合才能得到充分的发挥。因此，在设计以 SF_6 气体作为绝缘介质的各种电气设备时，应尽可能使气隙中的电场均匀化，使 SF_6 优异的绝缘性能得到充分的利用。

SF_6 气体具有强的电负性和较高的热传导效率，因此在交流电弧下具有强烈的

电弧冷却能力。SF_6 分子量大，在交流电弧过零时，电子运动速度较慢，不能获得使电子再次碰撞的速度，因此电弧较容易熄灭。SF_6 分解后的复合能力很强，灭弧性能可达到空气的 100 倍。因此，SF_6 气体在电气设备中应用非常广泛，是迄今为止发现的灭弧性能最好的气体介质。现代 SF_6 高压断路器的气压为 0.7MPa 左右，应用于气体绝缘金属全封闭开关设备时，充气压力一般低于 0.45MPa。20℃时，若充气压力为 0.75MPa（相当于断路器中常用的工作气压），液化温度为-25℃；当充气压力为 0.45MPa 时，液化温度为-40℃。在高寒地区应用时，需考虑 SF_6 气体的液化问题，对电气设备采取加热措施，或采用 SF_6 混合气体降低液化温度。

二、SF_6 气体的应用情况

SF_6 以其良好的绝缘性能和灭弧性能，被广泛地应用于电气工业，如断路器、高压开关、高压变压器、全封闭组合电器、气体绝缘输电线路、互感器等；因其化学惰性、无毒、不燃及无腐蚀性，被广泛地应用于航空航天领域和金属冶炼、医疗、气象、化工等行业；还可应用于半导体制造中的蚀刻、化学气相淀积、标准气、检漏气体和色谱仪的载气。

1. 电力行业

目前，SF_6 气体主要用于电力行业，SF_6 在电力工业中主要用于气体断路器、气体绝缘金属全封闭组合电器、气体绝缘输电线路、气体绝缘变压器、SF_6 负荷开关、高压直流输电直流场开关等设备中。

气体断路器（Gas Circuit Breaker，GCB）是一种利用气体作为灭弧介质和绝缘介质的断路器，用于敞开式变电站，已覆盖 40.5~1100kV 电压等级。绝大多数气体断路器介质为 SF_6，这种断路器在单断口电压和电流参数方面大大高于压缩空气断路器和少油断路器，并且不需要高的气压和相当多的串联断口数。常规 SF_6 断路器分为瓷柱式和罐式两种，外壳分别为陶瓷和金属材料。此外，SF_6 发电机断路器的额定电流和额定短路开断电流大，是一种形态特殊的断路器，主要用于发电机出口保护，使用量远少于常规 SF_6 断路器。

气体绝缘金属全封闭组合电器（Gas Insulated Switchgear，GIS）是 20 世纪 60 年代中期出现的一种组合电器装置，它将断路器、隔离开关、接地开关、避雷器、互感器、套管或电缆终端等组合在一起，126~1100kV GIS 一般采用 SF_6 气体作为灭弧介质和绝缘介质。它的问世，对传统的敞开式高压配电装置来说是一次革命。近 60 年来，GIS 的发展非常迅速，其优点得到国内外电力部门的公认。与传统的敞开式高压配电装置相比，GIS 具有下列优点：

1）占地面积和空间占有体积大为减小。GIS 特别适用于位于深山峡谷的水电站的升压变电站，以及城区高压电网的变电站。在上述情况下，虽然 GIS 的设备造价较敞开式更高，但如计及土建和土地的费用，则 GIS 有更好的综合经济指标。

2）安全可靠。GIS 的带电部分全部封闭在接地的金属外壳内，可以完全防止性气体混合后绝缘性能普遍不佳，目前多数处于基础研究阶段，没有成熟的产品得到实际应用。

短期来看，采用与缓冲气体混合的方法能一定程度上缓解 SF_6 温室效应严重、对环境不友好的问题。但只要人类继续生产和使用 SF_6，这些气体最终都将会被排放到大气中去，并在长达数千年的时间周期里持续不断地对全球气候变暖产生影响。因此，寻找到绝缘性能与之相当且环境友好的 SF_6 替代气体才是最为彻底和有效的解决方法。

第四节　新型环保气体

除上述单一常规气体和 SF_6 混合气体外，近年来受一些制冷剂（如氟利昂）耐电强度远超 SF_6 的启示，研究人员逐渐将视角转向制冷材料领域，并从中筛选出了一些物理化学性质稳定、绝缘强度高、温室效应较低的气体。其典型代表包括八氟环丁烷（$c\text{-}C_4F_8$）、三氟碘甲烷（CF_3I）、全氟戊酮（$C_5F_{10}O$）、七氟异丁腈（C_4F_7N）等。其基本特性对比列于表 1-2 中。

表 1-2　新型环保气体性能

气体	相对绝缘强度	常压下的液化温度	GWP
SF_6	1	-64℃	23500
CF_3I	1.2~1.3	-22.5℃	<5
$c\text{-}C_4F_8$	1.3~1.4	-8℃	8700
$C_5F_{10}O$	2	26.5℃	<1
C_4F_7N	2	-4.7℃	2100

一、$c\text{-}C_4F_8$

$c\text{-}C_4F_8$ 常温下为无色无味的气体，化学性质稳定，无毒不燃。$c\text{-}C_4F_8$ 对环境的影响远远小于 SF_6，其 ODP 为零，且 GWP 为 8700，仅为 SF_6 的 36%。更为重要的是，$c\text{-}C_4F_8$ 作为一种强电负性气体，其绝缘强度远高于 SF_6，而且对电极表面粗糙度敏感性低。然而，纯净的 $c\text{-}C_4F_8$ 气体在电力设备中的应用存在着极大的局限性。根据不同的文献报道，$c\text{-}C_4F_8$ 的沸点为-6℃或-8℃，液化温度过高的缺陷极大地限制了纯 $c\text{-}C_4F_8$ 气体的适用范围。为解决这一问题，通常的做法是考虑在 $c\text{-}C_4F_8$ 中混合缓冲气体，如 CO_2、N_2 和 CF_4 等来降低其液化温度。

2001 年，日本电力中央研究所（Central Research Institute of Electric Power Industry，CRIEPI）及东京大学共同建议将 $c\text{-}C_4F_8$ 作为绝缘介质应用于电气设备中来取代 SF_6。此后，日本、美国、墨西哥的研究人员相继从微观放电参数及宏观击穿

特性等方面对 $c\text{-}C_4F_8$ 的绝缘性能展开了研究，并取得一些进展。国内则有上海交通大学、西安交通大学、中科院电工所等高校和研究机构开展了理论或实验研究，分析了 $c\text{-}C_4F_8$ 及其混合气体用于电气设备中的可行性。研究表明，在均匀电场下，80%比例的 $c\text{-}C_4F_8\text{-}O_2$ 混合气体能达到与纯 SF_6 相当的绝缘水平，同时30%比例的 $c\text{-}C_4F_8\text{-}O_2$ 混合气体的绝缘性能可以达到纯 SF_6 的70%左右。因此，综合考虑绝缘强度和液化温度，$c\text{-}C_4F_8$ 含量在30%以下的 $c\text{-}C_4F_8\text{-}N_2$ 混合气体可作为绝缘介质应用于中压设备中。

然而，由于 $c\text{-}C_4F_8$ 属于全氟化碳类（PFCs），仍是《京都议定书》中规定的全球限制使用的温室气体，并且 $c\text{-}C_4F_8$ 的沸点较高（-6℃或-8℃），在实际应用中存在很大的局限性。并且已有实验结果表明，在设备内部发生放电或过热故障时，$c\text{-}C_4F_8$ 混合气体会发生分解，在电极表面出现碳沉积现象，对设备内部绝缘构成潜在威胁。

二、CF_3I

CF_3I 气体是近年来引起国内外广泛关注的一种环保型绝缘气体。它无色、无味、无臭、不燃，化学性质稳定，具有良好的油溶性和材料相容性，被认为是传统氟利昂制冷剂组元以及灭火材料“哈龙”的理想替代品之一，联合国环保署已将其列入了有希望的替代制冷剂目录。CF_3I 作为灭火材料具有灭火效率高、安全性能好、灭火后不留痕迹等特点，是哈龙1301和1211的优选替代品种。经美国消防协会（National Fire Protectian Association，NFPA）的标准认证，CF_3I 气体可正式应用于航空航天等特殊领域。国际标准化组织（International Organization for Standardization，ISO）也出台了相应的标准文件，从灭火效率、环境影响、物化稳定性等方面对采用 CF_3I 作为灭火剂的防火系统做出了明确的规定。

从元素组成来看，CF_3I 气体由最活泼的卤族元素氟（F）、碘（I）以及碳（C）结合而成。由于卤族元素极易捕捉电子，因此 CF_3I 表现出了很强的电子吸附能力，这将有助于抑制电子崩的形成与发展，进而提高气体的绝缘强度。同时，由于C原子与3个F原子的诱导效应使得C原子附近的电子云密度大幅度下降，增强了C原子的电负性，使其电负性比I原子更强。CF_3I 与 SF_6 的物化性质比较见表1-3。

表1-3 CF_3I 与 SF_6 的物化性质比较

物理或化学性质	CF_3I	SF_6
相对分子质量	195.1	146.06
熔点/℃	-110	-50.7
沸点/℃	-22.5	-63.8
气体密度/(kg/m^3)	8.15	6.16

（续）

物理或化学性质	CF_3I	SF_6
液体密度/(25℃,g/cm^3)	2.096	1.322
临界温度/℃	122	45.54
临界压力/MPa	3.95	3.76
临界体积/(cm^3/mol)	225	198.52
摩尔汽化热/(kJ/mol)	22.01	23.99
摩尔生成热/(kJ/mol)	-589.9	-1116.5
偶极矩/D	1.68	0
C-I 键解裂能/(kJ/mol)	226	—
GWP	5	23500
ODP	0.0001	0
可燃性	不可燃	不可燃

从表中可以看出，CF_3I 分子量较大，为 195.1，是 SF_6 的 1.34 倍，因而同体积、同压力的 CF_3I 气体比 SF_6 气体重。同时，CF_3I 在 1 个标准大气压下的沸点为 -22.5℃，这表明 CF_3I 气体在温度低于-22.5℃时就将由气态向液态转化。因此，在环境温度较低的情况下使用 CF_3I 时要注意增温保暖，使其维持在气态。环境特性方面，CF_3I 是一种对环境极其友好的气体，其 GWP 几乎和 CO_2 相当。根据文献对 CF_3I 红外线及长波紫外线的吸收特性来看，CF_3I 的 GWP 约为 CO_2 的 1~5 倍，远小于 SF_6。同时，由于 CF_3I 分子结构中 C-I 化学键容易在太阳辐射的作用下发生光解，导致 CF_3I 在大气中的存在时间很短（<2 天）。这一特点极大地限制了 CF_3I 气体向同温层的移动，因此尽管含有卤族元素氟和碘，CF_3I 也不会对臭氧层造成破坏。尤其是在中纬度地区，由于人类工业生产活动释放的 CF_3I 对环境的影响甚至远远小于自然环境本身产生的碘代碳化物，比如 CH_3I 等。基于以上结论，研究人员认为 CF_3I 的臭氧消耗潜能值（ODP）小于 0.008，甚至低于 0.0001，通常情况下都忽略不计。表 1-4 为 CF_3I、SF_6 和 CO_2 在环境特性方面的对比数据。

表 1-4　CF_3I、SF_6 和 CO_2 的环境特性对比

气体	生命周期/年	辐射效率/($Wm^{-2}ppb^{-1}$)	ODP	GWP		
				20 年	100 年	500 年
SF_6	3200	0.52	0	16300	23500	32600
CO_2	—	1.4×10^{-5}	0	1	1	1
CF_3I	0.05	0.23	≤0.0001	1	≤5	0.1

从基本的特性参数来看，CF_3I 气体的元素组成和分子结构都预示 CF_3I 有望获得良好的绝缘性能，尤其是 CF_3I 在环境特性方面的优异表现，使之成为极具潜力

的 SF_6 替代气体。

研究表明，纯 CF_3I 气体在均匀电场中的绝缘强度为 SF_6 的 1.19 倍。在所有混合气体中，CF_3I-N_2 的绝缘强度要高于 CF_3I 与 CO_2 或者与 Ar、He、Xe 等惰性气体的组合，并且当 CF_3I 所占比例达到 70%时，CF_3I-N_2 混合气体能够达到与纯 SF_6 相当的绝缘水平。此外，CF_3I 气体自身在电场敏感性方面要优于 SF_6，但与 N_2 或 CO_2 混合气体的协同效应均不如 SF_6-N_2 显著。另外，无论是在稍不均匀电场还是在极不均匀电场中，CF_3I-N_2 混合气体的绝缘性能都要优于同等条件下的 CF_3I-CO_2 组合。其中，20%比例的 CF_3I-N_2 混合气体的绝缘强度约为纯 SF_6 的 50%。当 CF_3I 比例为 30%时，CF_3I-N_2 混合气体能够达到纯 SF_6 气体 55%以上的绝缘水平。对于 CF_3I-CO_2 组合，30%比例的 CF_3I-CO_2 混合气体在稍不均匀电场中能达到纯 SF_6 气体 53%以上的绝缘水平，但在极不均匀电场中，相对绝缘强度依赖于气压变化，仅能达到 SF_6 的 42%~67%。综合考虑绝缘性能、环境指标以及液化温度等多方面因素，可采用 20%~30%比例的 CF_3I-N_2 混合气体作为 SF_6 替代介质应用于中低压电气设备中。

针对灭弧方面的应用，在开断峰值达 1kA 的近区短路故障电流时，CF_3I-CO_2 混合气体的灭弧性能随 CF_3I 比例的增加指数增长。其中，20%比例的 CF_3I-CO_2 混合气体的灭弧能力可以达到纯 CF_3I 的 95%，超过这一比例时，灭弧性能基本与纯 CF_3I 相当。CF_3I-N_2 混合气体的灭弧性能则始终随 CF_3I 比例的增加线性增长，但整体低于 CF_3I-CO_2 混合气体。在开断峰值达 3kA 的断路器端部故障电流时，CF_3I-CO_2 混合气体的灭弧性能同 CF_3I 比例成指数增长关系。当 CF_3I 含量大于 30%时，基本能达到与纯 CF_3I 同等的开断水平，但此时纯 CF_3I 的灭弧性能已经下降到了 SF_6 的 0.67 倍左右。同样地，CF_3I-N_2 混合气体的灭弧性能依然随 CF_3I 比例的增加线性增长。当 CF_3I 比例达到 30%时，灭弧性能约为纯 SF_6 的 0.32 倍。当开断电流峰值达到 20kA 时，CF_3I 与 CO_2 和 N_2 混合气体的灭弧能力都大大降低，即使增加 CF_3I 的比例，也不能明显提升混合气体的灭弧性能，最终都只能达到 SF_6 的 0.2 倍左右。

此外，CF_3I 放电后主要气体分解产物为 C_2F_5I，会析出大量固体碘单质附着在电极表面，这表明 CF_3I 放电分解后难以复合，且污染电极，引起绝缘性能下降，可能造成绝缘闪络事故。同时，放电析出的碘单质有毒性和腐蚀性，对设备运行寿命及检修人员均存在一定的安全隐患。

三、$C_5F_{10}O$

全氟戊酮（$C_5F_{10}O$）又称全氟甲基异丙基酮，即 3-三氟甲基-1，1，1，3，4，4，4-七氟丁-2-酮，CAS 号为 756-12-7，是一种具有极低 GWP 的新型 SF_6 替代品。其分子量为 266g/mol，沸点为 26.9℃，凝固点为-110℃，临界温度为 146℃，常压下气体密度为 10.73kg/m^3。与 SF_6 对比，$C_5F_{10}O$ 主要优点在于它具有极低的

GWP，与 CO_2 相当，对环境友好，可以显著缓解 SF_6 带来的温室效应。但缺点在于沸点过高，容易液化。

近年来，$C_5F_{10}O$ 因其优异的绝缘性能和环保性能被 ABB 公司用来作为替代 SF_6 的新型绝缘混合气体中的主要成分。ABB 公司对 $C_5F_{10}O$ 与 CO_2 或空气构成混合气体的绝缘与灭弧性能开展了大量研究，研究结果表明：$C_5F_{10}O$ 含量小于 10% 的 $C_5F_{10}O$-CO_2 混合气体，气压为 0.7MPa 时，绝缘性能为 0.4～0.45MPa 时 SF_6 的 90%；6%$C_5F_{10}O$-11%O_2 与 CO_2 混合气体的气压为 0.7MPa 时，开断能力比 SF_6 下降 20%。ABB 公司在 245kV/50kA 的 SF_6 断路器中充入了上述气体，通过了 170kV/40kA 的型式试验。$C_5F_{10}O$ 在常压下的液化温度高达 26.5℃，在常温常压下呈现为液体，设备气压为 0.16MPa 时，构成的混合气体液化温度可低至-15℃。

由于 $C_5F_{10}O$ 的液化温度较高，使得 $C_5F_{10}O$ 混合气体应用环境受限，绝缘性能难以满足高电压等级设备的需求。同时 $C_5F_{10}O$ 混合气体的开断性能、与其他材料的相容性等均仍存在较多的难题。

四、C_4F_7N

七氟异丁腈（C_4F_7N），即 2-三氟甲基-2,3,3,3-四氟丙腈，CAS 号为 42532-60-5，是一种具有较低 GWP 的新型 SF_6 替代品。其分子量为 195g/mol，沸点为-4.7℃，凝固点为-117.8℃，临界温度为 112.8℃，常压下气体密度为 7.85kg/m^3。与 SF_6 对比，C_4F_7N 主要优点在于其 GWP 低，且大气寿命短，属于环保型绝缘气体。

C_4F_7N 常压下液化温度为-4.7℃，需与载气如 CO_2 等混合来降低使用时的液化温度，被 GE 公司用于电气设备，提出了 g3（C_4F_7N-CO_2）气体。在相同气压下，C_4F_7N-CO_2 混合气体含 10%的 C_4F_7N 时，绝缘强度就可达到 SF_6 的 90%。当 C_4F_7N 含量为 4%～10%时，0.67MPa 的 C_4F_7N-CO_2 绝缘强度达到 0.55MPaSF_6 的 87%，而当气压提高至 0.82MPa 时，绝缘强度可达到 SF_6 的 96%。

GE 公司采用 C_4F_7N-CO_2 和 SF_6 在 420kV 隔离开关上进行了灭弧试验，SF_6 额定设计气压为 0.55MPa，含 4%C_4F_7N 的 C_4F_7N-CO_2 与 SF_6 的实验结果进行比较，可看出 C_4F_7N-CO_2 的燃弧时间较 SF_6 稍短，初步表明其灭弧性能接近 SF_6。GE 公司已将 g3 气体（6%C_4F_7N-94%CO_2 混合气体，0.7MPa）应用于 145kV 电压等级的 GIS 中。据 GE 公司报道，C_4F_7N 的导热性能不如 SF_6，但不影响其在 GIL 上的应用，GE 公司已成功研制出 420kV 电压等级的 GIL 并在工程中投运，还包括采用 g3 气体的 245kV 电流互感器。

第五节 小　结

从上述研究现状可以看出，尽管已有数十年的研究和探索，但到目前为止，仍没有一种单一气体或者气体混合物能在理化性质、耐电强度以及灭弧性能等方面全

面替代 SF_6。N_2、干燥空气可作为绝缘介质应用在中压电力设备中，且已有大量商业产品应用，但由于绝缘性能较低，难以在高电压等级设备中推广应用。SF_6 与 N_2、CF_4 的混合气体可作为绝缘或灭弧介质应用，以降低 SF_6 气体对环境的不利影响，但该方法无法彻底解决 SF_6 气体应用带来的环境问题。$C_5F_{10}O$、C_4F_7N 等新型环保气体被认为是当前最有可能的 SF_6 替代品，需要对其物性参数、放电特性、分解产物等进行深入的研究。

第二章 新型环保气体的理化特性与放电参数

C_4F_7N、$C_5F_{10}O$ 及其混合气体作为一种具有较大应用前景的新型环保气体，系统掌握其基础理化特性和放电参数，并获得其与 SF_6 气体的差异，是非常必要的。本章在第一章对 SF_6 替代气体研究进展和现状综述的基础上，重点介绍了 C_4F_7N、$C_5F_{10}O$ 及其与 CO_2、空气等混合气体的分子结构、饱和蒸气压、全球变暖潜能值（GWP）、臭氧消耗潜能值（ODP）、毒性等关键的基础理化特性，C_4F_7N、$C_5F_{10}O$ 及其混合气体的电子漂移速率、电离反应系数、吸附反应系数、有效电离反应系数、临界折合击穿场强等基础放电参数，以及 C_4F_7N、$C_5F_{10}O$ 及其混合气体在不同温度下的分子分解路径、分解与复合特性等。此外，通过与 SF_6、空气、CO_2 等常见气体的对比，说明 C_4F_7N、$C_5F_{10}O$ 及其混合气体与常见气体在基础理化和放电参数方面的差异，可为进一步研究气体配比和压力方案奠定基础。

第一节 新型环保气体的理化特性

本节重点介绍了 C_4F_7N、$C_5F_{10}O$ 及其与 CO_2、空气等混合气体的分子结构、饱和蒸气压、GWP、ODP、毒性、碰撞截面等关键的理化特性。

一、概述

饱和蒸气压是指在密闭条件中，在一定温度下，与固体或液体处于相平衡的蒸气所具有的压强。饱和蒸气压特性是 SF_6 替代气体的一个重要指标，对实际电力设备中气体配比方案的决定具有指导意义。以 SF_6 气体为例，其在高压断路器中的典型充气压力为 0.6MPa 绝对压力，而该压力恰为 SF_6 气体在 -25℃ 时的饱和蒸气压。因此，在探索潜在 SF_6 替代气体时，必须要考虑这些气体的饱和蒸气压特性，以保证其不会发生液化。然而，通常液化温度越高的气体绝缘性能越高，因此实际产品中，需要采用高绝缘强度气体与低沸点气体进行混合使用，从而在保证较高绝缘强度的同时，能够在相应的温度和气压下不会发生液化。

GWP 是评价一种物质对于温室效应影响大小的指标，表示一定质量的某种物质与大气充分混合后，在选定的时间范围内通过强迫辐射所吸收的热量与相同质量的 CO_2 所吸收的热量的比值，政府间气候变化专门委员会（Intergovernmental Panel on Climate Chanage，IPCC）建议采用 100 年的时间范围。

气体的急性毒性水平可以用半致死浓度（LC50）来表征，表示能使一群特定测试动物（如大鼠、小鼠或蠕虫）在吸入或接触外源化学物一定时间（一般固定为 2~4h）后并在一定观察期限内（一般为 14h）死亡 50%所需的浓度。一般以百万分之一（10^{-6}）作为计量单位，LC50 值越低表示毒性越强。气体的慢性毒性水平可以用阈值 TLV（Threshold Limit Value）表示，它是指当某种气体在空气中的含量小于这一阈值时，充分且持续暴露于该环境中的工人的健康不会受到损害。参考这个值时必须以国家颁布的标准为准，且应采用最新的修正值。美国政府工业卫生专家协会（ACGIH，American Conference of Governmental Industrial Hygienists）指定的阈限表中规定了一种时间加权平均阈值 TLV-TWA，用以表示环境中以时间加权的平均浓度值。绝大多数工人按每天 8h，每周 40h 的安排在这个环境中工作时，不会有健康方面的问题。SF_6 的 TLV-TWA 为 1000ppm。

近来，几种环境友好的气体（例如 $C_5F_{10}O$ 和 C_4F_7N）作为潜在的绝缘和灭弧介质受到了广泛的关注。表 2-1 总结了目前研究较多的潜在 SF_6 替代气体的基础物理性质，表 2-2 给出了一些参考气体的毒性水平。从全氟腈（PFN）PFN 类和全氟酮（PFK）PFK 类气体的基础物理性质可以看出，这几种气体均为非对称结构，且摩尔质量较高，均高于 SF_6 气体。C_4F_7N 是氟腈家族的一种特殊化合物，具有低毒性，高介电强度（约为 SF_6 的两倍），适中的 GWP（约 2100）和低沸点（-4.7℃），考虑到实际应用中，通常采用 C_4F_7N-CO_2 混合气体，其中 C_4F_7N 气体的比例极低，因而混合气体的 GWP 将远低于 SF_6 气体。几种 PFK 类气体的绝缘性能也远高于 SF_6 气体，且其绝缘性能随 C 原子数的提高而增大，但相应的沸点也随分子量的提高而升高。C_4F_8O 气体 GWP 较高，且具有一定的毒性，因而难以应用于电力系统。$C_6F_{12}O$ 气体的沸点极高，也不适宜用于电力设备。$C_5F_{10}O$ 具有较高的绝缘性能和极低的 GWP，且液化温度也相对较低，具有一定的应用前景。N_2 和 CO_2 的绝缘性能接近，均为 SF_6 的 30%左右，且其 GWP 极低，因而适宜作为缓冲气体，与绝缘性能较高的气体混合，用于电力设备。CF_4 气体绝缘性能较差，仅略高于 N_2 和 CO_2，且其 GWP 较高，不适宜作为 SF_6 替代气体广泛推广使用。CF_3I 气体的绝缘强度略高于 SF_6，并且其 GWP 也较低，但其液化温度较高，因而不能单独作为绝缘介质，应与其他缓冲气体混合使用。PFC 类气体为碳氟组成的烷烃，它们具有不可燃、无毒、电气强度相对较高等特点，是早期研究中被关注最多的一类 SF_6 替代气体。但该类气体的液化温度和 GWP 较高，且造价也较高。为了降低液化温度，需要与 N_2、CO_2 等缓冲气体混合使用。

表 2-1　潜在 SF_6 替代气体的基础物理性质

分子式	摩尔质量/(g/mol)	分子结构	相对绝缘强度	沸点/℃	GWP
SF_6	146	F, F, F, S, F, F, F	1	-64	23500
$C_5F_{10}O$	266	F, O, F_3C, CF_3, CF_3	~2	26.9	1
$C_6F_{12}O$	316	CF_3, F, F_3C, F, CF_3, O, F	>2	49	1
C_4F_8O	216	O, F, CF_3, F_3C, F	~1.6	0	4100
C_4F_7N	195	CF_3, F_3C, CN, F	~2.2	-4.7	2210
HFO-1234z(E)	114	F, F, H, F, H, F	~0.8	-19	6
HFO-1234ze(Z)	114	F, F, F, F, H, H	~0.8	9	6
HFO-1234yf	114	F, F, H, F, F, H		-29	
CF_3I	196	F, C, F, I, F	~1.21	-22.5	0.45
c-C_4F_8	200	F, F, F, F, F, F, F, F	1.1~1.2	-6	8700

（续）

分子式	摩尔质量/(g/mol)	分子结构	相对绝缘强度	沸点/℃	GWP
CO_2	44	O═C═O	~0.3	-78.5	1
N_2	28	N≡N		-196	0
干燥空气	29	—		-194	0
O_2	32	O═O		-182	0
CF_4	88	F, C, F, F, F	~0.4	-128	6300
C_3F_6	150	F, F_3C, CF_2	0.9~1	-29.6	100
1-C_3F_6	150	F, F, C—C, F, F, C, F, F	0.92	-29.6	100
C_3F_8	188	F, F_3C, CF_3, F	0.9	-37	8800
C_2F_6	138	F_3C—CF_3	~0.8	-78	12200
C_4F_{10}	238	F, F, C, CF_3, F_3C, C, F, F	1.2~1.3	—	8860

表 2-2　潜在 SF_6 替代气体的毒性

气　　体	毒　　性	
SF_6	LC50　4h/10^{-6}	1000 TWA/10^{-6}
C_4F_8O	>10000	85
C_4F_7N	200	—
$C_5F_{10}O$	>20000	225
$C_6F_{12}O$	>98000	150
HFO-1234zeE	>207000	1000
HFO-1234yf	>405000	500

（续）

气　体	毒　性	
SF_6	LC50　4h/10^{-6}	1000 TWA/10^{-6}
CO	1807	—
C_4F_8	0.5	
HF	483	
C_4F_6	82	
C_3F_6	1672	

二、C_4F_7N 及其混合气体的理化特性

法国阿尔斯通公司电力设备部（现属美国 GE 公司）和美国 3M 公司报道了其研究的 g3 气体，即电网绿色气体（Green gas for grid）作为绝缘和灭弧介质的应用。g3 气体为氟化腈气体（C_4F_7N）与 CO_2 的混合气体，C_4F_7N 气体的绝缘性能是 SF_6 的 2.2 倍以上，GWP 约为 2210，但其液化温度较高（一个大气压下约为 -4.7℃）。GE 公司已将 g3 气体应用于一些 GIL 和 GIS 样机中，如 420kV GIL、245kV CT、145kV GIS。

图 2-1 所示为计算得到的 C_4F_7N 气体饱和蒸气压与文献值的对比，可以看出计算值与文献值吻合较好。随气体温度的升高，C_4F_7N 气体饱和蒸气压非线性增大。与纯 SF_6 气体和 $C_5F_{10}O$ 气体的关键参数进行对比，可以看出，C_4F_7N 气体的绝缘强度均明显高于纯 SF_6 气体，即在均匀场、相同压力下的绝缘强度约为纯 SF_6 气体的 2.2 倍。然而，该气体的液化温度非常高，例如一个大气压下 C_4F_7N 气体的液化温度约为 -4.7℃，但明显低于 $C_5F_{10}O$ 气体。在相同温度下 C_4F_7N 气体的饱和蒸

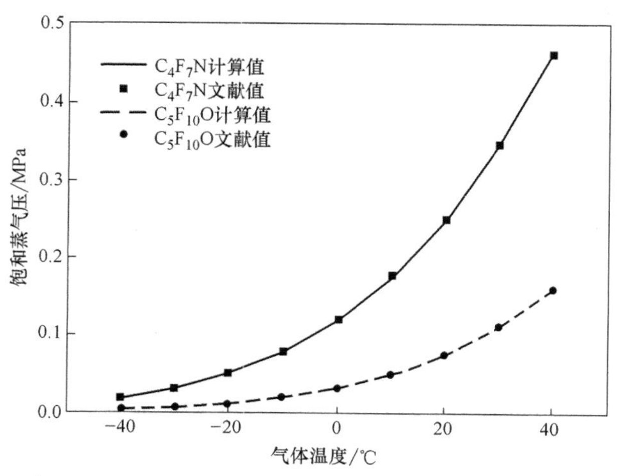

图 2-1　C_4F_7N 气体饱和蒸气压计算值与文献值对比

气压明显高于 $C_5F_{10}O$ 气体，说明 C_4F_7N 气体可以应用在较 $C_5F_{10}O$ 气体更高的压力下，而不会引起液化问题。

图 2-2 给出了不同比例和温度下 C_4F_7N-CO_2 混合气体的饱和蒸气压特性，由于 C_4F_7N 含量较高时混合气体的液化温度过高，无法在电力设备中得到应用，因此这里仅给出 C_4F_7N 含量低于 20%的结果。随气体温度的升高，不同比例 C_4F_7N-CO_2 混合气体的饱和蒸气压均明显增大；此外，由于混合气体的液化温度主要取决于液化温度较低气体的分压，因而在 C_4F_7N 气体中加入液化温度较低的 CO_2 气体能有效降低气体的液化温度，提高其饱和蒸气压。

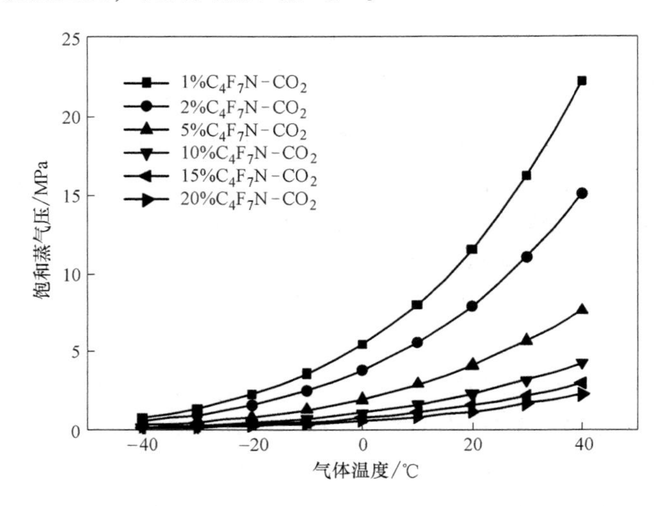

图 2-2　不同比例和温度下 C_4F_7N-CO_2 混合气体的饱和蒸气压特性

由图 2-2 中不同温度下的饱和蒸气压特性曲线可以得到，在一定的应用最低温度限制下 C_4F_7N-CO_2 混合气体所允许使用的、不会引起液化的最高压力。例如，当最低温度限制为−25℃时，5% C_4F_7N-CO_2 混合气体所允许使用的最高压力约为 0.65MPa，而 20% C_4F_7N-CO_2 混合气体则最高只能应用在 0.19MPa 下；当最低温度限制为−15℃时，5% C_4F_7N-CO_2、15% C_4F_7N-CO_2 和 20% C_4F_7N-CO_2 混合气体的最高使用压力分别约为 1.04MPa、0.58MPa 和 0.31MPa。这些数据可为环保型电力设备中绝缘与灭弧介质的配方选取提供参考和依据。

三、$C_5F_{10}O$ 及其混合气体的理化特性

ABB 公司与 3M 公司联合重点研究了氟化酮类气体及其混合气体的绝缘与灭弧性能，主要包括 $C_5F_{10}O$、$C_6F_{12}O$ 及其与 CO_2、空气的混合气体。该类气体的 GWP 约为 1，对臭氧层无破坏性，绝缘强度为 SF_6 气体的两倍以上，但其液化温度较高，如 $C_5F_{10}O$ 和 $C_6F_{12}O$ 气体在一个大气压下的液化温度分别约为 26.9℃和 49℃。

图 2-3 所示为计算得到的 $C_5F_{10}O$ 气体饱和蒸气压与文献值的对比，可以看出

计算值与文献值吻合较好，此外，随气体温度的升高，$C_5F_{10}O$ 气体饱和蒸气压非线性增大。$C_5F_{10}O$ 气体以及一些其他气体的相对绝缘强度与 GWP 对比如图 2-4 所示，表 2-1 也列出了 C_4F_8O、$C_5F_{10}O$ 和 $C_6F_{12}O$ 气体的一些关键参数，可以看出，这几种氟化酮气体的绝缘强度均明显高于纯 SF_6 气体，即在均匀场、相同压力下的绝缘强度分别约为纯 SF_6 气体的 1.6 倍、2 倍和 2 倍以上。然而，这些气体的液化温度非常高，例如一个大气压下 C_4F_8O、$C_5F_{10}O$ 和 $C_6F_{12}O$ 气体的液化温度分别约为 0℃、26.9℃和 49℃，在电力设备应用的典型温度要求（-15℃、-25℃）下，该气体在常用压力（0.6MPa）下均会发生液化现象，而无法单独使用，必须充入大量缓冲气体以降低液化温度。

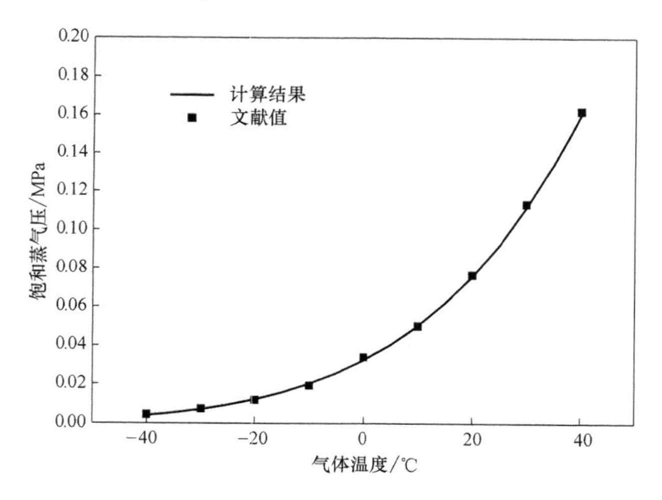

图 2-3 $C_5F_{10}O$ 气体饱和蒸气压的计算值与文献值对比

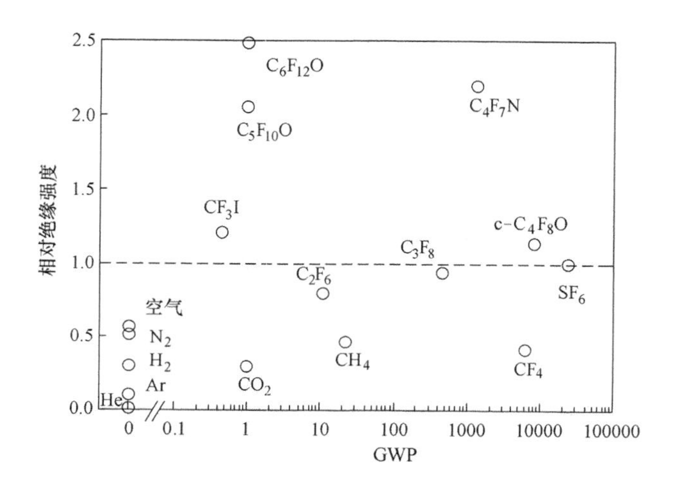

图 2-4 不同气体的相对绝缘强度与 GWP 对比

不同比例和温度下，$C_5F_{10}O$-CO_2 混合气体的饱和蒸气压特性如图 2-5 和图 2-6 所示。在 $C_5F_{10}O$ 气体中，加入 CO_2 气体能有效降低其液化温度。此外，由图 2-5 可以得到 $C_5F_{10}O$-CO_2 混合气体在一定最低温度限制下所允许使用的最高压力，如：最低温度限制为-25℃时，2% $C_5F_{10}O$-CO_2 和 5% $C_5F_{10}O$-CO_2 混合气体只能使用在约 0.41MPa 和 0.17MPa 下；最低温度限制为-15℃时，2% $C_5F_{10}O$-CO_2 和 5% $C_5F_{10}O$-CO_2 混合气体的最高使用压力分别约为 0.68MPa 和 0.3MPa；最低温度限制为 5℃时，2% $C_5F_{10}O$-CO_2 和 5% $C_5F_{10}O$-CO_2 混合气体的最高使用压力分别约为 1.1MPa 和 0.48MPa。

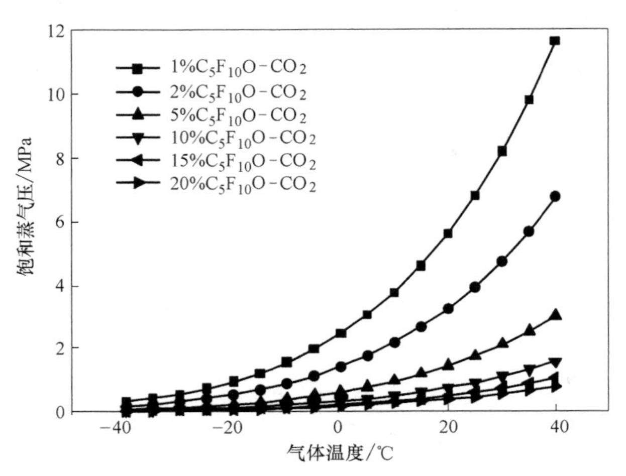

图 2-5 不同比例 $C_5F_{10}O$-CO_2 混合气体的饱和蒸气压特性

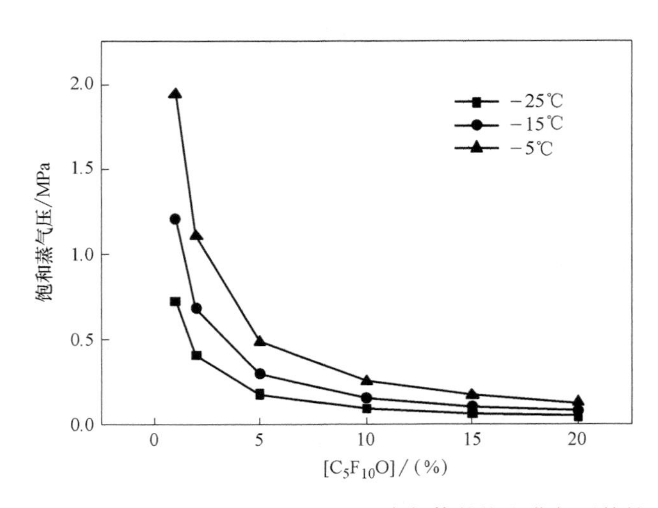

图 2-6 不同温度下 $C_5F_{10}O$-CO_2 混合气体的饱和蒸气压特性

ABB 公司近期尝试使用氟代酮类气体作为 SF_6 替代气体，主要研究了 $C_5F_{10}O$、

$C_6F_{12}O$ 及其与 CO_2、空气混合气体的绝缘特性及其应用于电力设备的可行性，通过实验研究了上述气体的二元和三元混合气体的绝缘性能，其混合比例与压力的选择对应着0℃的饱和蒸气压，实验在20℃左右的室温下进行，换言之，其实验研究的混合气体随压力增大，$C_5F_{10}O$ 或 $C_6F_{12}O$ 气体的含量越低。

如上所述，$C_5F_{10}O$ 在0.1MPa下的液化温度约为24℃，不符合高压电气设备的要求。对于室内电气设备，气体介质的液化温度在相关填充压力下不应高于-5℃。为了确定适用的混合比和充气压力，计算了在-5℃下不同比例的 $C_5F_{10}O$-CO_2 混合气体的饱和蒸气压。如图2-6所示，随着 $C_5F_{10}O$ 分数的增加，气体混合物的饱和蒸气压迅速下降。同时，$C_5F_{10}O$-CO_2 混合物气体介电强度随 $C_5F_{10}O$ 分数而增加。对于30%$C_5F_{10}O$-70%CO_2，电气设备的充气压力应低于0.35MPa，其绝缘强度约为纯 SF_6 的0.57倍。计算出的 $C_5F_{10}O$-CO_2 混合气体的饱和蒸气压特性与其相对绝缘强度相结合可用于优化不同应用场景的气体的配比。

第二节　新型环保气体的放电参数

一、背景与方法

1. 电子群实验

电子群（Electron swarm）实验是20世纪70年代逐渐发展并普遍开展的实验。此类实验可以用于测量混合气体预放电（低温）等离子体的电子输运参数，并从中拟合气体的碰撞截面等微观参数。对于 SF_6 替代气体而言，开展该实验的两个主要任务是：1）从微观层面测得混合气体的折合临界击穿场强 $(E/N)_{cr}$；2）研究新型环保气体电子崩过程中带电粒子的动力学过程。在此类实验中，通常在实验气体氛围下研究带电粒子在外加电场作用下的漂移引起的电流变化。实验的初始电子密度和气体电离度都较低，因此在整个实验过程中，电子和各类离子的密度都不会很高，确保了电场不会受空间电荷的影响。同时，实验所采用的间隙距离也较短，电子群在漂移、扩散过程中不会与碰撞产生的离子或激发态分子再次碰撞。在上述实验条件下，实验中测得的群参数可以用于建立和修正气体的碰撞截面数据集，用于后续的相关研究中。

2. 稳态汤逊（SST）实验和脉冲汤逊（PT）实验原理

电子群实验通常通过真空腔室中的平行电极来进行，一定数量的初始电子由光电效应从阴极释放，并在均匀电场的作用下向阳极漂移并与气体分子相互作用。带电粒子移动产生的位移电流是间隙中所有带电粒子运动的统计体现，是此类实验记录和分析的要点。

根据不同的实验原理，可以将电子群实验分为稳态汤逊实验（Steady State Townsend，SST）和脉冲汤逊实验（Pulsed Townsend，PT）两类。在稳态汤逊

（SST）实验中，电子是由紫外灯持续照射光阴极诱导而释放的，此时在固定的约化电场强度 E/N 下，非自持放电过程的电流 I 与电极间距 d 的关系如式（2-1）描述：

$$\frac{I}{I_0}=\frac{\alpha}{\alpha-\eta}\times\exp[(\alpha-\eta)\times d]-\frac{\eta}{\alpha-\eta} \tag{2-1}$$

式中　α——汤逊电离系数；

　　　η——汤逊附着系数。

由于实验气压较低，式（2-1）忽略了离子转化和解附着等二次过程。有效电离系数可以通过图解法获得。

在脉冲汤逊（PT）实验中，电子群是通过快脉冲紫外激光诱导光阴极释放的，此时在阳极测量位移电流，实验装置结构如图 2-7 所示。由于实验方法的不同，PT 实验测量到的是随时间变化的电流脉冲波形，比 SST 实验中测得的稳定电流更加复杂。考虑放电方向的 1 维电子分布，电子电流可以以式（2-2）和式（2-3）解析表达：

$$I_e(t)=\frac{I_0}{2}\exp[v_{\mathrm{eff}}(t-T_0)]\left[1-\mathrm{erf}\left(\frac{t-T_e}{\sqrt{2\tau_D(t-T_0)}}\right)\right] \tag{2-2}$$

$$I_0=\frac{n_0q_0}{T_e-T_0} \tag{2-3}$$

其中，I_0 是 $t=0$ 时刻的电子电流幅值；v_{eff} 为有效电离速率系数，并且与有效电离系数 α_{eff} 可以根据与电子漂移速度 ω_e 的关系进行转换：$\alpha_{\mathrm{eff}}=v_{\mathrm{eff}}/\omega_e$；$T_e$ 是电子渡越时间且 $T_e=d/\omega_e$；τ_D 是纵向电子扩散的时间，并且与纵向扩散系数 D_L 存在转换关系：$2D_L=\omega_e^2\tau_D$；n_0 为光阴极释放的初始电子数；q_0 是电子电荷。

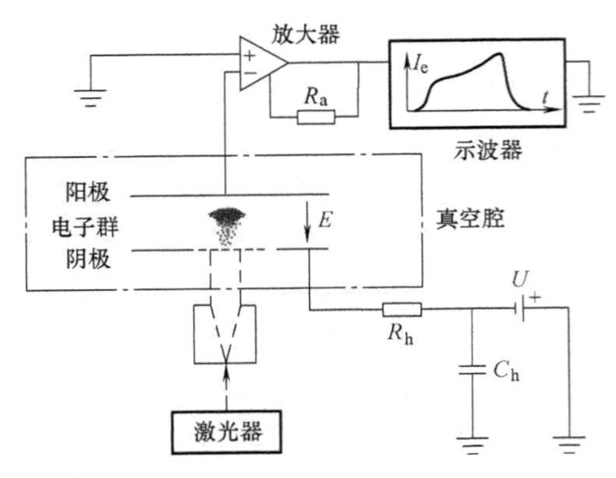

图 2-7　PT 实验装置示意图

对于从 PT 实验的电流波形中获取电子群参数，研究者们建立了不同的数学模型和分析方法，并且仍在不断地改进。这是因为不同的模型可能只适用于特定的情况，还没有统一而普适的方法能够应对所有的 PT 实验情形。SST 和 PT 实验都能比较准确地测量气体的有效电离系数并由此获得气体的临界击穿场强。这两种方法测得的气体绝缘性能的结果有很好的一致性，可以相互对照和补充。但是由于 SST 实验本身相对“稳定”的特性，它难以像 PT 实验一样更深入地测量电子的输运参数，如电子漂移速度和扩散系数等。

3. 碰撞截面的理论计算与实验测量

气体的各种碰撞截面是理论计算气体的电子输运性质的必需数据，但对于各种新型环保气体尚无完整的碰撞截面数据。本节总结了近年来用于获取 SF_6 替代气体碰撞截面数据的理论计算和实验测量方法，并整理了一些典型的结果。

近年来，研究者们主要通过电子群实验和粒子束实验来测量 SF_6 替代气体的碰撞截面。电子群实验需要通过测量电子输运系数，然后从电子输运系数中推导、拟合各类碰撞截面，属于相对间接的方法；而粒子束实验更为直接，直接使电子枪发射的一定流强的电子束与气体发生碰撞，通过飞行时间检测分析产生的粒子种类和数量，从而得到气体的碰撞截面数据。

Franck 等人提出了一种从电子群参数中线性反演电子碰撞吸附截面的方法，并成功应用在 C_4F_7N 和 $C_5F_{10}O$ 等新气体上。该方法的核心是将附着截面 σ_a 从该气体的完整截面数据集中解耦出来，因此只能向缓冲气体加入极少量的待测气体。在此情况下，可以近似认为待测气体没有使电子能量分布函数（EEDF）发生变化。

对于实验中的二元气体的电子群参数，其约化有效电离速率系数 υ_{eff}/N 可以表示为

$$\upsilon_{eff}/N = (1-k)\upsilon_{eff}^{B}/N + k\sqrt{\frac{2}{m_e}}\int_0^\infty(\sigma_i-\sigma_a)\varepsilon f \mathrm{d}\varepsilon \tag{2-4}$$

式中　k——待测气体的比例；

m_e——电子质量；

N——气体的粒子数密度；

$\sigma_i(\varepsilon)$——待测气体的电离；

$\sigma_a(\varepsilon)$——待测气体的附着截面；

υ_{eff}^{B}——缓冲气体的有效电离速率系数。

式（2-4）可以写为第一类 Fredholm 积分方程的形式：

$$\int_0^\infty K(E/N,\varepsilon)\sigma_a(\varepsilon)\mathrm{d}\varepsilon = g(E/N) \tag{2-5}$$

式中，积分变换核 K 由气体的 EEDF 给出：

$$K(E/N,\varepsilon)=\varepsilon f(E/N,\varepsilon) \tag{2-6}$$

这样式（2-4）可以写为

$$g(E/N) = \int_0^\infty \sigma_i\varepsilon f\mathrm{d}\varepsilon + \frac{1}{k}\sqrt{\frac{2}{m_e}}\left[(1-k)\upsilon_{eff}^{B}/N - \upsilon_{eff}/N\right] \tag{2-7}$$

通过上述方法，当 υ_{eff}/N 和 υ_{eff}^{B}/N 由 PT 实验测得，并且在 EEDF 和 σ_i 已知的情况下，可以推导出待测气体的吸附截面。

与此同时，也有研究者对 SF_6 替代气体开展了粒子束实验并测量了碰撞截面。

粒子束实验需要使单色仪电子枪发射一定流强的电子束，使之穿过极低气压的待测气体以确保每个电子只与中性气体分子碰撞一次。

由于电子群实验和粒子束往往只能测量某一种或某几种的碰撞截面，因此还需要理论计算与实验测量相互验证与补充。与相对标准的实验流程相比，各种在量子力学计算方法对不同截面的计算有着不同的处理。

针对分子体系，R-matrix 理论可以计算各种碰撞截面数据，包括弹性碰撞、动量转移、吸附、激发和中性解离等过程的碰撞截面。R-matrix 理论的优势在于可以将目标体系的电子碰撞问题分为两个区域的计算：包含目标分子的 N 个电子体系的波函数的内区域，以及只需要考虑散射电子的外区域。R-matrix 理论非常适用于从 0eV 到电离阈值的较低的能量区间计算。为了将计算拓展到更高的能量区域，研究者们还提出了复球型光学势（Spherically Complex Optical Potential，SCOP）模型，用于 15eV 到几千电子伏能量区间的碰撞截面计算。

二、C_4F_7N 及其混合气体的放电参数

对于 C_4F_7N 的放电参数，目前已有国内外不同课题组分别利用 SST 和 PT 实验进行了测量，测量的结果一致性较好，故此处以瑞士苏黎世联邦理工学院高电压实验室 C. M. Franck 教授团队的 PT 实验结果为主进行介绍。

1. 低比例 C_4F_7N 加入缓冲气体中

为了实现上一节中所介绍的采用 PT 数据反演的方法对 C_4F_7N 的电子附着截面的测量，作者将微量 C_4F_7N 充入 N_2 和 CO_2 中，由此测得的有效电离速率系数、电子漂移速度和扩散系数如图 2-8、图 2-9 所示。此时可以认为 C_4F_7N 的加入对原气

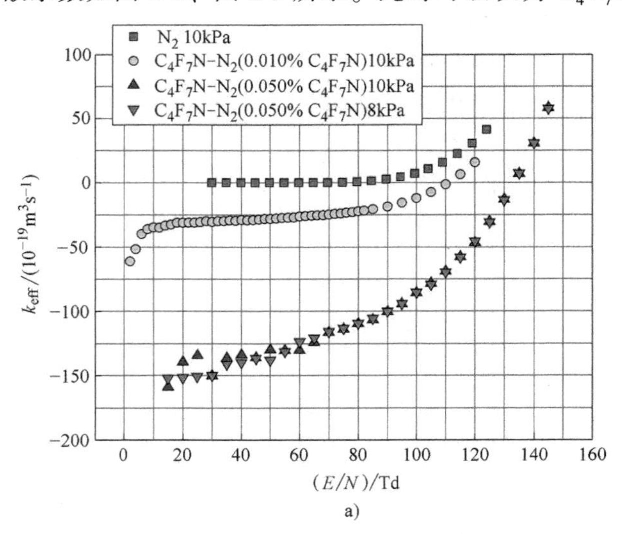

图 2-8 低比例 $C_4F_7N-N_2$ 混合气体的电子群参数

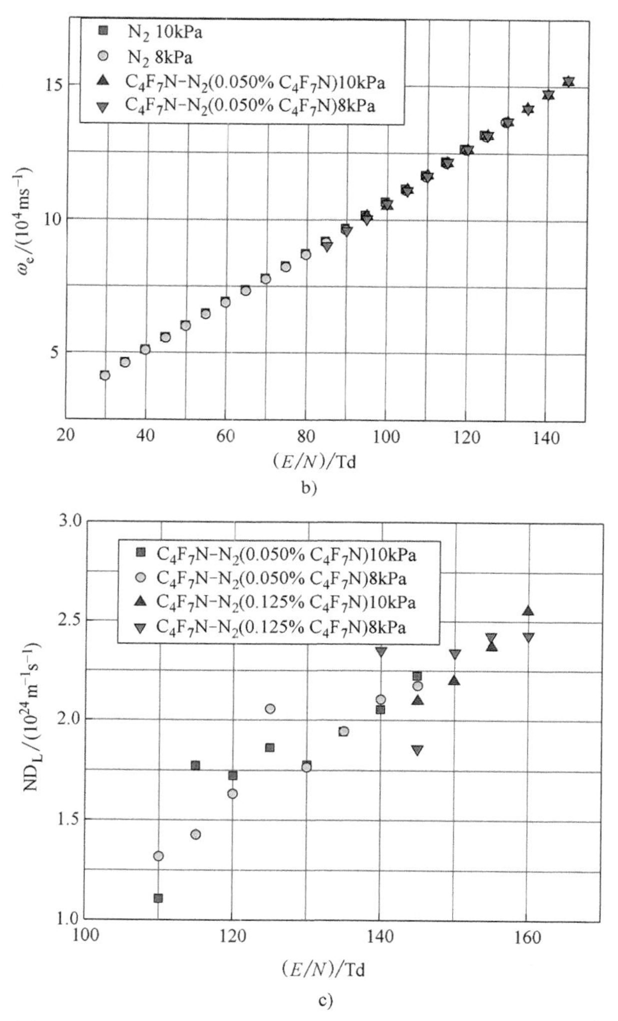

图 2-8 低比例 C_4F_7N-N_2 混合气体的电子群参数（续）

体的 EEDF 没有影响，故可以使用计算求解的 N_2 或 CO_2 气体在实验条件下的 EEDF，从而实现对 C_4F_7N 吸附截面的测量（截面测量结果见本节最后）。

2. 纯 C_4F_7N 的放电参数

C_4F_7N 的 PT 实验测量波形表明在高气压下该气体有明显的离子动力学过程，而测得的电离和吸附速率系数均随压力升高而增长。在电子渡越时间结束后，可以发现有负离子的解附着现象发生。因此，Franck 等认为纯 C_4F_7N 的测量结果在低气压下比较可靠，因为此时可以忽略离子动力学过程。对于高气压下放电参数的准确获取，还需要建立进一步的离子动力学模型。

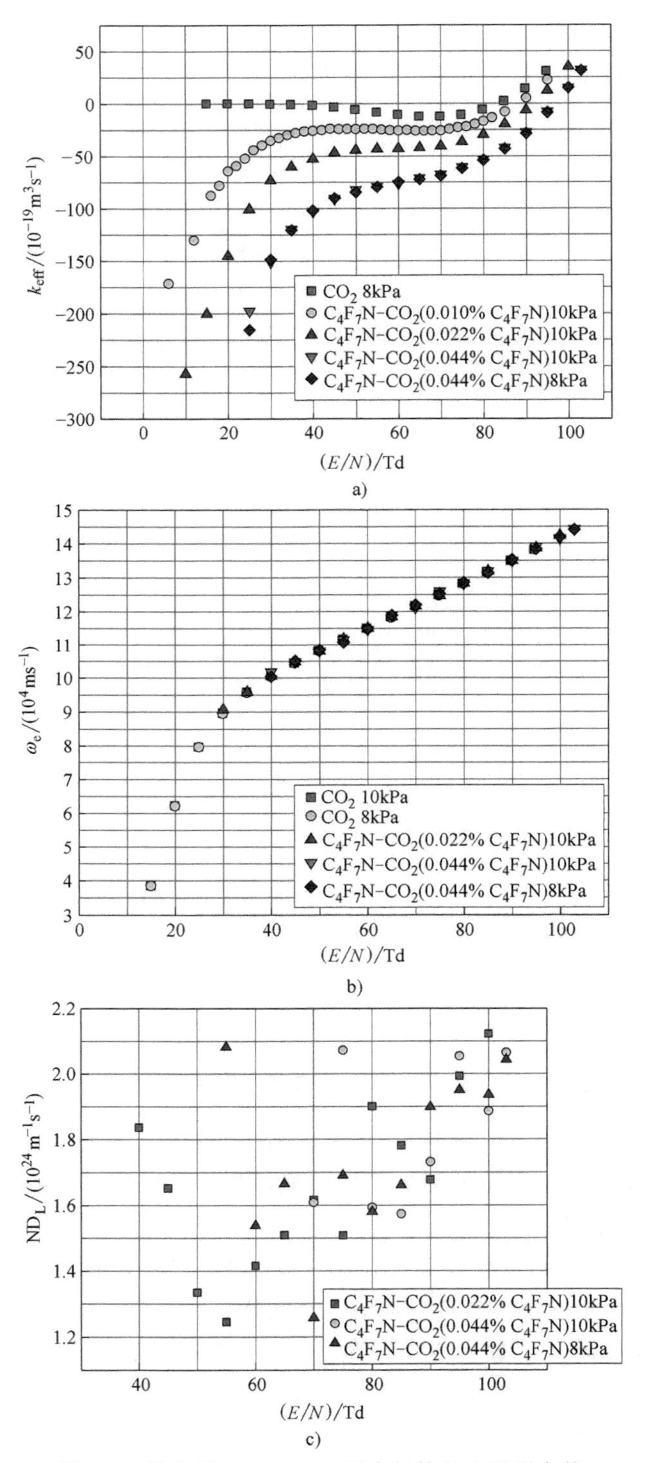

图 2-9　低比例 C_4F_7N-CO_2 混合气体的电子群参数

图 2-10 给出了纯 C_4F_7N 在低气压下的电离反应速率系数、吸附反应速率系数、电子漂移速度以及扩散系数。此时由于不考虑解析附等过程，可以按照传统的临界击穿场强的定义，即电离系数等于吸附系数时的约化电场强度来评估 C_4F_7N 的绝缘强度。在低气压下，C_4F_7N 的临界击穿场强为（975±15）Td，但在高气压下，由于离子动力学过程的影响，实际的击穿场强将明显低于这个数值。因此，在低气压下测量的临界击穿场强为 SF_6 的 2.6 倍，但在较高气压的 PT 实验或均匀间隙击穿实验中，纯 C_4F_7N 的绝缘性能约为同条件下 SF_6 的 2 倍。

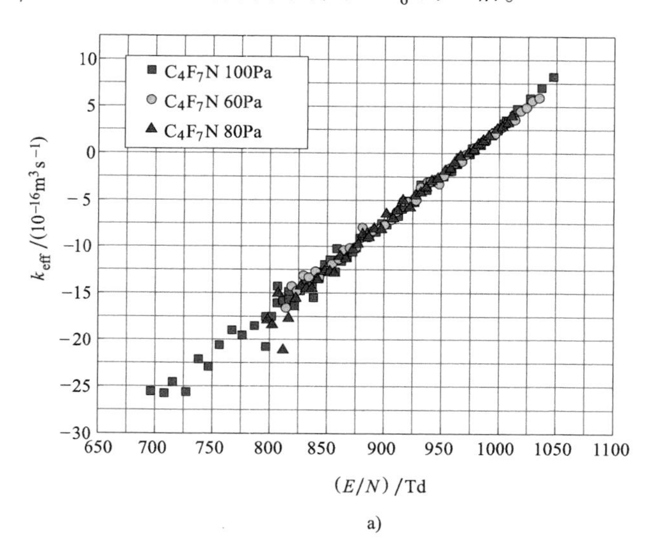

a)

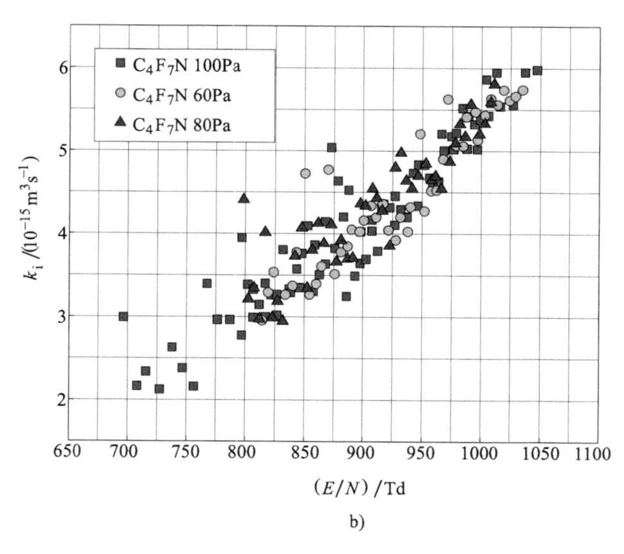

b)

图 2-10　不同压力下纯 C_4F_7N 气体中电子群参数

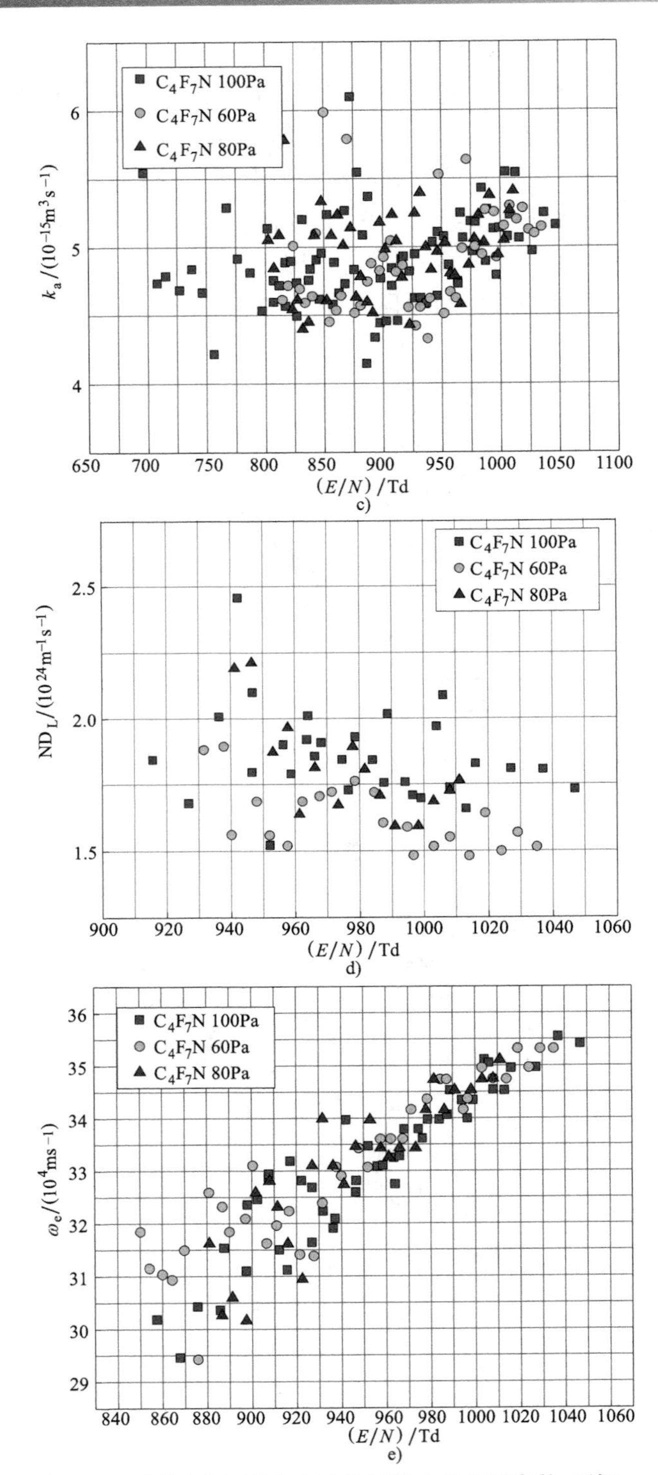

图 2-10　不同压力下纯 C_4F_7N 气体中电子群参数（续）

3. C_4F_7N 混合气体的放电参数

为了研究 C_4F_7N 在实际工程应用中的混合气体的放电参数，还对不同比例的 C_4F_7N-CO_2 和 C_4F_7N-N_2 混合气体开展了实验，其中 C_4F_7N 最高充气比例达 40%，充分体现了向缓冲气体中加入新型环保气体后放电参数的变化趋势。100Pa 下不同比例 C_4F_7N 混合气体的电子群参数如图 2-11 所示。

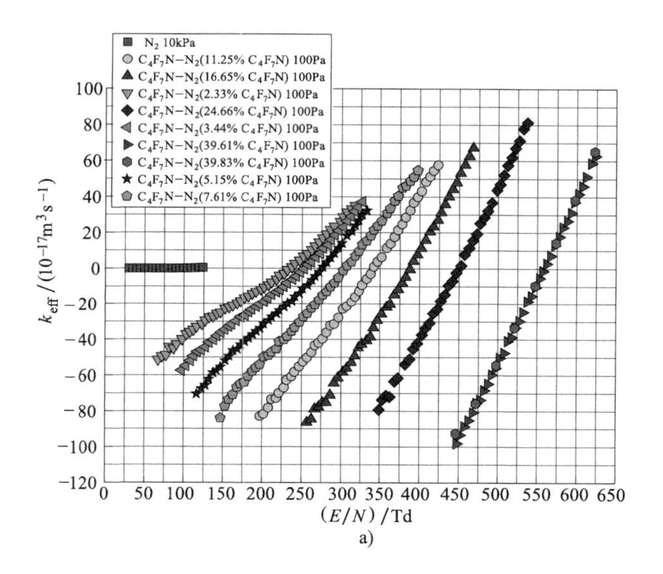

a)

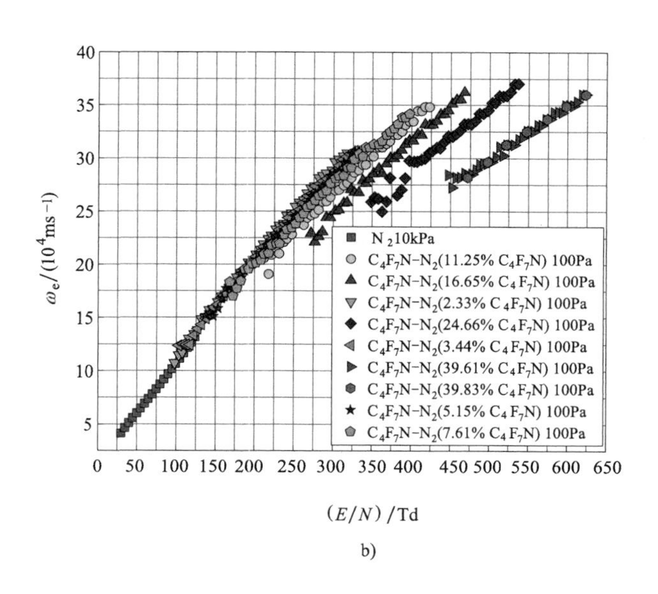

b)

图 2-11　100Pa 下不同比例 C_4F_7N 混合气体的电子群参数

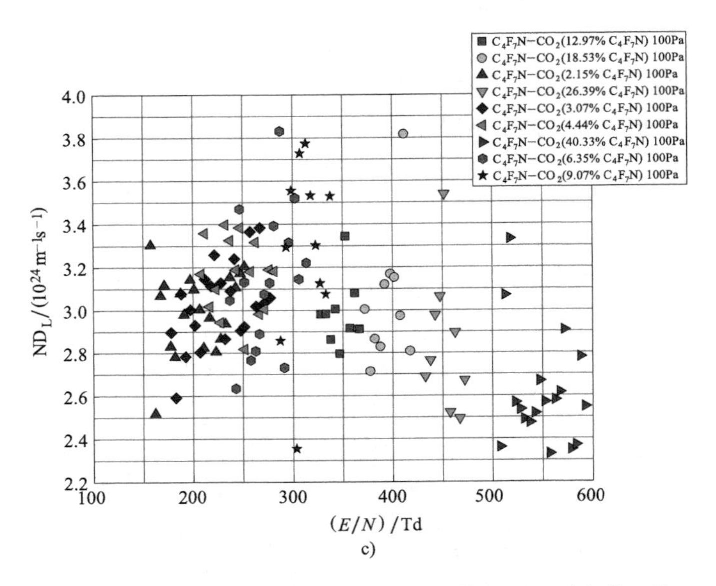

c)

图 2-11　100Pa 下不同比例 C_4F_7N 混合气体的电子群参数（续）

4. 讨论

通过 PT 实验，实现了对 C_4F_7N 及其混合气体的放电参数测量，并获得了 C_4F_7N 气体的吸附截面的反演。但是当前对碰撞截面的测量是不完善的，还需要进一步深入的研究，比如通过粒子束实验进行验证和分析。对于 C_4F_7N 气体，只有在较低气压（100Pa 以下）才可以忽略放电过程中的离子动力学过程。文中测量的混合气体临界击穿场强数据与其他研究者的测试结果有较好的一致性，但与 SST 实验相比，PT 实验由于其本身特性，得以发现 C_4F_7N 气体的离子动力学过程在高气压下占主导，为后续研究提供了方向和思路。

三、$C_5F_{10}O$ 及其混合气体的放电参数

与上述所总结的 C_4F_7N 气体类似，国内外不同研究者对 $C_5F_{10}O$ 也开展了大量研究，通过 SST 和 PT 实验测量了其放电参数，同时也获得了吸附截面数据，此处仍然以苏黎世联邦理工学院高电压实验室 C. M. Franck 教授团队的 PT 实验结果为主进行介绍。

1. 低比例 $C_5F_{10}O$ 加入缓冲气体中

将最高 1% 比例的 $C_5F_{10}O$ 加入到缓冲气体 N_2 或 CO_2 中，测量此时的电子群参数，并采用本节所述方法获取其吸附截面数据。如图 2-12 和图 2-13 所示，低比例 $C_5F_{10}O$ 混合气体中电子漂移速率和扩散系数几乎没有受到加入的微量 $C_5F_{10}O$ 的影响，但有效电离系数明显降低，体现出 $C_5F_{10}O$ 对自由电子极强的吸附能力。

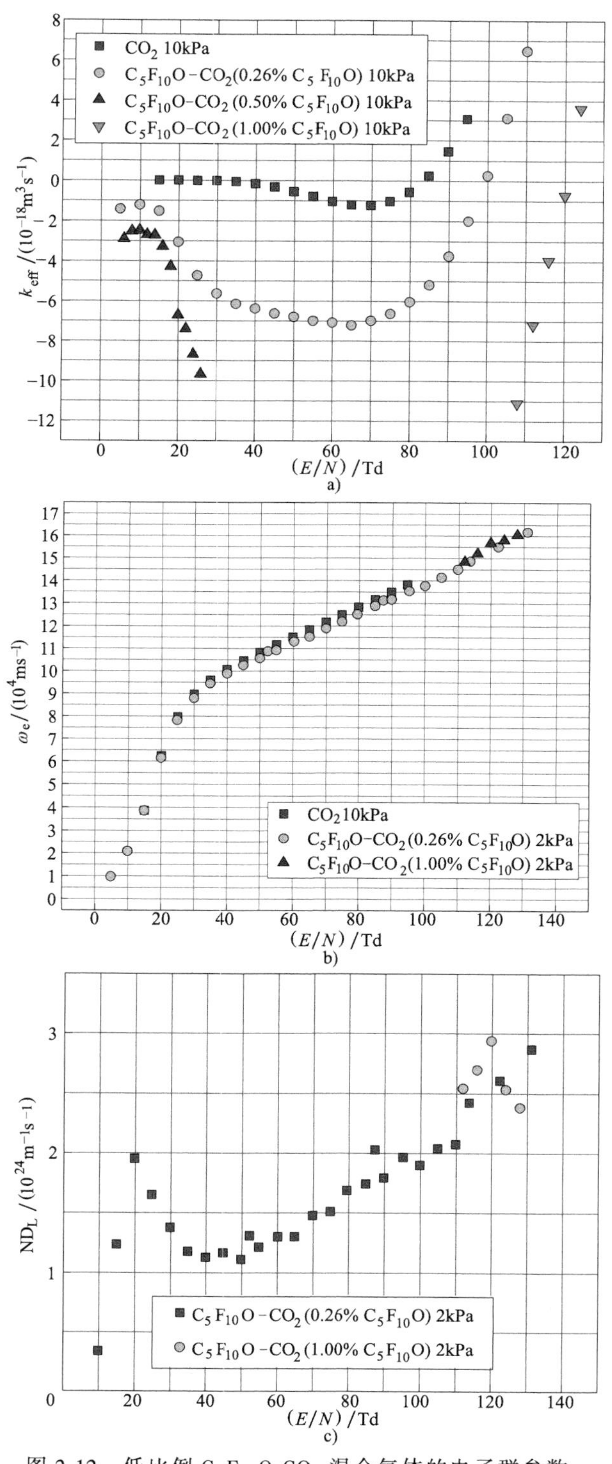

图 2-12　低比例 $C_5F_{10}O-CO_2$ 混合气体的电子群参数

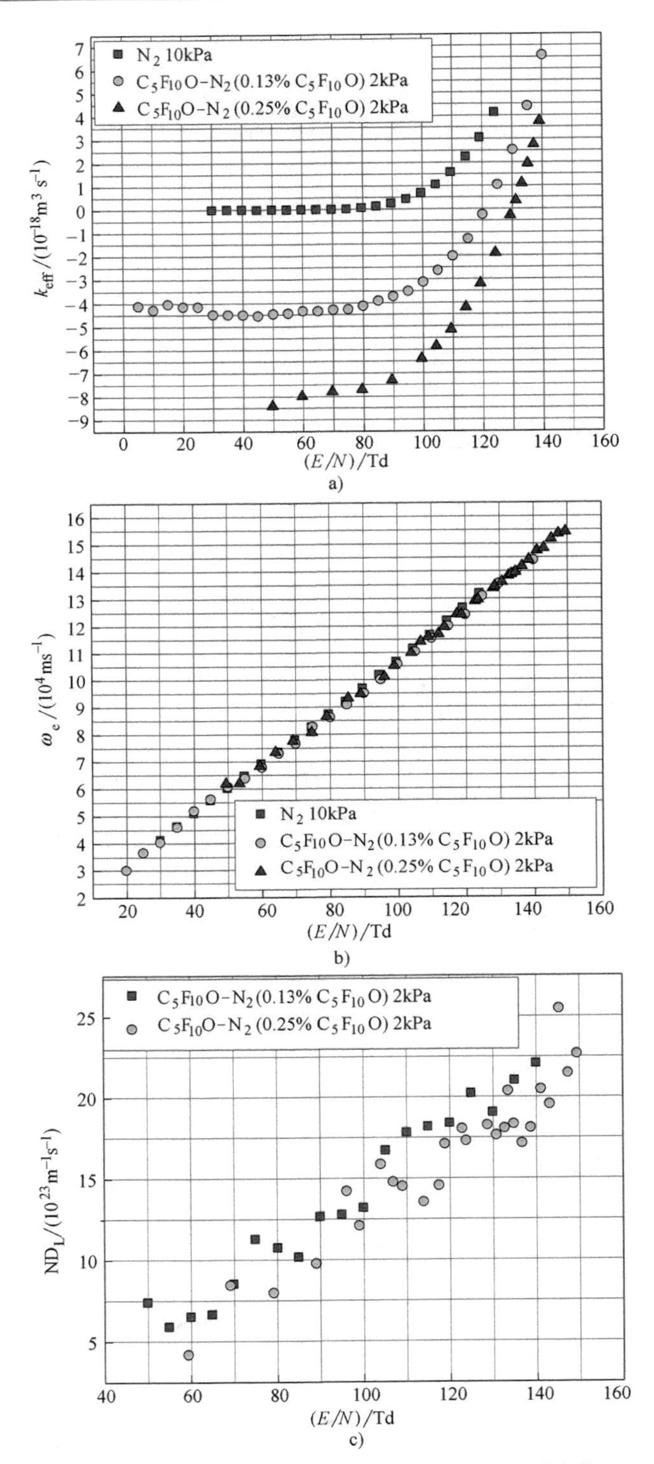

图 2-13 低比例 $C_5F_{10}O-N_2$ 混合气体的电子群参数

2. 纯 $C_5F_{10}O$ 的放电参数

在 $C_5F_{10}O$ 的 PT 实验过程中，发现其与 C_4F_7N 不同，对于不同压力（100Pa～2kPa）没有表现出电子群参数随压力而变化的现象，因此可以判断 $C_5F_{10}O$ 中离子动力学过程并不明显。图 2-14 给出了纯 $C_5F_{10}O$ 在 100Pa 下的电离反应速率系数、吸附反应速率系数、有效电离反应速率系数、电子漂移速度和扩散系数。在 $C_5F_{10}O$ 的临界击穿场强附近开展了大量实验，最终确定其临界击穿场强为（757±10）Td。

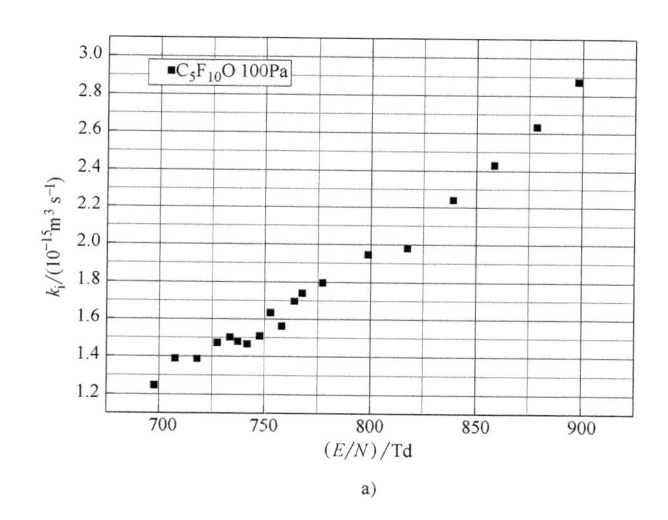

a)

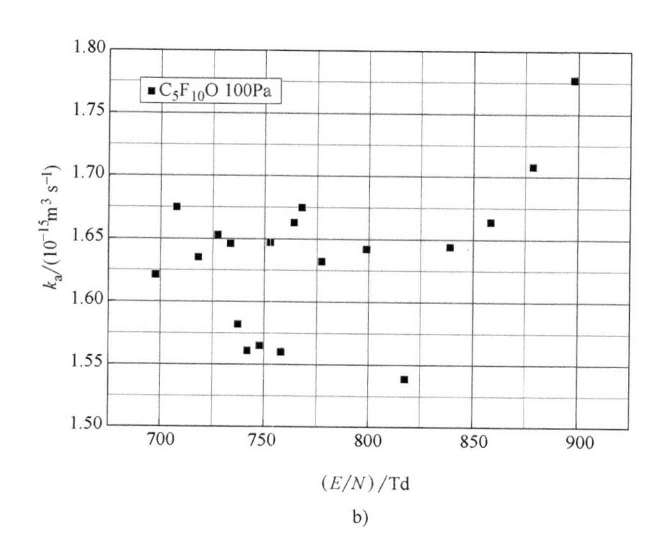

b)

图 2-14　纯 $C_5F_{10}O$ 气体的电子群参数

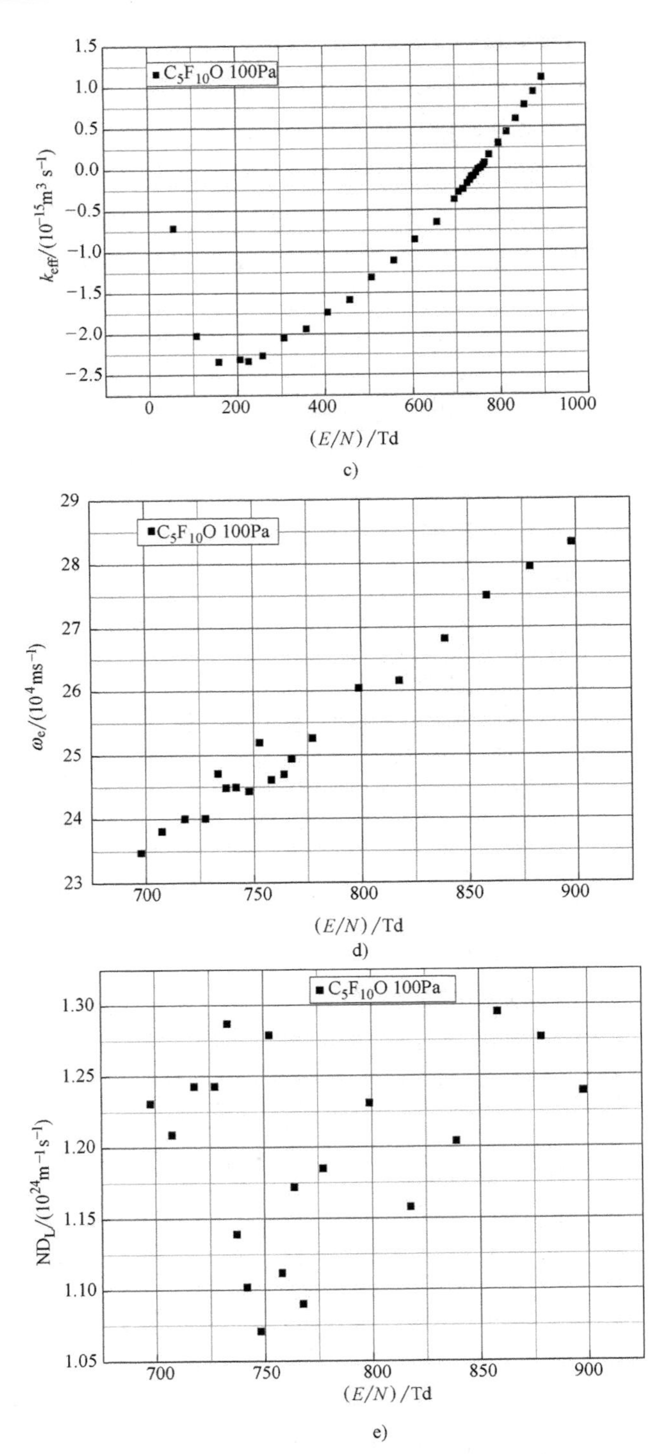

图 2-14 纯 $C_5F_{10}O$ 气体的电子群参数（续）

3. $C_5F_{10}O$ 混合气体的放电参数

为了研究实际工程应用中 $C_5F_{10}O$ 混合气体的放电参数和绝缘性能，对 $C_5F_{10}O$ 与 N_2 和 CO_2 的混合气体开展研究。图 2-15 给出了 12%$C_5F_{10}O$-88%N_2 在 10kPa 压力下的实验结果。$C_5F_{10}O$ 混合气体的放电参数的测量结果表明高气压有利于更准确地测量电离系数和电子速度，但对测量扩散系数不利。为了确保对更加重要的反应速率系数的精确测量，实验选择了在较高压力下进行。图 2-15 和图 2-16 分别是 $C_5F_{10}O$-N_2 和 $C_5F_{10}O$-CO_2 混合气体的有效电离速率系数和电子漂移速度。可以看出随着 $C_5F_{10}O$ 加入比例的提高，混合气体的临界击穿场强明显提升。

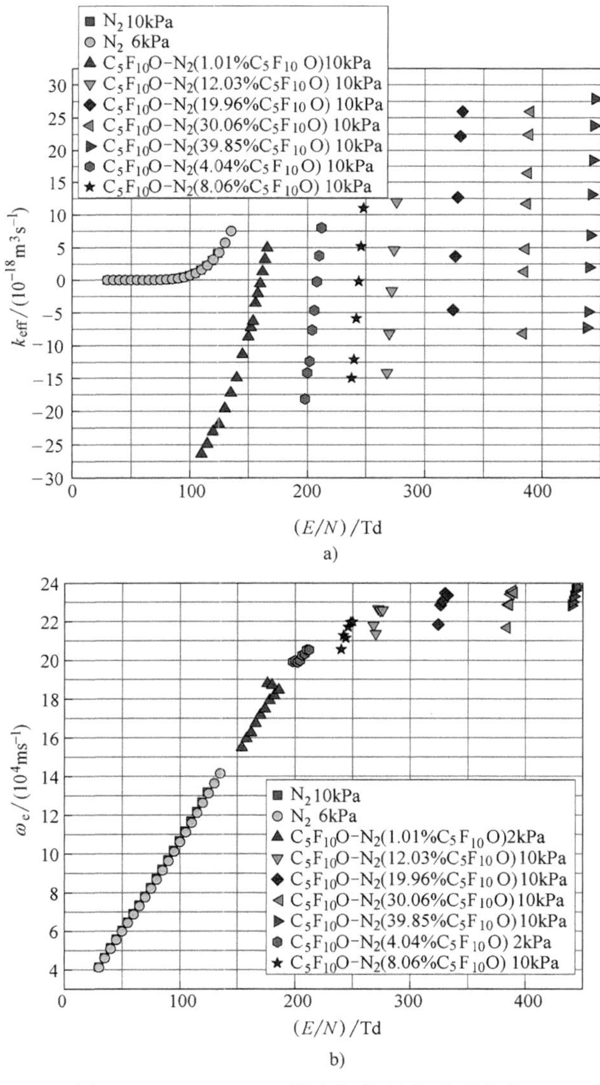

图 2-15 $C_5F_{10}O$-N_2 混合气体的电子群参数

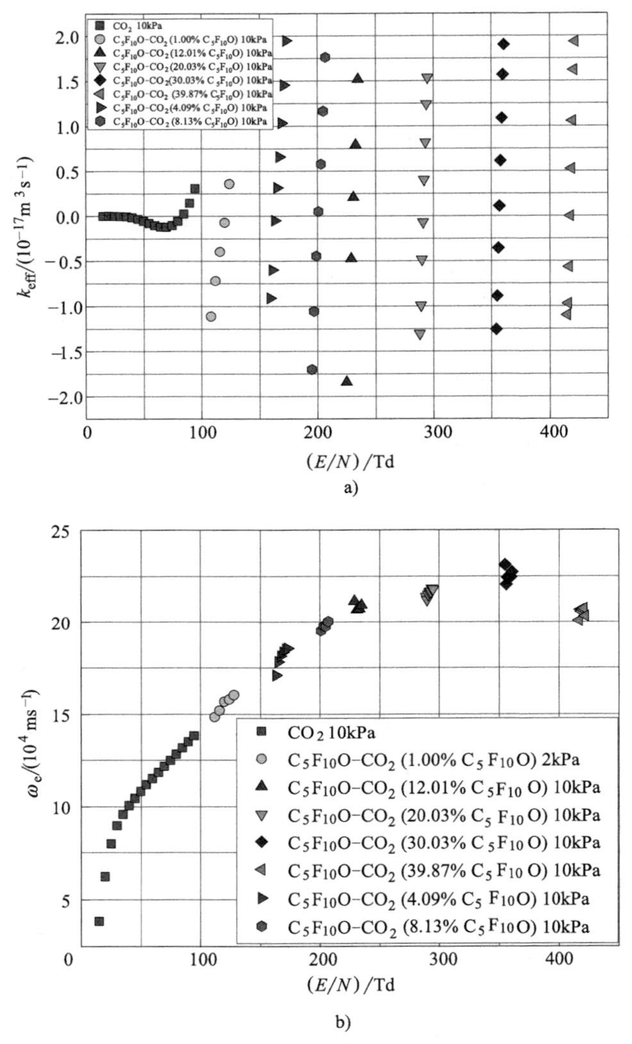

图 2-16 $C_5F_{10}O$-CO_2 混合气体的电子群参数

4. 新型环保气体的绝缘性能与碰撞截面

通过上述放电参数的测量，可以得到 SF_6 替代气体在均匀电场下的绝缘性能。国内外研究者通过 SST 和 PT 实验分别对 C_4F_7N 和 $C_5F_{10}O$ 这两种气体进行了测量。这两种气体通常与 CO_2 或 N_2 混用，其混合气体的约化临界击穿场强总结在图 2-17 中，并与 SF_6 及其混合气体进行了比较。

C_4F_7N 与 $C_5F_{10}O$ 两种新型环保气体与缓冲气体 N_2 或 CO_2 均表现出了协同效应，并且与 N_2 混合时会有更高的临界击穿场强。为了达到与 SF_6 相同的临界击穿场强，向缓冲气体中加入新型环保气体后的比例分别为 13.5% C_4F_7N-86.5% N_2、

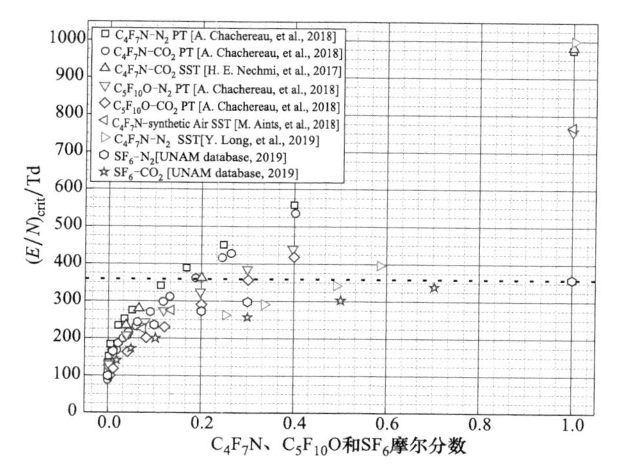

图 2-17　新型环保混合气体的约化临界击穿场强

18.5% C_4F_7N-81.5% CO_2、26% $C_5F_{10}O$-74% N_2 和 30% $C_5F_{10}O$-70% CO_2。由于 C_4F_7N 和 $C_5F_{10}O$ 都是强电负性气体，因此在与电负性较弱的 CO_2 混合时，混合气体的电子吸附能力还是以新型环保气体为主，CO_2 并未表现出更多的帮助。然而，当 N_2 作为缓冲气体时，其丰富的激发态和较大的激发截面使得其可以有效地降低电子能量，从而在相同的混合比下拥有更高的绝缘性能。

除了 C_4F_7N 和 $C_5F_{10}O$，国内外研究者还对一批具有替代 SF_6 潜力的气体进行了测试，典型结果总结在图 2-18 中，其中包括 CF_3I、c-C_4F_8、HFO1234ze、R227ea、R1225ye(Z)、c-$C_4F_8O_2$。向缓冲气体 N_2 或 CO_2 中加入上述气体能显著提高气体的临界击穿场强，这是由于它们大多有较强的电子吸附能力。

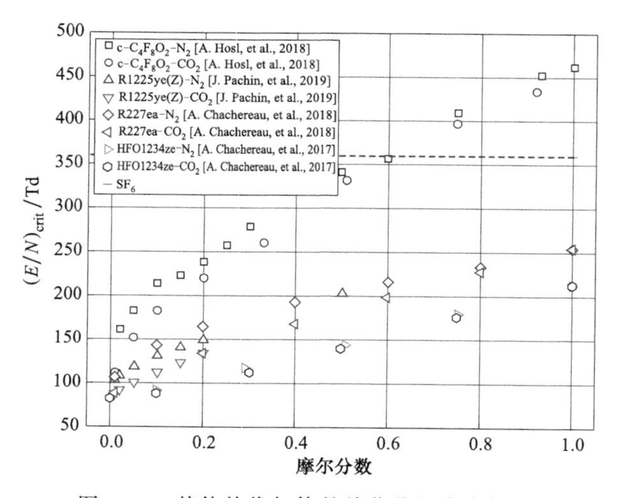

图 2-18　其他替代气体的约化临界击穿场强

除了绝缘性能，还可以采用本章第二小节中的方法获取新型环保气体的各种碰撞截面数据。目前的研究主要包括利用实验和计算获取电离截面以及利用实验获取吸附截面。碰撞截面数据的完善对新型环保气体后续研究包括放电机理等问题具有重要意义，因此是目前一个备受关注的问题。

如图 2-19 所示，研究者们利用 BEB 和 DM 两种半经验方法计算了 $C_5F_{10}O$ 的电离截面。利用不同方法计算所得的截面曲线拥有相似的趋势，但是在数值上有较大的区别。对于 $C_5F_{10}O$ 分子，BEB 方法在整个计算的能量区间都得到了最大的截面值，并且与修正前的 DM 方法比较接近。然而修正后的 DM 方法（m-DM）计算得到的截面值明显小于另外两种方法，对于 DM 方法的修正目前还需要更多的实验结果进行验证。

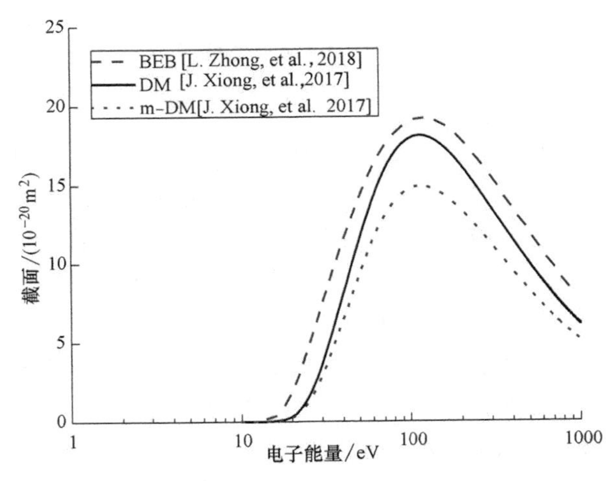

图 2-19 BEB 和 DM 计算 $C_5F_{10}O$ 电离截面的对比

类似地，C_4F_7N 的电离截面也可以由理论计算得出，与此同时还有粒子束实验的结果发表。从图 2-20 中可以看出，修正后的 DM 方法与原 DM 方法结果有较大差别，这和 $C_5F_{10}O$ 的计算结果是相同的。BEB 方法和修正后的 DM 方法都很好地实现了对 C_4F_7N 电离截面的准确计算，但在不同的区间还是有一定的差距。从电离阈值开始的较低能量区间内，修正后的 DM 方法低估了电离截面值，但是在较高的能量区域与实验更加吻合。此外，粒子束实验通过对离子的收集与检测，还获得了不同解离电离通道的截面数据，其中可以看出，形成 CF_3^+ 离子的解离通道在整个测量区间都占主导。

由于吸附截面没有比较简单的计算方法，对于 C_4F_7N 和 $C_5F_{10}O$ 两种气体只有由 PT 实验推导得到的截面数据，这里给出了 Franck 的实验结果，如图 2-21 所示。图中还画出了 SF_6 的吸附截面作为对比，可以发现 SF_6 的吸附截面曲线在 0.3eV 处有一个明显的转折点，这是由 SF_6 的两种吸附模式引起的：吸附 0.3eV 以下的电子

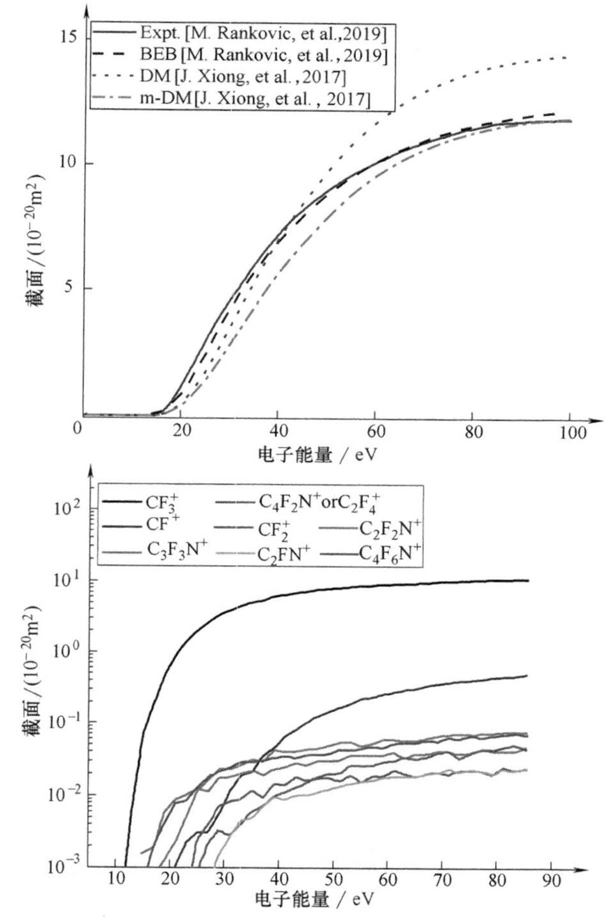

图 2-20　修正后的 DM 方法与原 DM 方法的对比

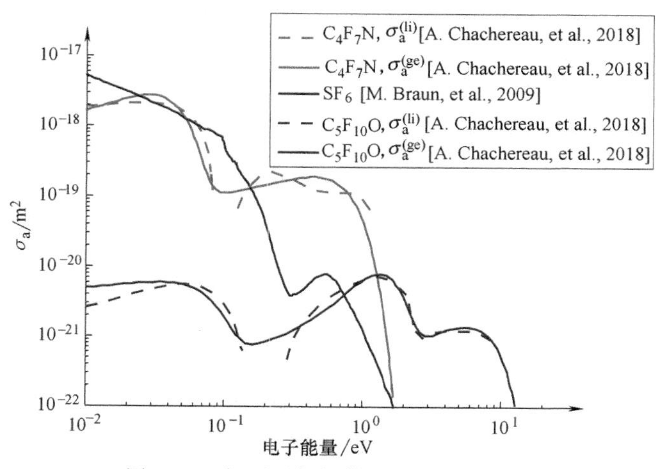

图 2-21　新型环保气体吸附截面的对比

时 SF_6 不会解离，而吸附更高能量的电子的同时，SF_6 会发生解离。C_4F_7N 和 $C_5F_{10}O$ 的截面曲线在约 0.1eV 和 0.2eV 处也存在转折，但其中的机理还尚不明确。此外，在低能量区域，C_4F_7N 拥有和 SF_6 相近大小的吸附截面，这使得其拥有良好的绝缘性能；$C_5F_{10}O$ 虽然在低能量区域吸附截面明显小于另外两种气体，但在更高的能量区域（1~10eV）拥有更大的碰撞截面，从而拥有良好的绝缘性能，并且可能对电场不均匀度更加不敏感。

本节围绕新型环保气体的放电参数，以 C_4F_7N 和 $C_5F_{10}O$ 两种最具替代 SF_6 潜力的气体为主要内容，总结了放电参数和碰撞截面的实验测量方法与典型结果，包括两种气体的电子输运参数、绝缘性能、电离和吸附截面等内容。同时还列举了其他多种 SF_6 替代气体的绝缘性能以供比较，较全面地概括了以电子群参数测量为主的评估绝缘性能方法在近年来用于 SF_6 替代气体研究的主要进展。

尽管目前国内外研究者对上述气体开展 SST 或 PT 实验测量电子群参数，开展粒子束实验测量碰撞截面，但新型绝缘气体的放电参数和特性尚未完全明确，基础参数也有待补充完善。其中值得关注的问题有：以 C_4F_7N 或 $C_5F_{10}O$ 作为主要绝缘介质的三元混合气体绝缘性质的研究、其他新型环保气体的探索、各新型环保气体的基础参数如碰撞截面的实验和理论计算获取等。

另外，由于 SST 实验和 PT 实验都是在均匀场、较低气压的条件下开展的，其测得的临界击穿场强和协同效应等在高气压和不均匀场下可能还需要进一步的深入研究。因此，更加深入的研究放电机理，还需要更完备的碰撞截面数据集以开展放电过程的模拟，同样也依赖于更深入的实验研究。

第三节　新型环保气体的热分解与复合

本节将详细介绍 C_4F_7N、$C_5F_{10}O$ 及其混合气体在不同温度下的分子分解路径、分解与复合特性等，重点说明新型环保气体及其混合气体与 SF_6 气体的差别，讨论其进一步研究及应用中需要解决的问题。

一、计算方法

目前，国内对新型环保型绝缘介质的研究刚刚起步，实验测试了 $C_5F_{10}O$ 和 C_4F_7N 两种新型环保气体的工频耐压和雷电冲击性能；研究了新型环保混合气体的饱和蒸气压特性，讨论了在不同温度限制下的应用方案。现阶段针对新型环保气体放电分解特性的研究较少，一方面实际工程应用中设备内部的各类绝缘缺陷会引发局部放电、沿面闪络甚至间隙击穿，从而导致绝缘介质在一定程度上发生分解产生各类分解产物；另一方面介质的分解特性也与自恢复特性息息相关。对分解特性的考察，可以帮助认识和分析气体绝缘或散热的机理，同时为分解组分分析法判断故障类型提供理论支撑。因此，针对分解特性的分析预判是研究新型环保气体的重要方面。

在计算气体的分解特性之前，首先要计算其分解路径。通常需要使用密度泛函理论（DFT）结合特定的泛函和基组进行量子化学计算，泛函和基组的选择可以在Gaussian09 软件包实现。首先，为了获得分子的精确几何结构，需要进行分子结构的优化计算。其次，需要计算过渡态（Transition States，TSs）和中间体，这是分解路径计算中至关重要的一步。势能面扫面（Potential Energy Surface，PES）计算是计算过渡态的有效方法。为了确保过渡态计算的准确性，将基于过渡态的结构执行内禀反应坐标（Intrinsic Reaction Coordinate，IRC）计算验证。最后，确定可能的分解路径以及过渡态和中间体。C_4F_7N 气体可能的分解路径如图 2-22 所示，$C_5F_{10}O$ 气体可能的分解路径如图 2-23 所示。

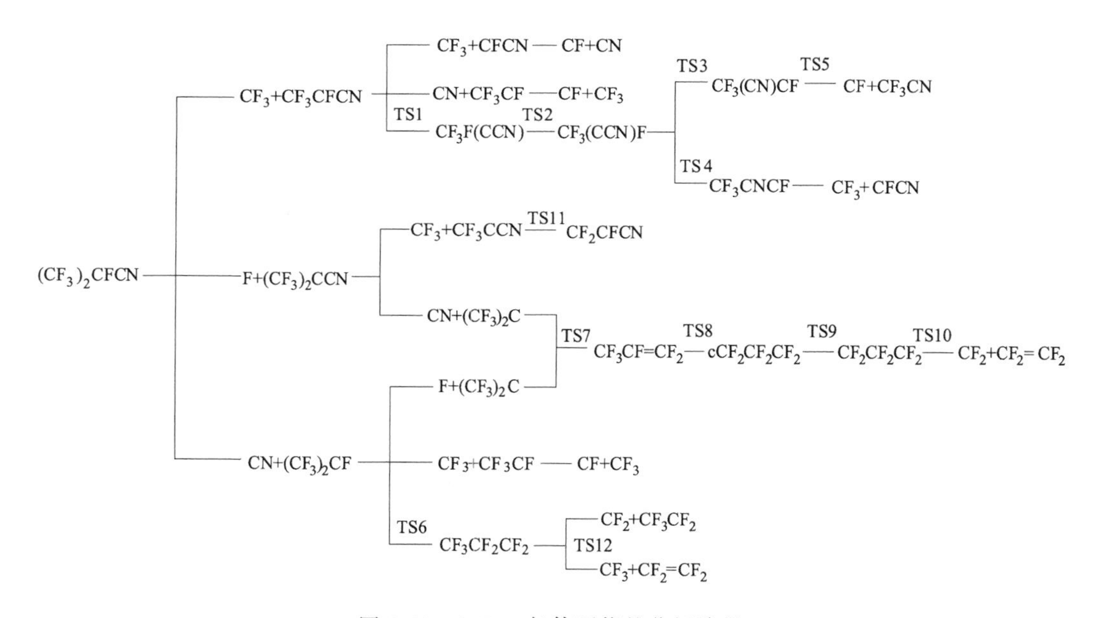

图 2-22 C_4F_7N 气体可能的分解路径

1. 吉布斯自由能最小化方法

新型环保气体在燃弧过程中处于局部热力学平衡状态的等离子体组分可通过吉布斯自由能最小原理得到。吉布斯自由能 G 可用来判断恒温、恒压下反应过程的方向和限度。假设等离子体系统中有 N 种粒子，其吉布斯自由能可表示为

$$G = \sum_{i=1}^{N} n_i \mu_i \tag{2-8}$$

式中 n_i——粒子 i 的粒子数密度（m^{-3}）；

μ_i——粒子 i 的化学势（$J \cdot mol^{-1}$）。

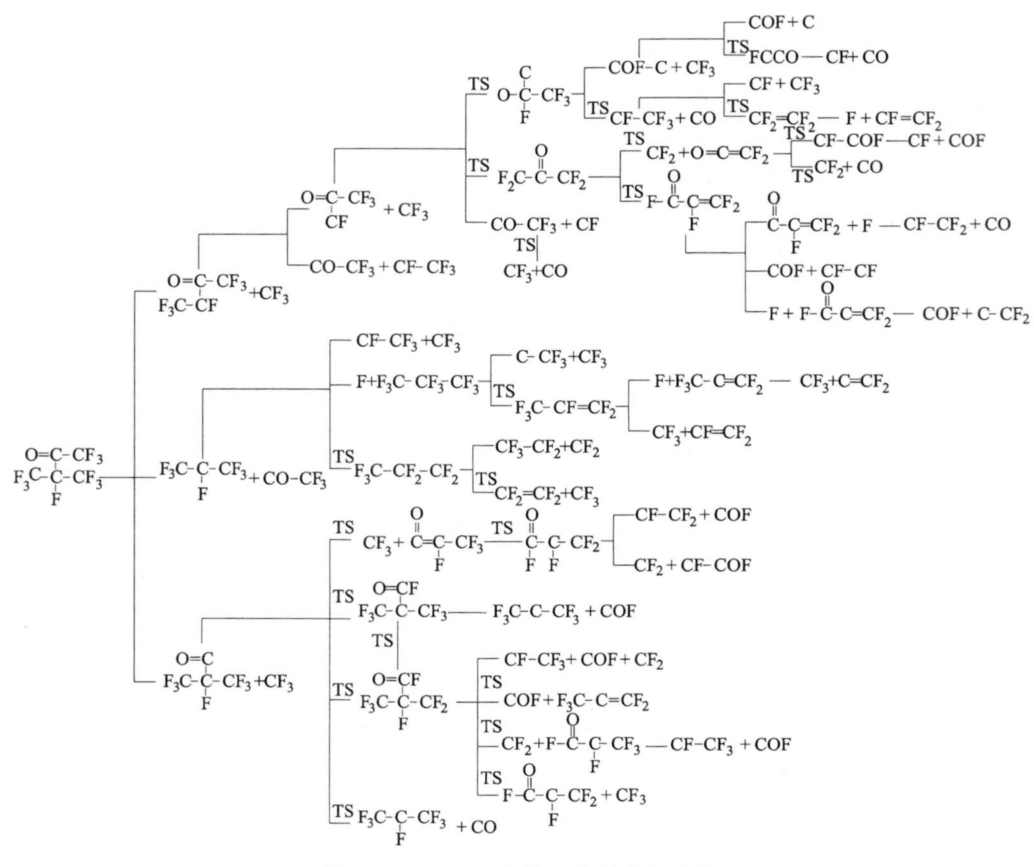

图 2-23　$C_5F_{10}O$ 气体可能的分解路径

其中，对于所考虑的等离子体中气相物质，其化学势为

$$\mu_i = \mu_i^0 + RT\ln\left(n_i \Big/ \sum_{j=1}^{N} n_j\right) + RT\ln(P/p^0) \tag{2-9}$$

式中　R——理想气体常数（$J \cdot mol^{-1} \cdot K^{-1}$）；

T——温度（K）；

P——总压力（Pa）；

p^0——参考压力（Pa）；

μ_i^0——粒子 i 的标准态化学势（$J \cdot mol^{-1}$）。

最小吉布斯自由能方法求解等离子体粒子组成的首要步骤是计算每种粒子的标准吉布斯自由能。给定粒子的标准吉布斯自由能可以通过最小二乘法拟合热力学参数获得的拟合系数计算得到。美国国家标准与技术研究院（National Institute of Standards and Technology，NIST）数据库中给出了大量中性粒子和带电粒子的拟合系数。

电弧等离子体的离子组分需满足的条件除上面介绍的吉布斯自由能最小以外，

还需满足准电中性条件、化学计量平衡条件、道尔顿分压定律。

等离子体在整体对外显示电中性，即体系中粒子所带正、负电荷数相等：

$$n_e = \sum_i z_i n_i \tag{2-10}$$

式中　n_e——电子数密度（m^{-3}）；

z_i——粒子 i 的电荷数。

等离子体中无论发生何种反应，其反应前后元素的种类和数量都遵循物质守恒：

$$\frac{\sum n_s}{\sum n_p} = C \tag{2-11}$$

式中　n_s——与 s 元素有关的粒子的粒子数密度；

n_p——与 p 元素有关的粒子的粒子数密度。

等离子体中各粒子组分的分压之和等于体系的总压强：

$$P_{total} = P_1 + P_2 + \cdots + P_n \tag{2-12}$$

式中　P_1，P_2，…，P_n——组分 1，2，…，n 的分压；

P_{total}——体系的总压力。

2. 化学动力学方法

1）密度泛函理论：近代量子化学的发展对从微观角度探究物质的基本性质提供了新的方法。电子密度泛函理论（DFT）能够用来计算分子的能带结构，配合变分法求解出分子轨道的波函数和能量。该理论认为当分子体系中各原子的空间位置确定后，原子的核外电子密度在空间的分布也被确定，因此可以将体系的能量表示为电子密度在空间的泛函，其基态性质也是由电子密度唯一确定的。利用能量密度对密度的变分处理，采用自洽迭代的方法求解，可以得到体系的波函数和电子密度。基于基态的电子密度和能量能够进一步求得气体分子的基态能量。

2）变分过渡态理论：化学反应的发生涉及能量的变化，计算准确的能量，获得反应前后的能量变化关系，可以得到反应前后的吉布斯自由能变，根据速率计算的方法，可以求得各个温度下的反应速率：

$$k_{TST}(T) = K\sigma \frac{k_b T}{h}\left(\frac{RT}{P_0}\right)^{\Delta n} \exp\left(\frac{-\Delta G^{0,\neq}}{k_b T}\right) \tag{2-13}$$

式中　T——温度；

P_0——标准条件下的压力（1bar）；

k_b——玻尔兹曼常数；

h——普朗克常数；

R——理想气体常数；

ΔG^0——反应活化的标准吉布斯自由能，$\Delta n=1$ 或 0 分别用于气相双分子或单分子反应。

3）化学动力学模型：在给定温度下，使用速率常数获得粒子的浓度。假设所有反应都是可逆的，并且忽略了三体碰撞的影响。如果系统中含有 K 种化学物质，则反应可以以下述形式呈现：

$$\sum_{k=1}^{K} v_{kif} m_k <=> \sum_{k=1}^{K} v_{kir} m_k \tag{2-14}$$

v_{kif} 和 v_{kir} 是反应的化学计量系数，m_k 是第 k 种粒子的化学表示。第 k 种的反应率 ω_k 可以写成涉及第 k 种粒子的所有反应的净生成作用的总和。

$$\omega_k = \sum_{i=1}^{I} v_{ki} q_i \tag{2-15}$$

第 i 个反应的净生成作用由正向和反向速率的差异给出：

$$q_i = k_{fi} \prod_{k=1}^{K} [X_k]^{v_{kif}} - k_{ri} \prod_{k=1}^{K} [X_k]^{v_{kir}} \tag{2-16}$$

式中 X_k——第 k 种物质的摩尔浓度；

k_{fi} 和 k_{ri}——第 i 次反应的正向和反向速率常数。

以上方法用来计算新型环保气体热分解和复合。

二、C_4F_7N 及其混合气体的热分解与复合

1. C_4F_7N 分解反应速率的计算以及动力学分析

对吉布斯自由能最小化方法中方程进行联立即可找出等离子体体系的吉布斯自由能的最小值。这是应用数学中约束优化的典型问题。为了方便求解，通常采用拉格朗日乘数将约束优化问题转换为无约束的问题，然后应用牛顿-拉夫逊迭代法求解等离子体粒子组分。

采用吉布斯自由能最小化方法计算新型环保气体等离子体组分的结果如图 2-24 所示。

化学反应的发生涉及能量的变化，计算准确的能量，获得反应前后的能量变化关系，可以得到反应前后的吉布斯自由能变，根据速率计算的方法，可以求得各个温度下的反应速率。C_4F_7N 各分解路径反应速率常数见表 2-3。

在 0.15MPa 和 0.3MPa 时 C_4F_7N/CO_2 的组分随温度的变化分别在图 2-25 和图 2-26 中给出。从图中可以看出，C_4F_7N 在约 760℃（0.15MPa）下分解 10%，而 CO_2 在 2150℃（0.15MPa）下分解 10%。C_4F_7N 主要的热分解产物为 C_2F_3N、C_2N_2、C_3F_5N、C_2F_6、C_3F_6、C_3F_8 和 C_2F_4，也产生少量的 C_4F_{10}。CO_2 的热分解产物是 CO 和 O_2。

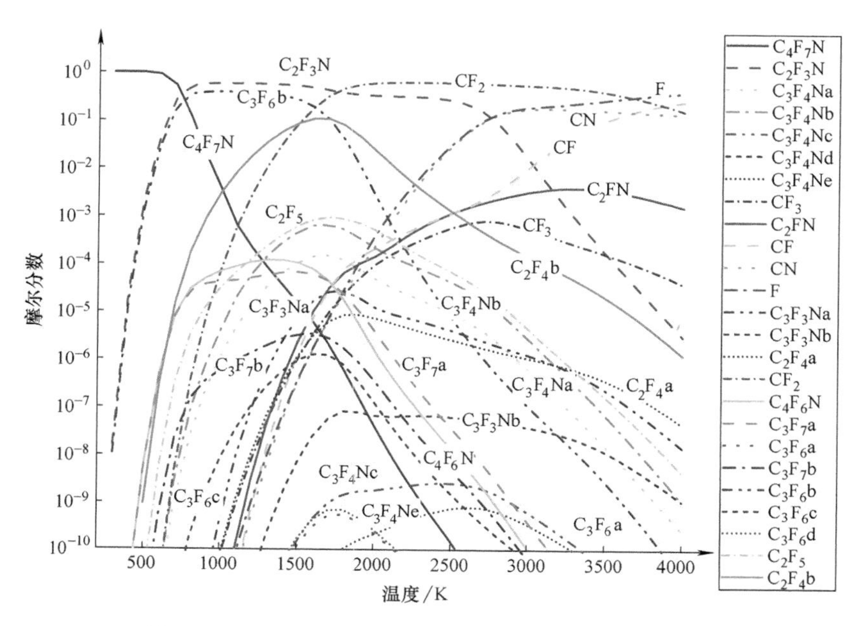

图 2-24　0.1MPa 时 C_4F_7N 等离子体组分随温度的变化

表 2-3　C_4F_7N 分解路径反应速率常数

序号	反　　应	速率常数		
		A/s^{-1}	n	$Ea/(kJ \cdot mol^{-1})$
1	$C_4F_7N \rightarrow CF_3+C_3F_4Na$	1.4312E15	0.268E00	137.79
2	$C_4F_7N \rightarrow F+C_4F_6N$	5.6481E04	2.785E00	403.76
3	$C_4F_7N \rightarrow CN+C_3F_7a$	2.9700E02	3.624E00	480.65
4	$C_3F_4Na \rightarrow CF_3+C_2FN$	8.6230E08	1.993E00	355.52
5	$C_2FN \rightarrow CF+CN$	3.0846E07	2.178E00	380.30
6	$C_3F_4Na \rightarrow CN+C_2F_4a$	2.2373E00	3.932E00	553.41
7	$C_2F_4a \rightarrow CF+CF_3$	1.5131E09	1.661E00	330.56
8	$C_4F_6N \rightarrow CF_3+C_3F_3Na$	7.3721E02	4.188E00	358.98
9	$C_4F_6N \rightarrow CN+C_3F_6a$	2.3245E02	3.709E00	544.88
10	$C_3F_7a \rightarrow F+C_3F_6a$	5.9676E03	4.682E00	457.33
11	$C_3F_7a \rightarrow CF_3+C_2F_4a$	1.5269E07	2.002E00	382.96
12	$C_3F_7b \rightarrow CF_2+C_2F_5$	5.0292E14	5.244E-01	221.21
13	$C_3F_4Na \rightarrow C_3F_4Nb$	1.1374E11	6.938E-01	200.54
14	$C_3F_4Nb \rightarrow C_3F_4Nc$	8.3676E11	5.432E-01	340.52
15	$C_3F_4Nc \rightarrow C_3F_4Nd$	4.1337E09	1.496E00	110.43
16	$C_3F_4Nc \rightarrow C_3F_4Ne$	8.3676E11	5.432E-01	340.52

（续）

序号	反　　应	速率常数		
		A/s^{-1}	n	$Ea/(kJ \cdot mol^{-1})$
17	$C_3F_4Nd \rightarrow CF+C_2F_3N$	8.3378E10	9.321E-01	21.24
18	$C_3F_7a \rightarrow C_3F_7b$	1.6938E10	1.048E00	204.64
19	$C_3F_6a \rightarrow C_3F_6b$	1.1284E12	2.470E-01	51.67
20	$C_3F_6b \rightarrow C_3F_6c$	1.1444E09	1.536E00	393.15
21	$C_3F_6c \rightarrow C_3F_6d$	1.3744E10	1.094E00	170.03
22	$C_3F_6d \rightarrow CF_2+C_2F_4b$	1.7048E11	8.270E-01	25.62
23	$C_3F_3Na \rightarrow C_3F_3Nb$	1.8643E11	3.791E-01	91.13
24	$C_3F_7b \rightarrow CF_3+C_2F_4b$	1.1866E10	1.684E00	186.17
25	$C_2F_4a \rightarrow C_2F_4b$	6.1720E10	5.142E-01	131.16

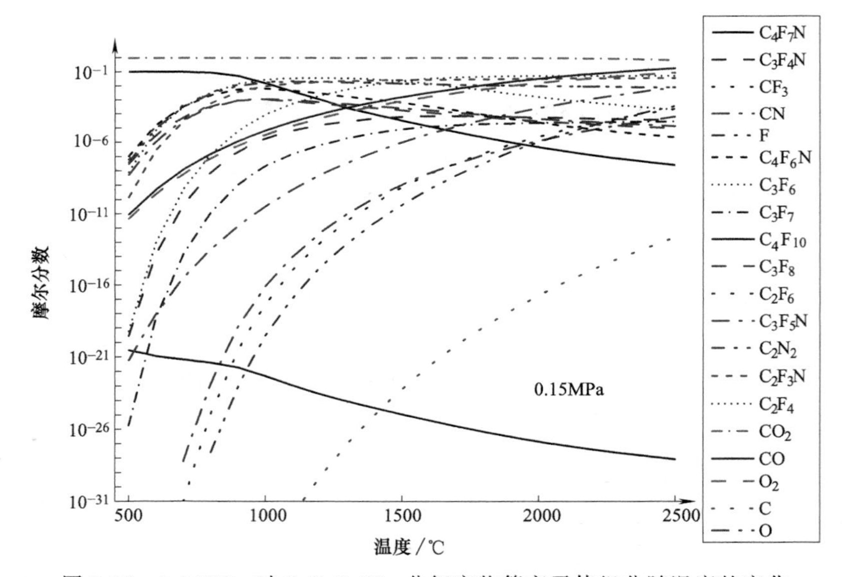

图 2-25　0.15MPa 时 C_4F_7N-CO_2 分解产物等离子体组分随温度的变化

2. C_4F_7N-CO_2 混合气体热分解实验

针对新型环保气体采用气相色谱法（气相色谱仪和气相色谱质谱联用仪）对纯气体、混合气体以及分解组分进行检测。

气相色谱仪（Gas Chromatography，GC）是国内外用于准确测定 SF_6 分解组分浓度的最常用仪器，在此用作新型环保气体的检测工具。其工作原理：利用试样中各组分在气相和固定相间的分配系数不同，当汽化后的试样被载气带入色谱柱中运行时，组分就在其中的两相间进行反复多次分配。由于固定相相对各组分的吸附和溶解能力不同，因此各组分在色谱柱中的运行速度就不同，经过一定的柱长后便彼

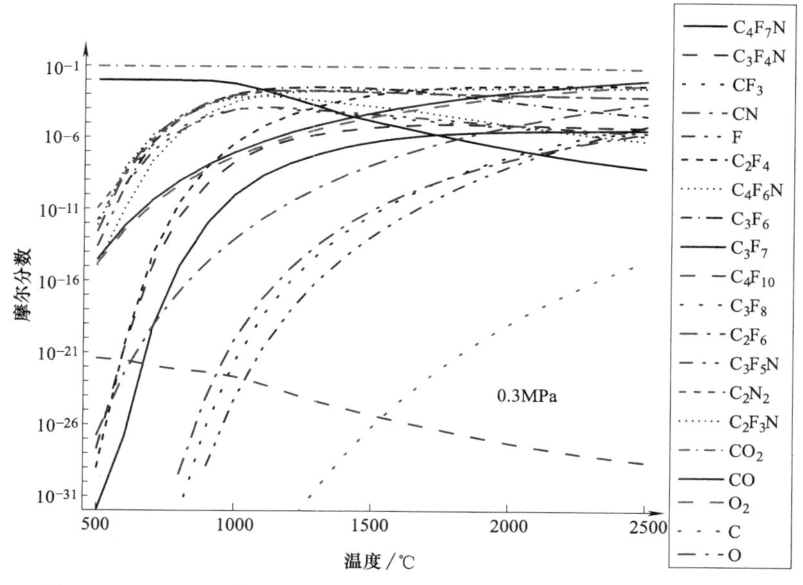

图 2-26　0.3MPa 时 C_4F_7N-CO_2 分解产物等离子体组分随温度的变化

此分离。分离后各组分按顺序进入检测器并产生响应信号，在记录器上显示为各组分的色谱峰。

气相色谱质谱联用仪是一种用于测量气体分解组分的新型仪器。它采用与气相色谱仪相同的色谱分离方式对试样中的各组分进行分离，但是对于分离后的组分，采用质谱分析的方法对其进行测量。质谱分析是一种测量离子荷质比的分析方法，其原理是使试样中各组分在离子源中发生电离，生成不同荷质比的带正电荷的粒子，经过加速电场的作用，形成离子束，进入质量分析器。在质量分析器中，再利用电场和磁场使其发生相反的速度色散，将它们分别聚焦而得到质谱图，从而确定其种类和含量。

与气相色谱仪比较，气相色谱质谱联用仪不仅能探知已知试样组分的含量，还能对未知组分进行定性定量分析。因此，该仪器可以用于探测新型环保气体分解组分种类和浓度。

气相色谱质谱联用仪一般由以下几部分组成：

1）真空系统：真空系统包含机械泵和涡轮分子泵，机械泵一般是前级真空，在机械泵将真空降到一定水平后启动分子涡轮泵，从大气压到运行合适的真空状态需要 5～6h；

2）进样系统：待分析的物质进入的部件，有气体进样阀和液体进样阀；

3）离子源：作用是使欲分析的样品实现离子化，使中性物质带上电荷；

4）质量分析器：将离子源中生成的样品离子按质荷比 m/z 大小进行分离；

5）检测器：对质量分析器中分离出来的样品离子进行检测；

6）采集数据和控制仪器的工作站：对色谱仪和质谱仪控制，并收集检测结果。

搭建的局部过热下新型环保气体热分解模拟平台如图 2-27 所示，采用管式加热炉模拟电气设备内的局部过热故障，并实现对故障温度的准确控制；采用安捷伦 5977B 型气相色谱质谱联用仪作为检测系统检测分解产物。GC-MS 分析方法见表 2-4。

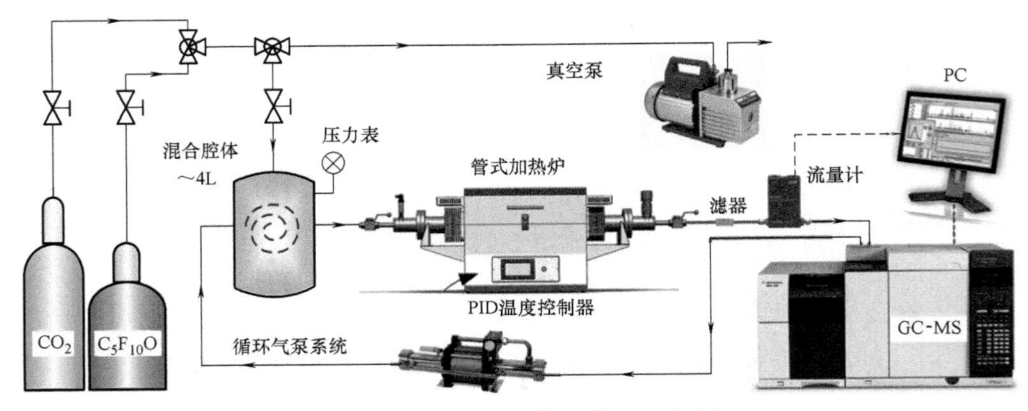

图 2-27 新型环保气体热分解试验平台

表 2-4 GC-MS 分析方法

分析设备	安捷伦 5977BGC/MS
色谱柱	GS-GasPro30m×0.32mm（无涂层）
检测器	MSD
进样器温度/℃	100
定量环容量/μL	250
载气	He
分流比	100∶1
载气流量/mL/min	1.0
分析程序	40℃保持 1min，20℃/min 升温至 160℃，保持 1min，40℃/min 升温至 240℃，保持 1min

热分解实验装置由密闭腔体（带数字压力表）、真空泵、管式加热炉、循环气泵系统和气体组分检测仪器（气相色谱质谱联用仪）组成。其中，密闭腔体主要用于模拟真实气体绝缘设备内的气室，并使用数字压力表监测腔体内部实际气压值；真空泵用于排出腔体内的空气以及换气；管式加热炉用以模拟形成过热性故障的局部热源；循环气泵系统用于循环整个主气路中的气体，并起到使新型环保气体与缓冲气体混合均匀的作用，同时将气体送入气相色谱仪中；气体组分检测系统用于检测混合气体分解组分类型和浓度，通过计算机控制。腔体整体气室采用耐腐蚀的

医用不锈钢加工而成，气室容积约为 4L，最高耐受气压值为 0.6MPa，气相色谱质谱联用仪采用六通阀定量环进样，定量环容量为 250μL。色谱柱为 Agilent GS-GasPro（30m×0.32mm×0μm），选用纯度大于 99.999%的氦气作为载气。

图 2-28 是在实验腔体压力为 0.3MPa，C_4F_7N 含量为 10%，CO_2 含量为 90%，加热管式炉温度分别为 120℃、300℃、500℃和 700℃在加热 72h 后的色谱图（图中标注出了色谱峰对应的物质名称）。在得到色谱图的基础上与美国标准质谱库（NIST）对比，分析分解产物。

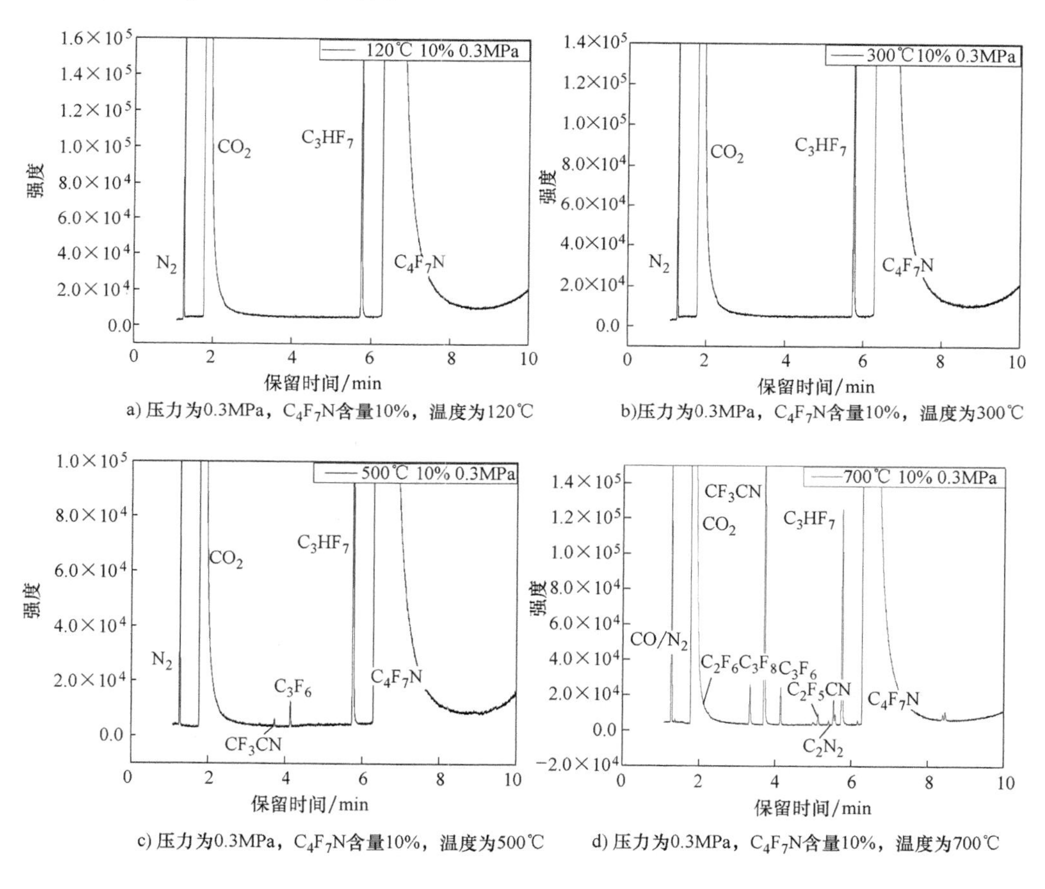

图 2-28　加热 72h 后的实验色谱图

根据实验检测结果看出，120℃和 300℃时未检测到明显分解；500℃时检测到的分解产物有 C_3F_6、CF_3CN；700℃时检测到的分解产物有 CO、CF_4、C_2F_6、C_2F_4、C_3F_6、C_3F_8、CF_3CN、C_2F_5CN、$(CN)_2$、C_4F_{10}、C_4F_8。

通过全扫描和选择离子扫描的方法对以上产物检测。其中各物质对应的保留时间如下：CO（1.27min）、CF_4（1.366min）、CO_2（1.78min）、C_2F_6（1.86min）、C_3F_8（3.34min）、CF_3CN（3.72min）、C_3F_6（4.14min）、C_4F_{10}（4.885min）、C_2F_5CN（5.12min）、$(CN)_2$（5.40min）、C_3HF_7（5.76min）、C_4F_8（5.429/6.094min）和 C_4F_7N（6.31min）。

可以看出 C_4F_7N-CO_2 过热分解产物主要是不饱和氟代烃和腈类化合物。

图 2-29 为局部过热 500℃时过热时间和气压对分解产物的影响，随着过热时间的增加各分解产物含量增加，部分产物趋于饱和，随着气压的升高，C_4F_7N 的分解被抑制。图 2-30 为局部过热 700℃时过热时间和气压对分解产物的影响，随着过热时间的增加，部分分解产物的分解逐渐趋于饱和，随着气压的升高，部分分解产物被抑制。低气压下分解产物种类及含量较多，气压越高混合气体在过热工况下越稳定。

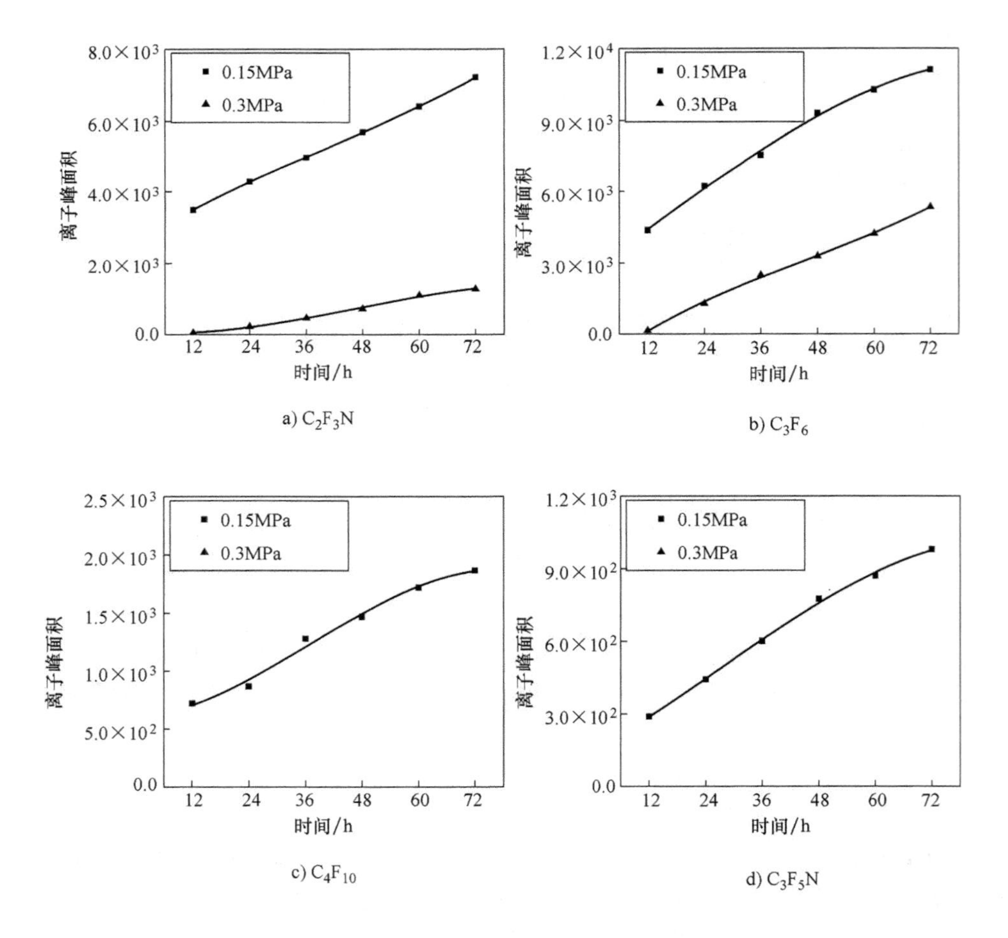

图 2-29 不同气压下 C_4F_7N-CO_2 混合气体、500℃局部过热分解产物含量变化

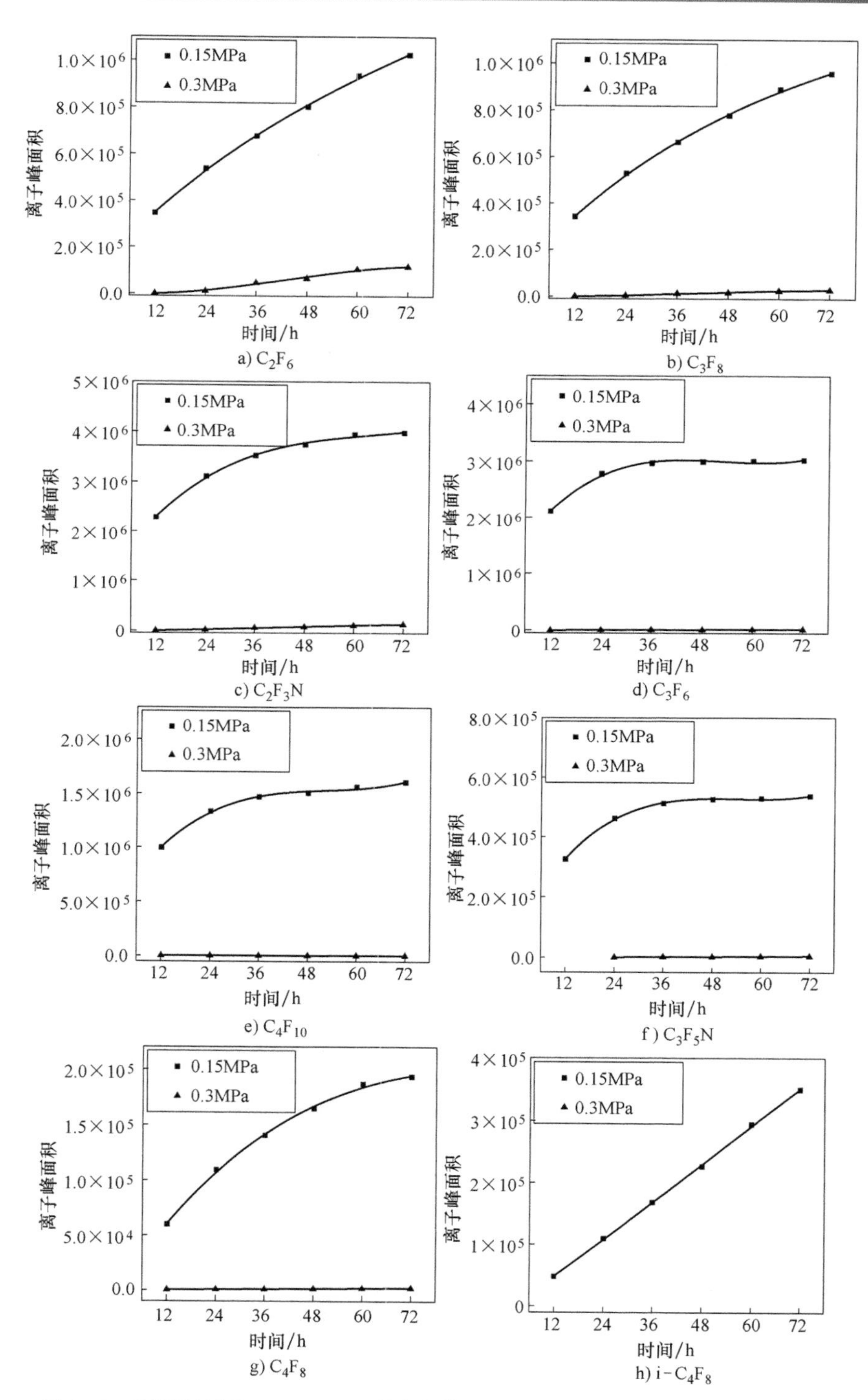

图 2-30　不同气压下 C_4F_7N-CO_2 混合气体、700℃局部过热分解产物含量变化

三、$C_5F_{10}O$ 及其混合气体的热分解与复合

1. $C_5F_{10}O$ 分解产物及反应速率计算

采用吉布斯自由能最小化方法计算新型环保气体等离子体组分的结果如图 2-31 所示。

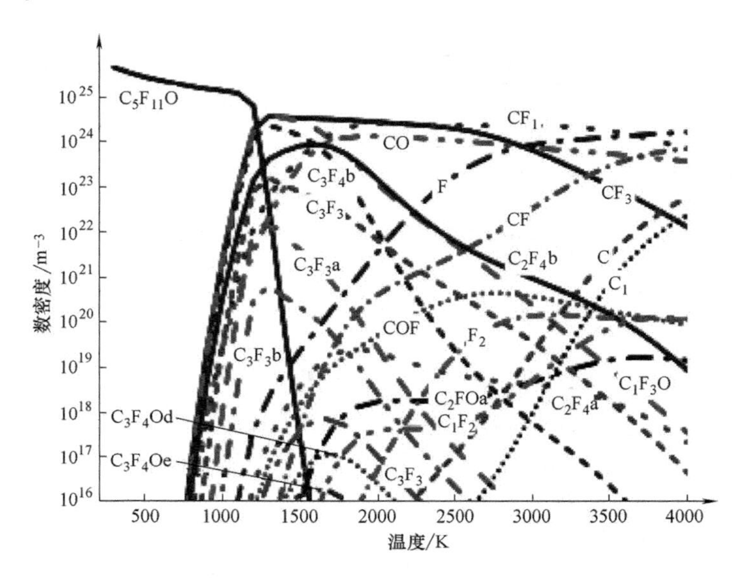

图 2-31　0.1MPa 时 $C_5F_{10}O$ 等离子体组分随温度的变化

$C_5F_{10}O$ 各分解路径反应速率常数见表 2-5。

表 2-5　$C_5F_{10}O$ 分解反应速率常数

序号	反　应	速率常数		
		A/s^{-1}	n	Ea/(kJ/mol)
1	$C_5F_{10}O \to CF_3CFCOCF_3+CF_3$	4.16×10^{27}	−0.9	335.4
2	$C_5F_{10}O \to (CF_3)CFCO+CF_3$	2.72×10^{27}	−0.9	333.2
3	$C_5F_{10}O \to (CF_3)CF+CF_3CO$	1.00×10^{28}	−0.9	326.1
4	$CF_3CFCOCF_3 \to CF_3COCF+CF_3$	2.55×10^{25}	−0.7	396.8
5	$CF_3CFCOCF_3 \to CF_3CO+CF_3CF$	4.78×10^{25}	−0.8	351.3
6	$CF_3COCF \to CF_3C(C)OF$	1.72×10^{11}	0.3	178.9
7	$CF_3COCF \to CF_2COCF_2$	1.65×10^{11}	0.2	107.0
8	$CF_3COCF \to CF_3CO+CF$	1.89×10^{23}	−0.5	238.8
9	$CF_3CO \to CF_3+CO$	1.01×10^{-19}	2.4	11.2

（续）

序号	反　应	速率常数		
		A/s^{-1}	n	Ea/(kJ/mol)
10	$CF_3C(C)OF \rightarrow CCOF + CF_3$	5.36×10^{26}	-0.8	359.9
11	$CF_3C(C)OF \rightarrow CF_3CF + CO$	4.50×10^{9}	1.3	61.5
12	$CF_2COCF_2 \rightarrow CF_2CO + CF_2$	2.23×10^{10}	1.5	161.9
13	$CF_2COCF_2 \rightarrow CF_2CFCOF$	9.47×10^{9}	1.1	122.3
14	$CCOF \rightarrow C + COF$	8.12×10^{17}	0.5	480.2
15	$CCOF \rightarrow CFCO$	4.23×10^{11}	0.4	18.2
16	$CF_3CF \rightarrow CF_3 + CF$	3.57×10^{23}	-0.5	289.5
17	$CF_3CF \rightarrow CF_2CF_2$	6.17×10^{10}	0.5	131.2
18	$CF_2CF_2 \rightarrow CF_2CF + F$	2.59×10^{19}	0.5	526.7
19	$CF_2CO \rightarrow CFCOF$	1.76×10^{11}	0.5	161.1
20	$CF_2CO \rightarrow CF_2 + CO$	9.33×10^{10}	0.9	56.5
21	$CFCOF \rightarrow CF + COF$	9.89×10^{22}	-0.5	272.9
22	$CF_2CFCOF \rightarrow CF_2CFCO + F$	3.44×10^{19}	0.5	490.8
23	$CF_2CFCO \rightarrow CF_2CF + CO$	1.77×10^{23}	-0.5	111.7
24	$CF_2CFCOF \rightarrow CF_2CCOF + F$	6.90×10^{19}	0.5	492.6
25	$CF_2CCOF \rightarrow CF_2C + COF$	8.26×10^{22}	-0.4	374.6
26	$(CF_3)_2CF \rightarrow CF_3CF + CF_3$	1.67×10^{25}	-0.8	359.9
27	$(CF_3)_2CF \rightarrow (CF_3)_2C + F$	2.03×10^{18}	0.5	532.3
28	$(CF_3)_2CF \rightarrow CF_3CF_2CF_2$	1.48×10^{08}	2.0	169.2
29	$(CF_3)_2C \rightarrow CF_3C + CF_3$	7.79×10^{25}	-0.8	343.7
30	$(CF_3)_2C \rightarrow CF_3CFCF_2$	1.04×10^{12}	0.2	43.7
31	$CF_3CFCF_2 \rightarrow CF_3CCF_2 + F$	2.29×10^{19}	0.5	497.0
32	$CF_3CCF_2 \rightarrow CF_3 + CF_2C$	1.28×10^{23}	0.1	388.9
33	$CF_3CFCF_2 \rightarrow CF_3 + CF_2CF$	5.83×10^{24}	0.0	467.9
34	$CF_3CF_2CF_2 \rightarrow CF_3CF_2 + CF_2$	7.90×10^{25}	-1.0	227.6
35	$CF_3CF_2CF_2 \rightarrow CF_2CF_2 + CF_3$	3.98×10^{10}	1.4	161.6
36	$(CF_3)_2CFCO \rightarrow CF_3CFCO + CF_3$	2.22×10^{11}	1.1	165.2
37	$CF_3CFCO \rightarrow CF_2CFCOF$	1.56×10^{9}	1.5	156.8
38	$CF_2CFCOF \rightarrow CF_2CF + COF$	6.30×10^{24}	-0.5	446.7
39	$CF_2CFCOF \rightarrow CF_2 + CFCOF$	1.01×10^{25}	-0.5	443.4
40	$(CF_3)_2CFCO \rightarrow (CF_3)_2CCOF$	5.98×10^{11}	0.6	88.3
41	$(CF_3)_2CCOF \rightarrow (CF_3)_2C + COF$	7.38×10^{23}	-0.5	450.0

（续）

序号	反　应	速率常数		
		A/s^{-1}	n	Ea/(kJ/mol)
42	$(CF_3)_2CFCO \to CF_3C(CF_2)FCOF$	1.82×10^{10}	0.8	202.7
43	$CF_3C(CF_2)FCOF \to CF_3CFCF_2+COF$	3.02×10^{10}	1.4	120.4
44	$CF_3C(CF_2)FCOF \to CF_3CFCOF+CF_2$	5.44×10^{11}	1.3	166.2
45	$CF_3CFCOF \to CF_3CF+COF$	1.05×10^{25}	−0.8	369.2
46	$CF_3C(CF_2)FCOF \to CF_2CFCOF+CF_3$	7.71×10^{10}	1.1	115.8
47	$(CF_3)_2CFCO \to (CF_3)_2CF+CO$	1.70×10^{11}	1.0	29.4
48	$CF \to C+F$	3.82×10^{13}	1.5	673.7
49	$CF_2 \to CF+F$	6.90×10^{16}	1.0	508.2
50	$CF_3 \to CF_2+F$	2.72×10^{18}	0.5	348.8
51	$CF_4 \to CF_3+F$	5.01×10^{20}	0.5	544.5
52	$C_2F_2 \to CF+CF$	3.98×10^{23}	−0.4	473.3
53	$O_2 \to O+O$	1.04×10^{14}	1.5	771.1
54	$F_2 \to F+F$	2.39×10^{14}	1.5	141.4
55	$CO_2 \to CO+O$	9.03×10^{18}	0.5	728.9
56	$CF_2O \to CF_2+O$	4.36×10^{11}	2.2	798.0
57	$CF_2O \to COF+F$	2.21×10^{19}	0.5	507.5
58	$C_5F_{12} \to CF_3CF_2CF_2+ CF_3CF_2$	8.18×10^{26}	−0.5	448.4
59	$CF_3CF_3 \to CF_3CF_2+F$	5.59×10^{17}	1.5	525.7
60	$CF_3CF_3 \to CF_3+CF_3$	6.98×10^{24}	0.0	417.1
61	$C_4F_{10} \to CF_3CF_2CF_2+CF_3$	1.05×10^{25}	0.0	420.4
62	$C_4F_8 \to CF_3CF+ CF_3CF$	9.98×10^{20}	1.5	566.7
63	$CF_3CF_2 \to CF_3CF+F$	6.83×10^{18}	0.5	459.1
64	$CF_3CF \to CF_3C+F$	6.14×10^{18}	0.5	514.3
65	$C_4F_8 \to CF_3CF_2+CF_2CF$	2.00×10^{25}	0.0	451.9
66	$CF_2CF \to CF_2C+F$	2.00×10^{18}	0.5	423.6
67	$C_2F_4 \to CF_2+ CF_2$	3.11×10^{25}	−0.9	285.5
68	$C_3F_8 \to (CF_3)_2CF+F$	1.58×10^{18}	1.5	492.8
69	$C_3F_8 \to CF_3CF_2CF_2+F$	5.35×10^{17}	1.6	520.5
70	$C_3F_8 \to CF_3CF_2+ CF_3$	2.79×10^{25}	0.0	401.7
71	$C_3F_6 \to CF_3CF+CF_2$	7.49×10^{23}	0.1	442.9

化学反应动力学的计算结果如图 2-32、图 2-33 和图 2-34 所示。图 2-32 给出了 0.1MPa 时，$C_5F_{10}O$ 分解产物组分在 400℃时随时间的变化，在大约 0.4s 时，只有

4%的 $C_5F_{10}O$ 分解，即稳定状态下仍然存在将近 96%的 $C_5F_{10}O$。稳定的产物（例如 CO、C_2F_4、C_2F_6、C_3F_6 和 CF_4）在 10^{-10}s 以上具有相对较高的摩尔分数。同时，考虑到各种自由基的复杂反应过程，仍然有一些自由基存在，例如 C_2F_5、C_3F_7a、C_3F_7b 和 CF_2。

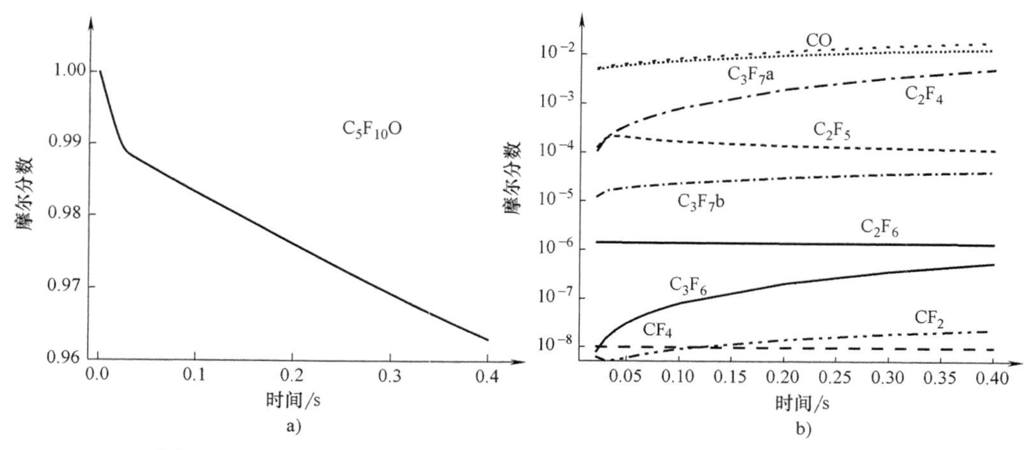

图 2-32 0.1MPa 时的 $C_5F_{10}O$ 分解产物组分在 400℃时随时间的变化

图 2-33 给出了 0.1MPa 时，$C_5F_{10}O$ 分解产物组分在 700℃时随时间的变化，700℃时会产生大量产物。在稳定状态下，$C_5F_{10}O$ 的摩尔分数在 10^{-5}s 内接近 0.097。与 400℃时相比，产物的数量和产物的摩尔分数增加。然而，CO 和 C_3F_7a（CF_3CFCF_3）仍然具有高摩尔分数，这表明反应 $C_5F_{10}O \rightarrow CF_3CFCF_3 + CF_3CO$ 和 $CF_3CO \rightarrow CF_3 + CO$ 占主导。根据能量计算，反应 $C_5F_{10}O \rightarrow CF_3CFCF_3 + CF_3CO$ 的势垒能最低，这与化学动力学计算结果相符。除 CO、C_2F_4、C_2F_6、C_3F_6、C_3F_8 外，

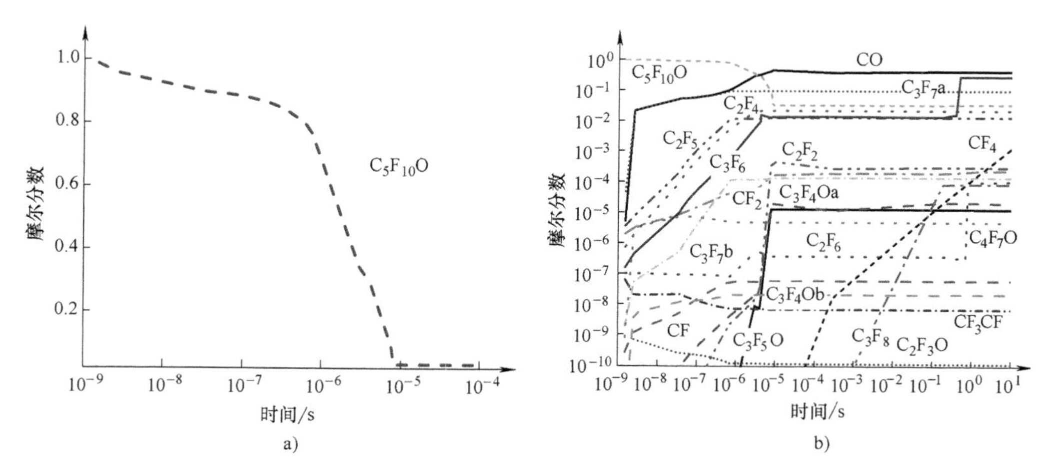

图 2-33 0.1MPa 时的 $C_5F_{10}O$ 分解产物组分在 700℃时随时间的变化

稳定的产物 C_2F_2 在 700℃时形成。同时，自由基 CF 仍然存在，可以推断并非所有 CF 都会与其自身结合生成 C_2F_2。值得注意的是，CF_4 的摩尔分数也随时间增加，这表明 CF_3 和 F 发生了重组。

继续进行化学动力学计算直至达到稳态，即可获得平衡态的分解产物组成，如图 2-34 所示。$C_5F_{10}O$ 在约 400℃（0.1MPa）时开始分解；$C_5F_{10}O$ 在约 600℃时剧烈分解。$C_5F_{10}O$ 热分解的主要稳定产物是 CO、CF_4、C_2F_4、C_2F_6、C_3F_6、C_3F_8 和 CF_2O。其余的是一些自由基团，包括 CF_2、CF_3、C_2F_5、C_3F_5、C_2F_3O、C_3F_4O 和 C_3F_7。

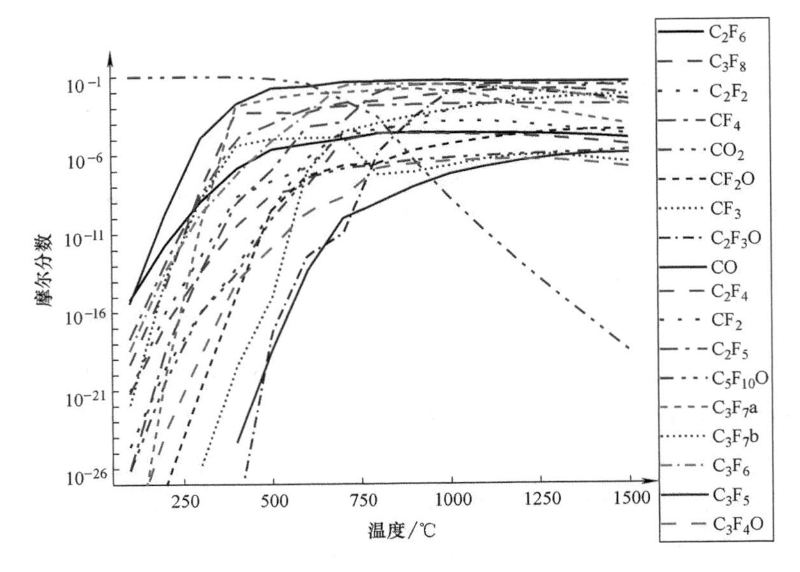

图 2-34　0.1MPa 时的 $C_5F_{10}O$ 在动力学平衡时分解产物组分随温度的变化

2. $C_5F_{10}O$ 纯气体、$C_5F_{10}O$-空气混合气体热分解实验

在本书中，$C_5F_{10}O$ 纯气体、$C_5F_{10}O$-空气混合气体热分解实验平台与 C_4F_7N 及其混合气体相同。

当实验腔体压力为 0.1MPa，对纯 $C_5F_{10}O$ 气体进行热分解实验，纯气体中检测到微量 C_3F_8、C_3F_6 和 C_3HF_7。加热管式炉温度分别为 300℃、500℃和 700℃时，加热 24h 后的色谱图（图中标注出了色谱峰对应的物质的名称）如图 2-35 所示。可以看出：

在 300℃时，未检测到明显分解；在 500℃时，检测到的分解产物有 CO、CO_2、C_2F_6、C_2F_4、CHF_3、C_3F_8、C_3F_6、C_4F_{10} 和 C_4F_8；在 700℃时，检测到的分解产物有 CO、CF_4、CO_2、C_2F_6、C_2F_4、C_3F_8、C_3F_6、C_4F_{10}、C_4F_8、C_5F_{12} 和 C_5F_{10}。

通过全扫描和选择离子扫描的方法对以上产物检测。其中各物质对应的保留时间如下：CO（1.27min），CF_4（1.366min），CO_2（1.78min），C_2F_6（1.86min），C_2F_4（2.12min），C_3F_8（3.34min），C_3F_6（4.14min），C_4F_{10}（4.885min），C_3HF_7（5.76min），C_4F_8（5.429/6.094min），$C_5F_{10}O$（6.79min），C_5F_{10}（6.89min），C_5F_{12}（6.46min）。

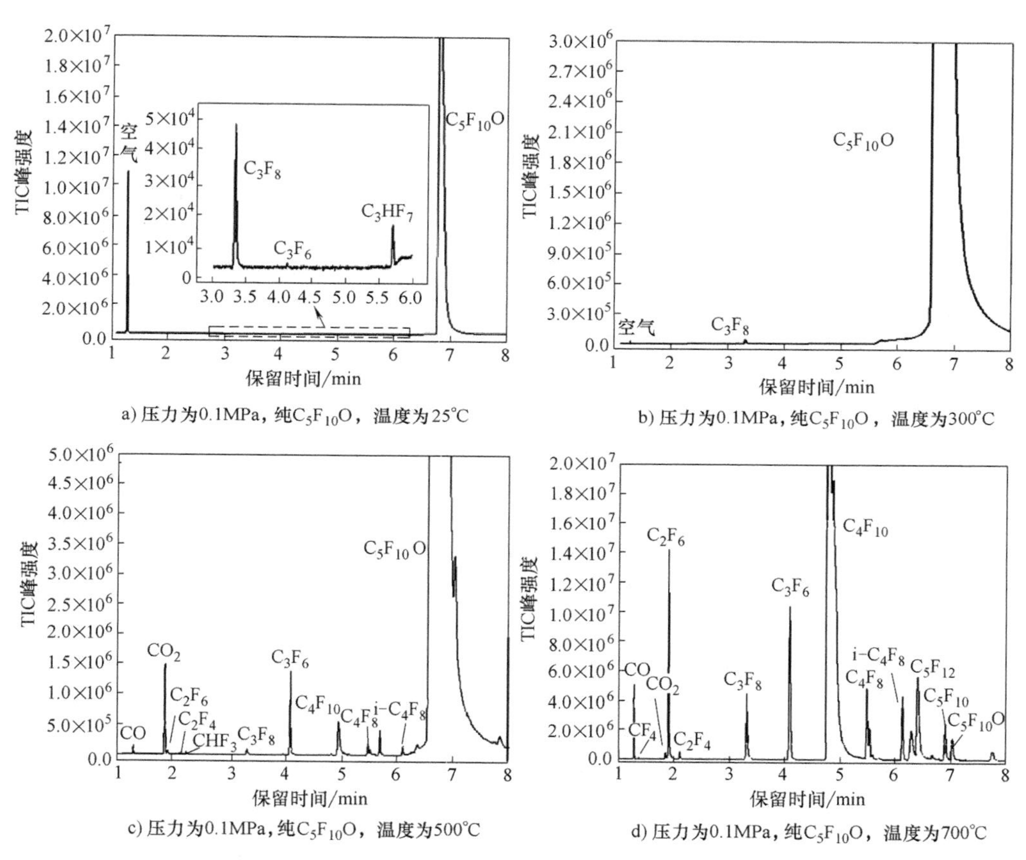

图 2-35　纯 $C_5F_{10}O$ 气体加热 24h 后的实验色谱图

当实验腔体压力为 0.1MPa，10%$C_5F_{10}O$-90%空气混合气体进行热分解实验。加热管式炉温度分别为 300℃、500℃和 700℃时，加热 24h 后的色谱图（图中标注出了色谱峰对应的物质的名称）如图 2-36 所示，可以看出：

在 300℃时，未检测到明显分解；在 500℃时，检测到的分解产物有 CO、CO_2、C_2F_6、C_2F_4、CHF_3、C_3F_8、C_3F_6、C_4F_{10}和C_4F_8；在 700℃时，检测到的分解产物有 CO、CF_4、CO_2、C_2F_6、C_2F_4、CF_2O、C_3F_8、C_3F_6、C_4F_{10}、C_4F_8、i-C_4F_8和C_5F_{12}。

通过全扫描和选择离子扫描的方法对以上产物检测。其中各物质对应的保留时

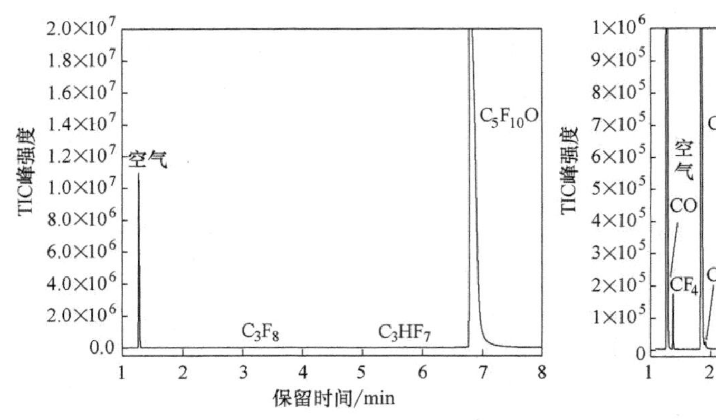

a) 压力为0.1MPa，10%$C_5F_{10}O$-90%空气，温度为300℃

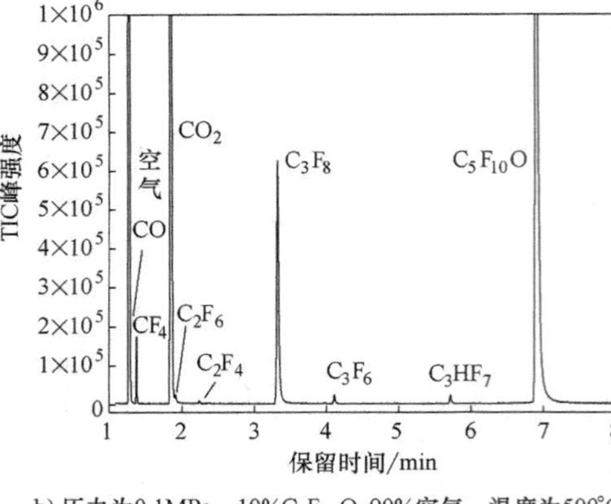

b) 压力为0.1MPa，10%$C_5F_{10}O$-90%空气，温度为500℃

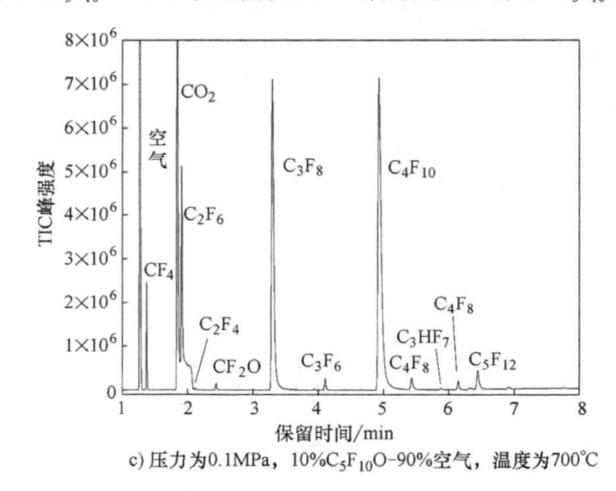

c) 压力为0.1MPa，10%$C_5F_{10}O$-90%空气，温度为700℃

图 2-36　$C_5F_{10}O$-空气混合气体加热 24h 后的试验色谱图

间如下：CO（1.27min），CF_4（1.366min），CO_2（1.78min），C_2F_6（1.86min），C_2F_4（2.12min），C_3F_8（3.34min），C_3F_6（4.14min），C_4F_{10}（4.885min），C_3HF_7（5.76min），C_4F_8（5.429/6.094min），$C_5F_{10}O$（6.79min）和 C_5F_{12}（6.46min）。

第四节　其他气体理化特性及放电参数

一、单一气体理化特性及放电参数

1. CO_2 气体理化特性及放电参数

基于玻尔兹曼解析法，计算得到了 CO_2 气体的电子能量分布函数 EEDF、电子漂

移速率 v_e、电子温度 T_e、平均电子能量 ε、电子扩散系数、电子迁移率、折合电离反应系数、折合吸附反应系数和折合有效电离反应系数，分别如图 2-37～图 2-44 所示。

由纯 CO_2 气体不同折合电场下的电子能量分布函数曲线可以看出，随折合电场 E/N 增大，低能电子的比例迅速降低，而高能电子比例增多。此外，在约 3eV 附近，电子能量分布函数曲线有一明显突降，这一骤然减小主要是由于 CO_2 气体分子在该电子能量附近有较大的振动激发碰撞截面，能与自由电子发生频繁的振动激发碰撞，从而有效地降低自由电子动能。然而在较高的折合电场下，这一骤降变小。

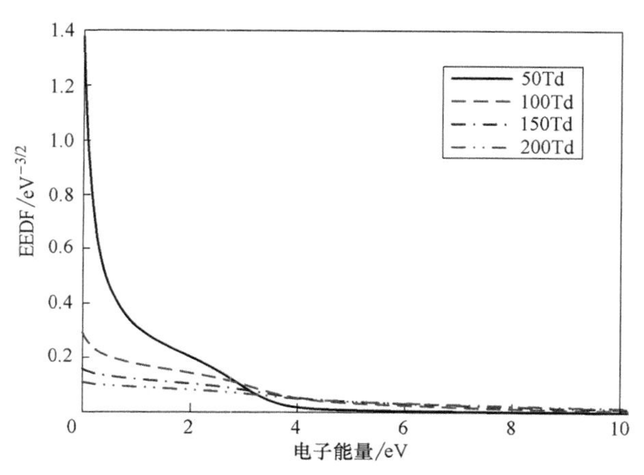

图 2-37　纯 CO_2 气体在不同折合电场下的电子能量分布函数

电子漂移速率是由于电场而导致的电子平均速度，随折合电场增大，纯 CO_2 气体中的电子漂移速率 v_e 首先迅速增大而后趋缓，近似线性增大。其原因主要是增大电场对自由电子的加速作用，而在 30Td 折合电场以下的迅速增大区域，主要是由于在该区域 3eV 以下的自由电子比例较大，如图 2-38 所示，而电子的动能较小。

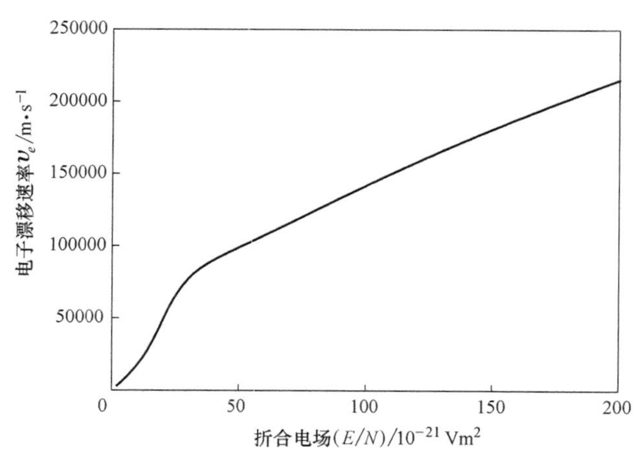

图 2-38　纯 CO_2 气体中电子漂移速率随折合电场的变化

由图 2-39 可以看出，纯 CO_2 气体中电子温度随折合电场增大，首先缓慢地上升然后迅速增大。缓慢上升的区域对应电子漂移速率迅速增大和平均电子能量缓慢增大的区域，如图 2-38 和图 2-40 所示。平均电子能量为电子温度的 1.5 倍。在 30Td 以下的折合电场范围内，纯 CO_2 气体中电子温度和平均电子能量变化较缓主要是由于 CO_2 气体分子与自由电子频繁的振动激发碰撞，从而有效地降低了电子动能，同时引起电子能量分布函数在 3eV 范围的骤降。

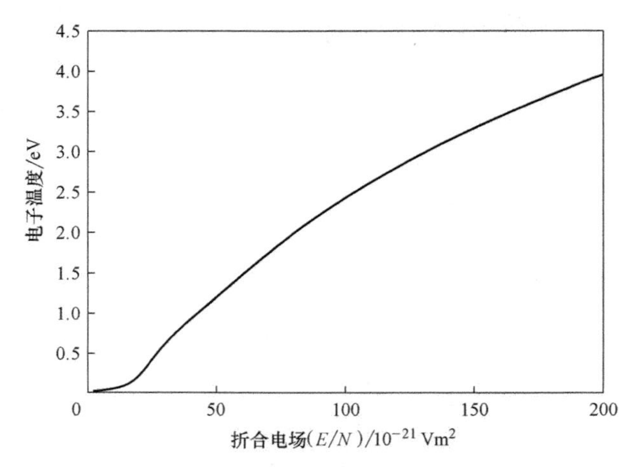

图 2-39　纯 CO_2 气体中电子温度随折合电场的变化

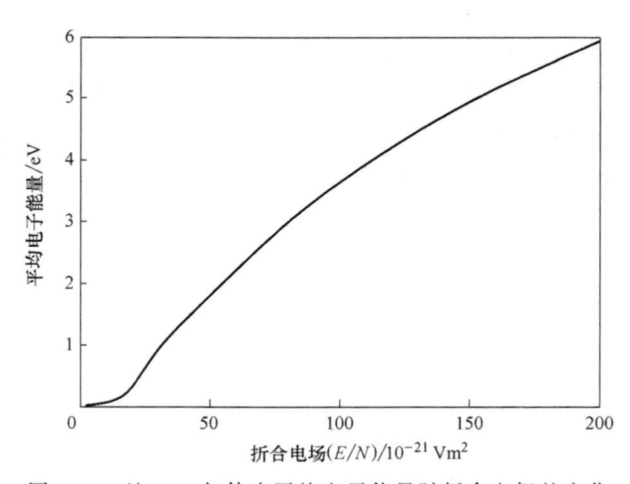

图 2-40　纯 CO_2 气体中平均电子能量随折合电场的变化

电子扩散系数表征电子在浓度梯度作用下从高浓度向低浓度扩散的快慢，随折合电场增大，纯 CO_2 气体中的电子扩散系数与电子能量和电子温度类似，在 30Td 以下的范围首先缓慢上升，而后迅速增大，当折合电场高于 50Td 后又趋于饱和趋势。自由电子在纯 CO_2 气体中的扩散速度与自由电子的动能有直接关系，此外还

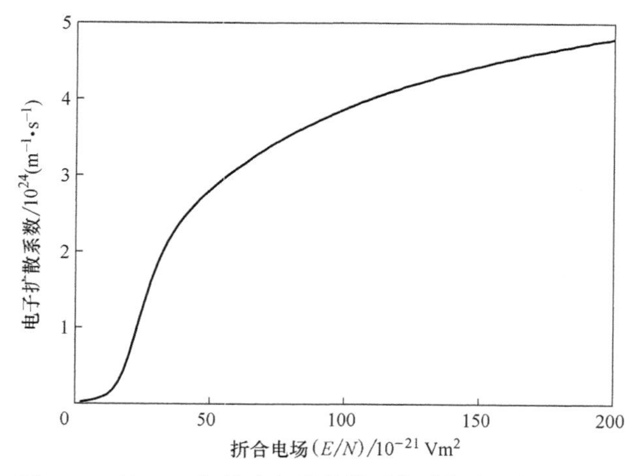

图 2-41　纯 CO_2 气体中电子扩散系数随折合电场的变化

与 CO_2 气体分子的大小和温度有关。

电子迁移率 μ 是表征载流子在电场作用下加速运动快慢的一个物理量，等于单位电场作用下的漂移速度，图 2-42 为纯 CO_2 气体中电子迁移率随折合电场的变化，随折合电场增大，纯 CO_2 气体中的电子迁移率首先迅速增大而后减小，趋于平缓。

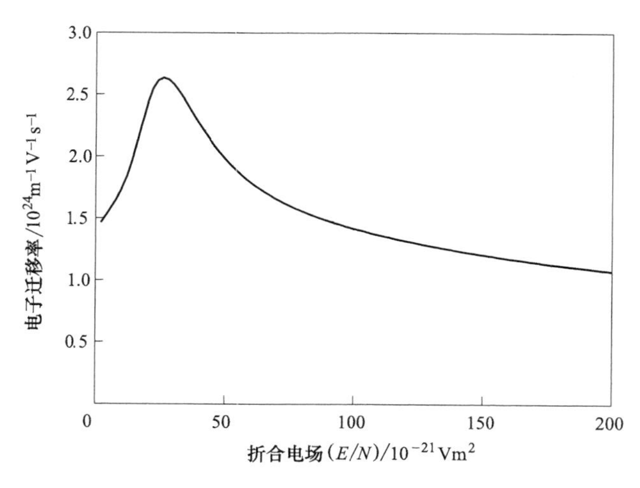

图 2-42　纯 CO_2 气体中电子迁移率随折合电场的变化

图 2-43 所示为纯 CO_2 气体中折合电离反应系数随折合电场的变化，折合电场增大会有效加速自由电子，从而促进自由电子与 CO_2 气体分子的碰撞电离反应，导致纯 CO_2 气体中折合电离反应系数随折合电场增大而迅速增大。纯 CO_2 气体中折合吸附反应系数随折合电场的变化如图 2-44 所示，随折合电场增大，纯 CO_2 气体中折合吸附反应系数首先迅速增大而后趋于平缓，在更高折合电场范围内，逐渐减小。

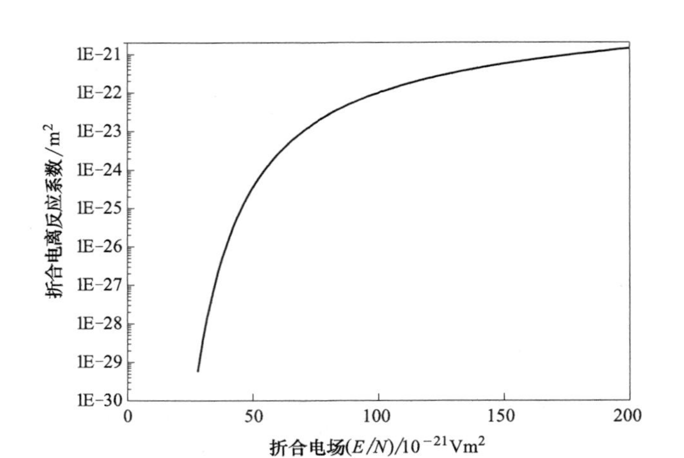

图 2-43 纯 CO_2 气体中折合电离反应系数随折合电场的变化

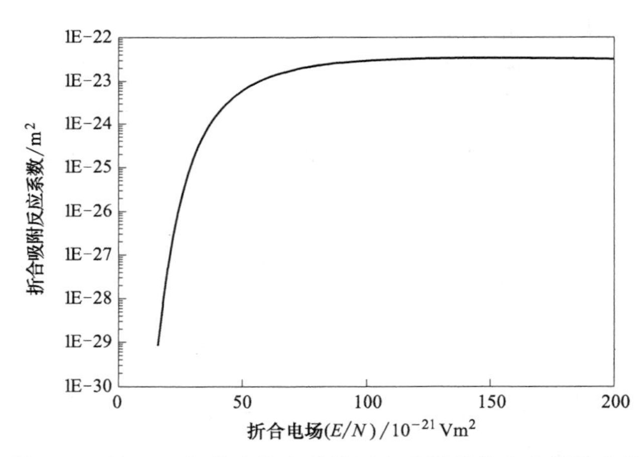

图 2-44 纯 CO_2 气体中折合吸附反应系数随折合电场的变化

利用上述计算得到的纯 CO_2 气体中的折合电离和吸附反应系数，可以进一步得到纯 CO_2 气体中折合有效电离反应系数随折合电场的变化，如图 2-45 所示。随折合电场增大，纯 CO_2 气体中折合有效电离反应系数先减小后增大，其原因是在较低折合电场下，纯 CO_2 气体中折合吸附反应系数较高而折合电离反应系数较低，随折合电场增大，折合电离反应系数迅速增大而折合吸附反应系数减小。通过折合有效电离反应系数曲线与零值线的交点可以确定纯 CO_2 气体的临界折合击穿场强约为 78Td，约为纯 SF_6 气体 362Td 的 21.5%。

2. N_2 气体理化特性及放电参数

图 2-46 所示为计算得到的纯 N_2 气体中不同折合电场下的电子能量分布函数 EEDF，随折合电场 E/N 的增大，较小电子能量范围内（约低于 2eV）的电子能量

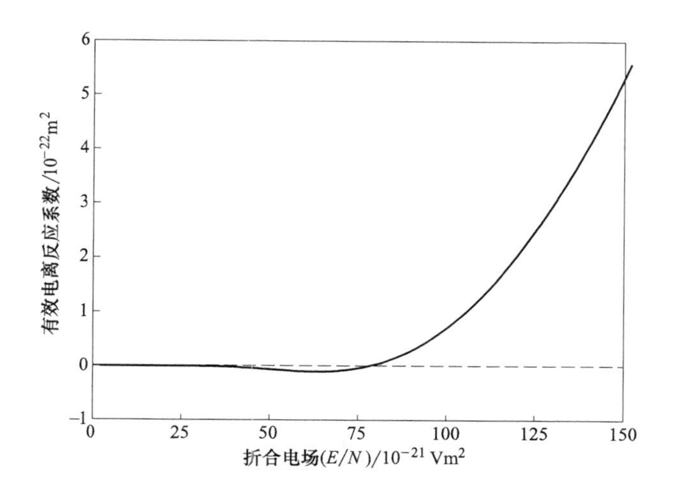

图 2-45　纯 CO_2 气体中折合有效电离反应系数随折合电场的变化

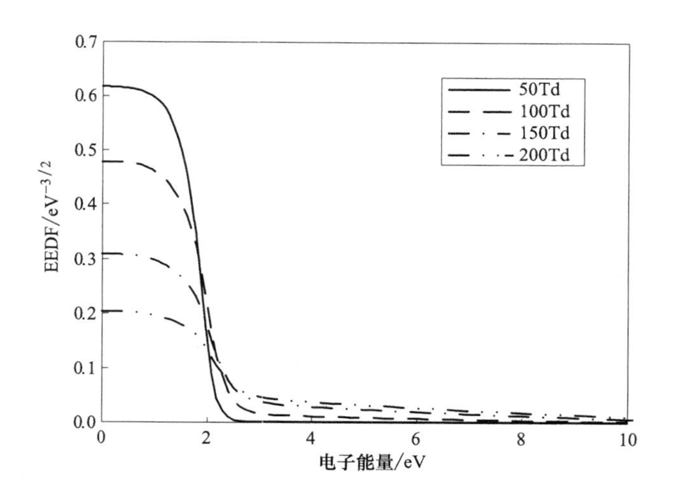

图 2-46　纯 N_2 气体中不同折合电场下的电子能量分布函数

分布函数值减小，而较大电子能量范围内的电子能量分布函数值增大，换言之，随折合电场增大，低能电子的比例迅速降低，而高能电子比例增多。此外，在约 2eV 附近，电子能量分布函数曲线有一明显骤降，该骤降较纯 CO_2 气体在 3eV 附近的减小更显著，其原因主要是由于 N_2 气体分子能与 2eV 能量附近的自由电子发生频繁地振动激发碰撞，有效降低了自由电子动能。

图 2-47 所示为纯 N_2 气体中电子漂移速率随折合电场的变化，与纯 CO_2 气体不同，纯 N_2 气体中随折合电场增大，其电子漂移速率近似线性增大。此外，纯 CO_2 气体中的电子漂移速率较纯 N_2 气体中的电子漂移速率更高。

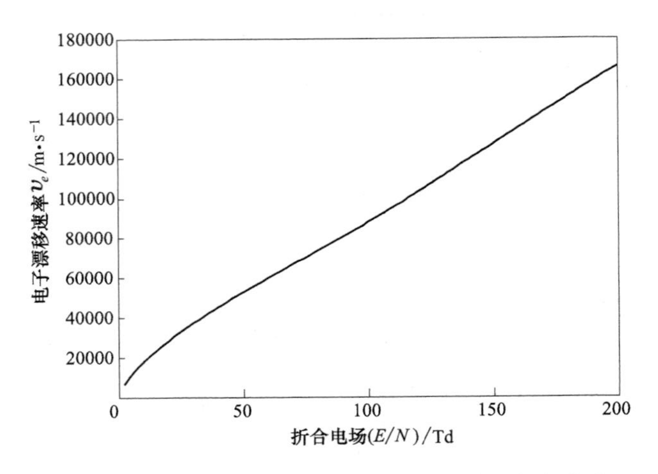

图 2-47　纯 N_2 气体中电子漂移速率随折合电场的变化

图 2-48 和图 2-49 分别为纯 N_2 气体中的电子温度和平均电子能量随折合电场的变化，随着折合电场的增大，电子温度和平均电子能量首先迅速增大而后在 70Td 以下的范围内变化较小，而后随折合电场的继续增大，纯 N_2 气体中的电子温度和平均电子能量近似线性快速增大。在较低电场下，电子能量保持变化较小的情况，主要是由于自由电子与 N_2 气体分子频繁地振动激发碰撞，有效降低了电子温度和电子动能，提高了低能电子的比例，而后随电场进一步的增大，电子被进一步加速，与 N_2 气体分子的振动激发碰撞减少，导致电子温度和平均电子能量迅速增大。

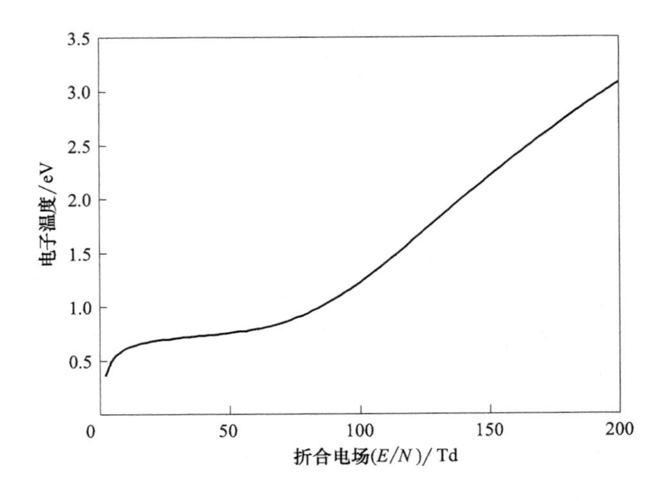

图 2-48　纯 N_2 气体中电子温度随折合电场的变化

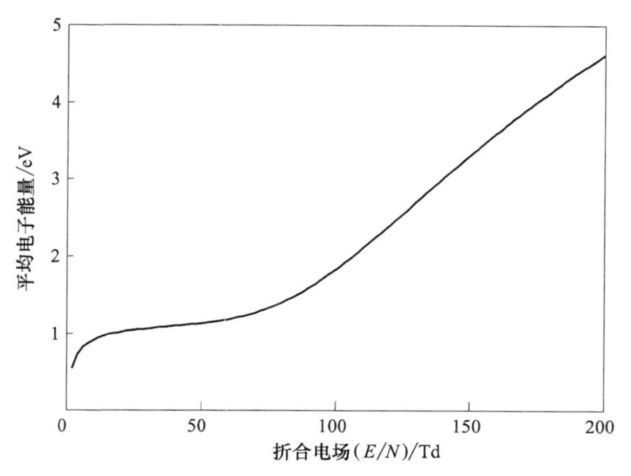

图 2-49　纯 N_2 气体中平均电子能量随折合电场的变化

在纯 N_2 气体中，电子扩散系数随折合电场的变化如图 2-50 所示，与电子温度和平均电子能量变化类似，随折合电场的增大，纯 N_2 气体中电子扩散系数首先迅速增大而后趋缓，略有减小，在较高折合电场范围内，电子扩散系数快速增大。

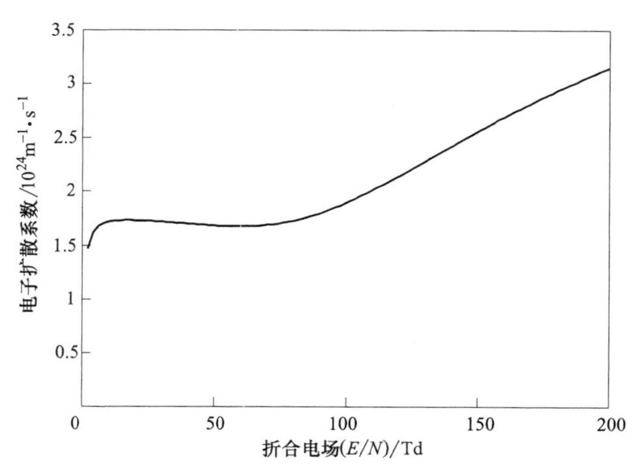

图 2-50　纯 N_2 气体中电子扩散系数随折合电场的变化

图 2-51 为纯 N_2 气体中电子迁移率随折合电场的变化，随折合电场的增大，电子迁移率首先快速减小而后趋于一稳定值。该稳定值较纯 CO_2 中的电子迁移率略小。

纯 N_2 气体中折合电离反应系数随折合电场的变化如图 2-52 所示，随折合电场增大纯 N_2 气体中折合电离反应系数非线性迅速增大，并且其折合电离反应系数明显低于纯 CO_2 气体。其主要原因是 N_2 气体分子的电离碰撞阈值高于 CO_2 气体分子的电离能，N_2 气体分子和 CO_2 气体分子的电离能分别约为 15.6eV 和 13.3eV。与

CO_2、SF_6、O_2 等分子不同，N_2 气体分子对自由电子无吸附能力。

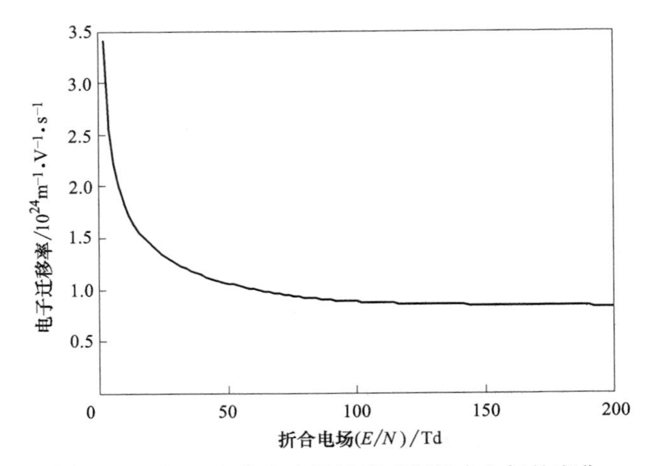

图 2-51 纯 N_2 气体中电子迁移率随折合电场的变化

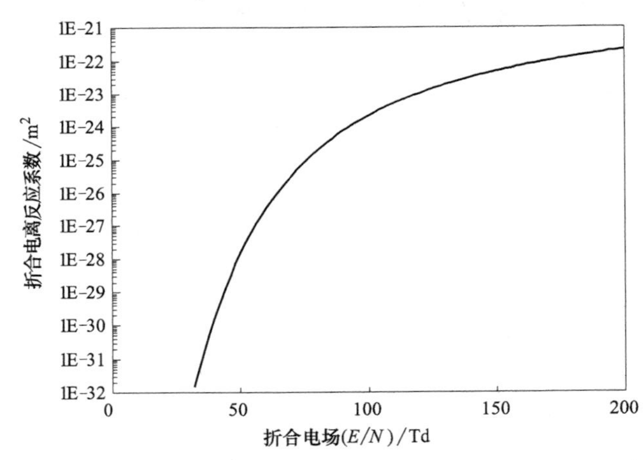

图 2-52 纯 N_2 气体中折合电离反应系数随折合电场的变化

3. 干燥空气理化特性及放电参数

图 2-53 为干燥空气中不同折合电场下的电子能量分布函数 EEDF，与纯 N_2 气体情况非常类似，由于干燥空气中 N_2 的含量较高（78%），在 N_2 气体分子与 2eV 附近自由电子频繁的振动激发碰撞下，有效减小了电子动能，致使 2eV 以下的电子能量分布函数 EEDF 数值较高，而在 2eV 附近有一骤降。此外，随折合电场的增大，低能电子的比例减小而高能电子的比例增多，其主要原因是高电场对电子的加速，从而降低了自由电子与干燥空气中 N_2 气体分子发生振动激发碰撞的概率。

干燥空气中电子漂移速率随折合电场的变化如图 2-54 所示，随折合电场增大电子漂移速率近似线性变化，与纯 N_2 的情况非常接近。也较 CO_2 气体中的电子漂移速率略低。

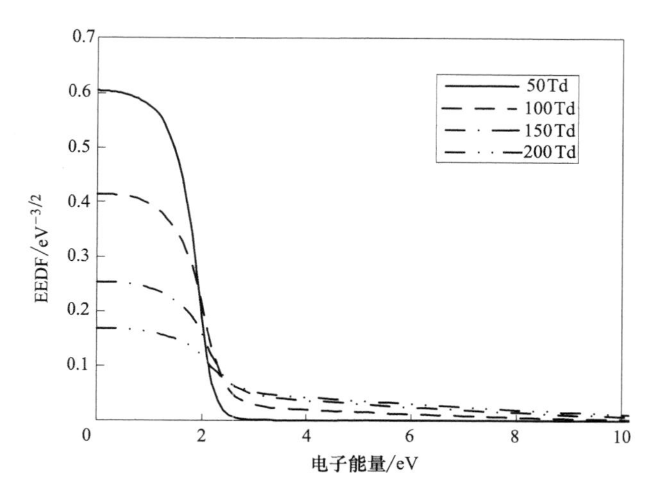

图 2-53　干燥空气中不同折合电场的电子能量分布函数

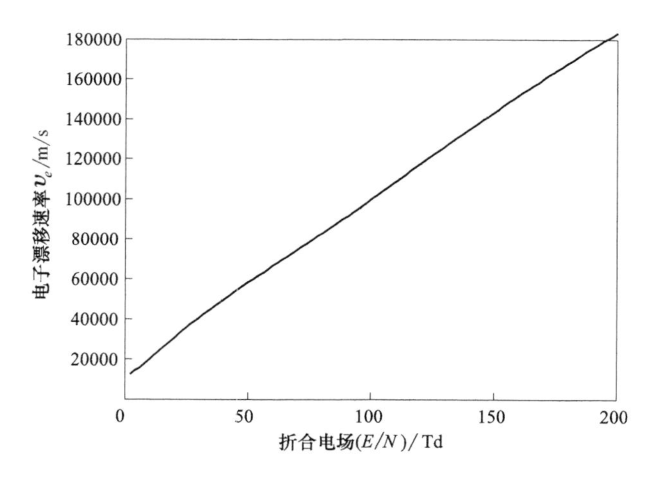

图 2-54　干燥空气中电子漂移速率随折合电场的变化

干燥空气中的电子温度和平均电子能量随折合电场的变化分别如图 2-55 和图 2-56 所示，与纯 N_2 气体类似，增大折合电场 E/N 在折合电场低于 10Td 时，会使得电子温度和平均电子能量首先迅速增大，而后在 70Td 以下的范围内变化较小，然后随折合电场继续增大，干燥空气中的电子温度和平均电子能量近似线性快速增大。其主要原因也是由于在较低电场下电子能量保持变化较小，自由电子与干燥空气中 N_2 气体分子频繁地振动激发碰撞，有效降低了电子温度和电子动能，提高了低能电子的比例，随电场进一步增大，电子被加速，与 N_2 气体分子的振动激发碰撞减少，导致电子温度和平均电子能量迅速增大。

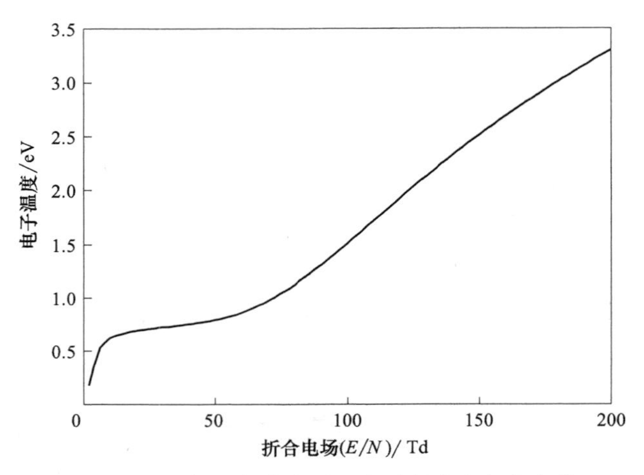

图 2-55　干燥空气中电子温度随折合电场的变化

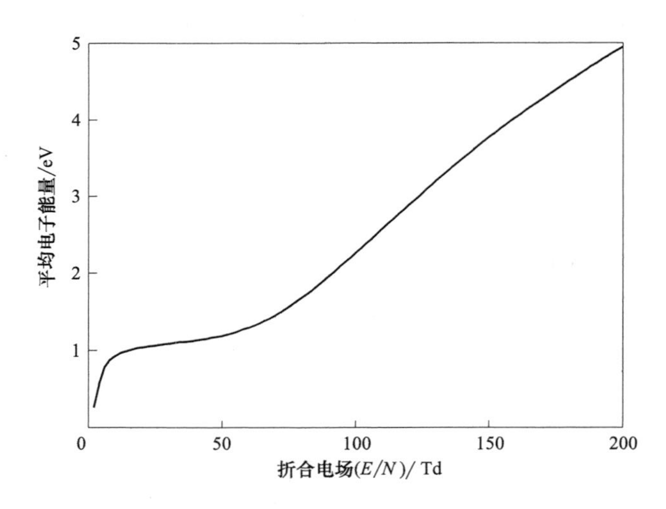

图 2-56　干燥空气中平均电子能量随折合电场的变化

图 2-57 所示为干燥空气中电子扩散系数随折合电场的变化，随折合电场增大，电子扩散系数首先迅速增大而后趋缓，略有减小，在较高折合电场范围内，电子扩散系数快速增大。该变化趋势与电子温度和平均电子能量变化相类似，也就是电子动能越高，扩散速率越快，但同时还与电子的浓度有关。

干燥空气中电子迁移率随折合电场的变化如图 2-58 所示，电子迁移率随折合电场 E/N 的增大，首先快速减小而后趋于一稳定值，其变化趋势与纯 N_2 接近，且该稳定值较纯 CO_2 中的电子迁移率略小。

图 2-59 所示为干燥空气中 N_2、O_2 部分和总的折合电离反应系数随折合电场的变化，随折合电场的增大，三条曲线均迅速增大而后趋缓。在较低的折合电场范围

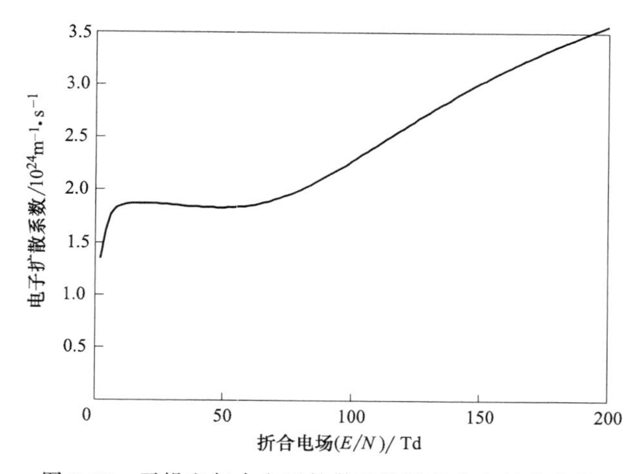

图 2-57　干燥空气中电子扩散系数随折合电场的变化

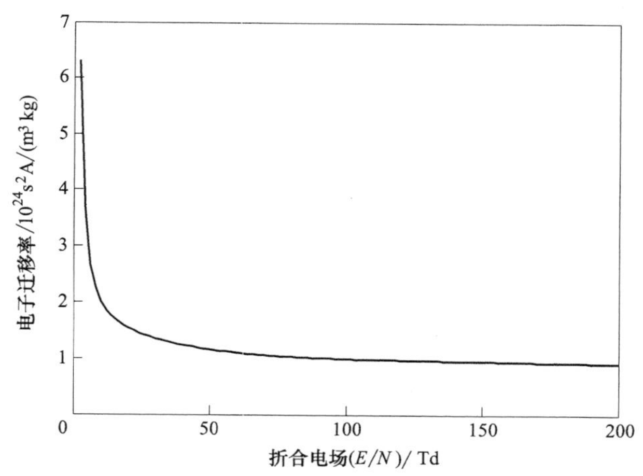

图 2-58　干燥空气中电子迁移率随折合电场的变化

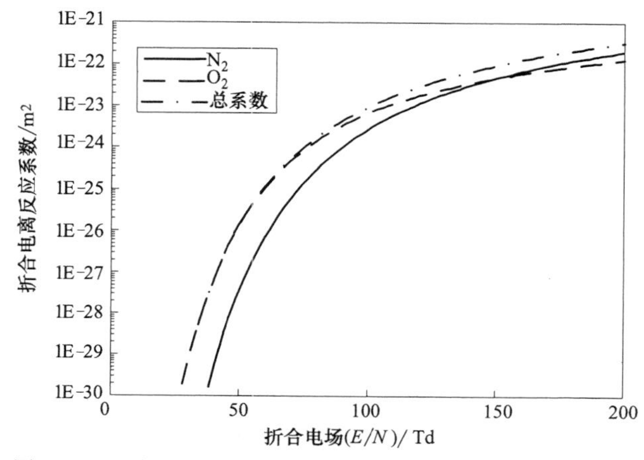

图 2-59　干燥空气中折合电离反应系数随折合电场的变化

内，N_2 的折合电离反应系数曲线低于 O_2，而当折合电场高于约 150Td 后，N_2 的折合电离反应系数就高于 O_2。其主要原因是 N_2 和 O_2 的电离能不同，N_2 气体分子的电离能约为 15.6eV，明显高于 O_2 气体分子的 12.06eV。此外，干燥空气中 N_2 气体的含量还远高于 O_2 气体。

图 2-60 所示为干燥空气中折合吸附反应系数随折合电场的变化，该吸附反应系数是由干燥空气中 22%的 O_2 气体提供，随折合电场的增大，在 100Td 以下折合吸附反应系数快速增大而后趋于一稳定值，且该稳定值明显高于纯 CO_2 气体的折合吸附反应系数。

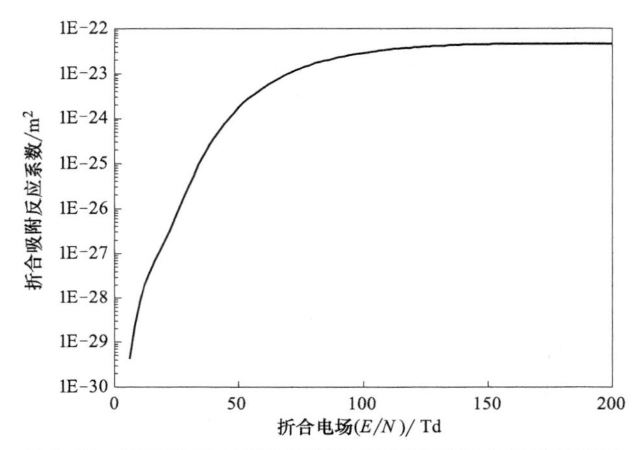

图 2-60　干燥空气中折合吸附反应系数随折合电场的变化

图 2-61 为利用上述干燥空气中的折合电离和吸附反应系数进一步计算得到干燥空气中折合有效电离反应系数随折合电场的变化。在较低折合电场下，干燥空气中折合吸附反应系数较高而折合电离反应系数较低，随折合电场的增大，折合电离

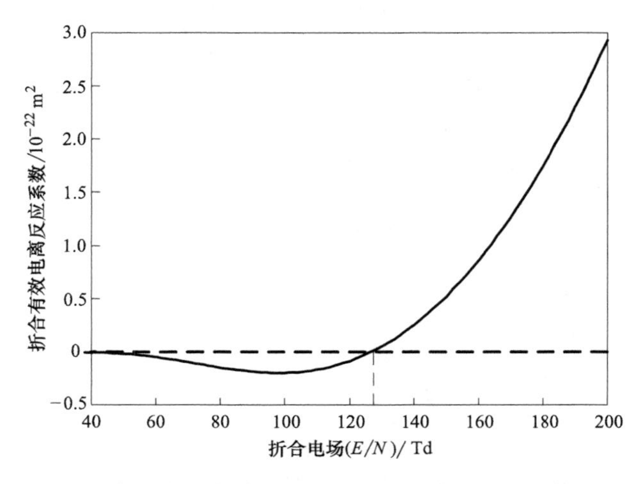

图 2-61　干燥空气中折合有效电离反应系数随折合电场的变化

反应系数迅速增大而折合吸附反应系数减小。因此，随折合电场的增大，干燥空气中折合有效电离反应系数先减小后增大。通过折合有效电离反应系数曲线与零值线的交点可以确定干燥空气的临界折合击穿场强约为 125Td，约为纯 SF_6 气体 362Td 的 34.5%，高于纯 CO_2 气体。

4. CF_3I 气体的理化特性及放电参数

在本计算中，所有粒子都假设处于基态，未考虑激发态的影响，且碰撞电离反应后的两个自由电子动能相等。图 2-62 为计算得到的纯 CF_3I 折合电离反应系数、折合吸附反应系数随折合电场的变化。可以看出，随折合电场的增大，纯 CF_3I 气体的折合电离反应系数非线性增大，而折合吸附反应系数则迅速减小。

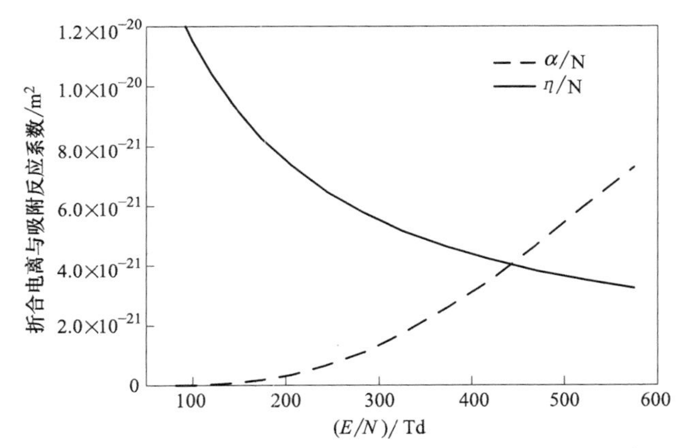

图 2-62　纯 CF_3I 的折合电离反应系数和折合吸附反应系数随折合电场的变化

根据折合电离反应系数和折合吸附反应系数可以得到纯 CF_3I 气体的折合有效电离反应系数，如图 2-63 所示，随折合电场的增大，该气体的折合有效电离反应系数近似线性增大。此外，根据折合有效电离反应系数曲线与零值线的交点可以确

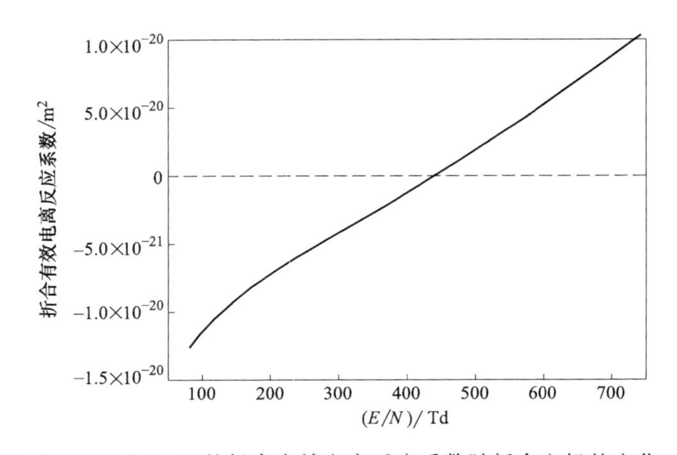

图 2-63　纯 CF_3I 的折合有效电离反应系数随折合电场的变化

定纯 CF_3I 气体的临界折合击穿场强值约为 439Td，明显高于 SF_6 气体的 362Td。然而，由于 CF_3I 气体的液化温度较高，无法单独使用在高压电力设备中较高的充气压力下，同时满足户外较低温度的要求，因此需要分析在其中添加适当液化温度较低的缓冲气体后，对其放电微观参数和绝缘性能的影响。

5. C_4F_8 气体的理化特性及放电参数

图 2-64 所示为 c-C_4F_8 气体的折合电离反应和吸附反应系数随折合电场的变化，可以看出随折合电场的增大，折合电离反应系数呈非线性增大的趋势，首先快速上升而后趋于平缓；而折合吸附反应系数随折合电场增强逐渐减小，其主要原因是电场增强会导致自由电子动能明显增大，而 c-C_4F_8 气体分子对高能电子的吸附能力较差。

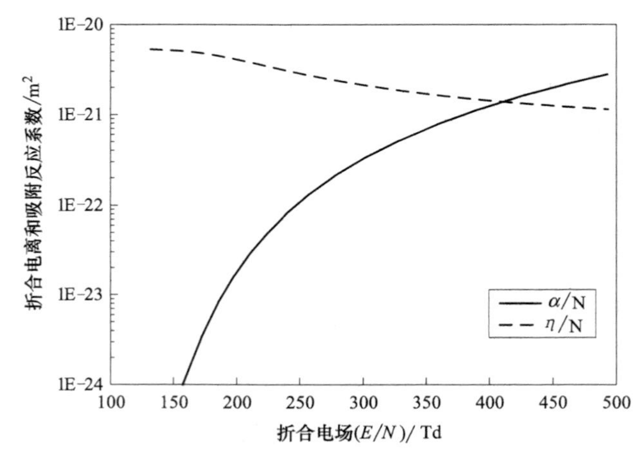

图 2-64　c-C_4F_8 的折合电离和吸附反应系数随折合电场的变化

基于前述得到 c-C_4F_8 气体的折合电离反应和吸附反应系数，可以进一步计算得到该气体的有效电离反应系数如图 2-65 所示，随折合电场的增大，c-C_4F_8 气体

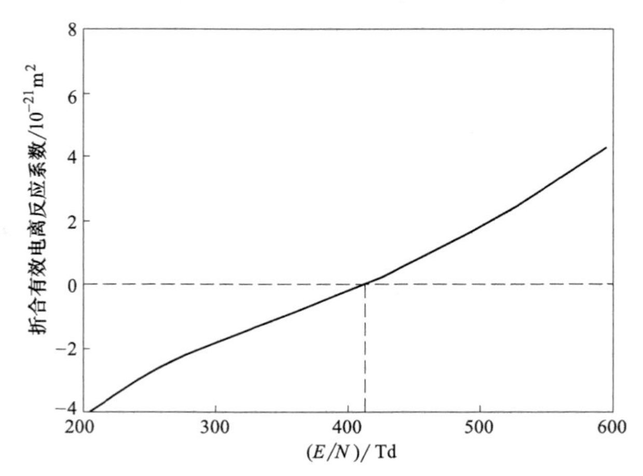

图 2-65　c-C_4F_8 的折合有效电离反应系数随折合电场的变化

的有效电离反应系数近似线性增大，且基于计算曲线与零值线交点确定的 c-C_4F_8 的 $(E/N)_{cr}$ 约为 409.3Td，明显高于 SF_6 气体的 362Td，约为 SF_6 气体的 1.13 倍。

二、SF_6 及其他混合气体理化特性及放电参数

1. SF_6 混合气体的理化特性及放电参数

图 2-66 所示为 200Td 折合电场下不同混合比例 SF_6-N_2 混合气体中的电子能量分布函数。气体中的电子能量分布对气体的放电特性和绝缘性能有较大影响，从图中曲线可以看出，SF_6-N_2 混合气体的混合比例对电子能量分布有较大影响，在混合气体中 N_2 含量较多时，在 2~3eV 电子能量附近电子能量分布函数曲线有较明显的骤降，其原因和 N_2、干燥空气类似，主要由于 N_2 气体分子在该电子能量范围内的振动激发碰撞截面较大，能与自由电子发生频繁地振动激发碰撞，有效降低了电子动能，增大了低能电子的比例，这有利于电负性气体对自由电子的吸附碰撞。然而，在 SF_6-N_2 混合气体中 SF_6 含量较高时，该骤降逐渐消失，而在纯 SF_6 气体中未发现明显的骤降现象。

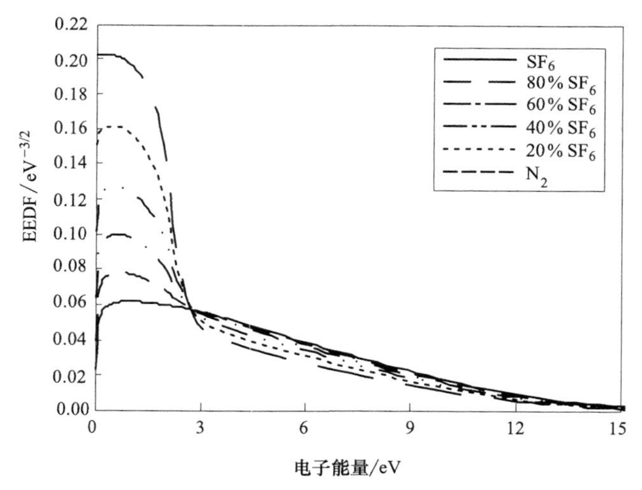

图 2-66　200Td 折合电场下不同混合比例 SF_6-N_2 混合气体中的电子能量分布函数

不同混合比例 SF_6-N_2 混合气体中的电子漂移速率随折合电场的变化如图 2-67 所示，整体而言，随折合电场 E/N 的增大，SF_6-N_2 混合气体中的电子漂移速率明显增大，还可以看出混合气体中 SF_6 含量的变化对气体中电子漂移速率也有较大影响，增大混合气体中 SF_6 含量能有效降低电子漂移速率，尽管增大 SF_6 含量会导致混合气体中高能电子的比例增多，但由于 SF_6 气体分子的体积明显大于 N_2 气体分子，且总的碰撞截面也相差较大，使得混合气体的电子漂移速率随混合气体中 SF_6 含量增多而减小。此外，不同混合比例下 SF_6-N_2 混合气体中的电子漂移速率曲线

的差异随折合电场的增大而明显变大。

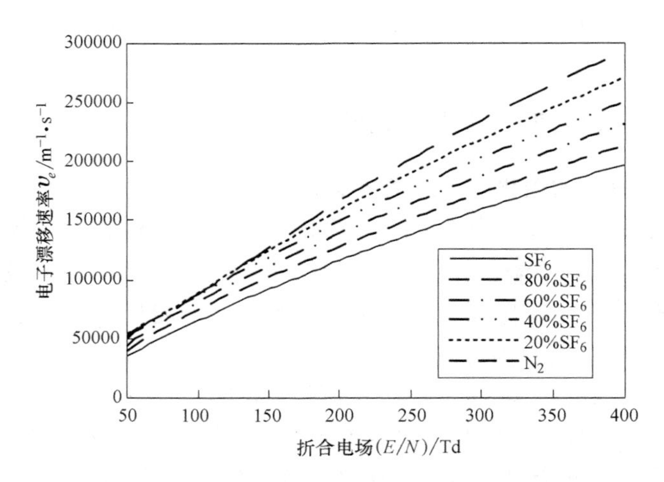

图 2-67　不同混合比例 SF_6-N_2 混合气体中的电子漂移速率随折合电场的变化

图 2-68 所示为不同混合比例 SF_6-N_2 混合气体中的电子温度随折合电场的变化，随折合电场 E/N 的增大，SF_6-N_2 混合气体在所有混合比例下均明显增大，但增大的形态和趋势不同。

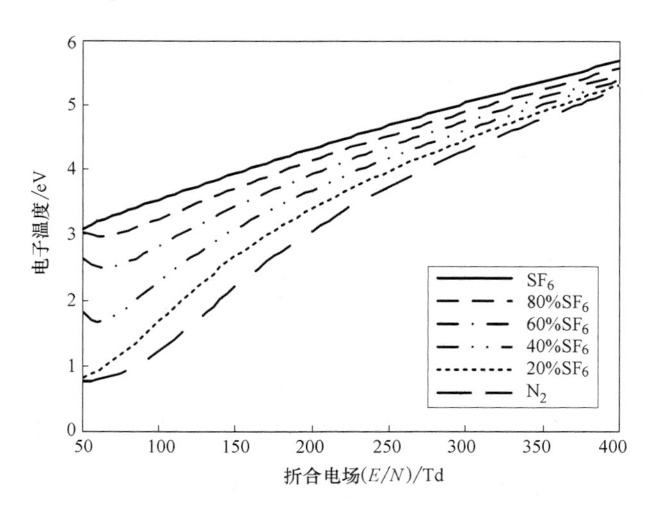

图 2-68　不同混合比例 SF_6-N_2 混合气体中的电子温度随折合电场的变化

在 SF_6 含量较低时（如低于 20%），SF_6-N_2 混合气体的电子温度 Te 首先缓慢增大而后迅速上升，其原因主要由于 N_2 分子与自由电子频繁地振动激发碰撞减小了自由电子动能；当 SF_6 含量高于 20%而低于 100%时，SF_6-N_2 混合气体的电子温度 Te 在折合电场较小（低于 75Td）时，首先出现减小的趋势，而后近似线性增大，其主要原因是 SF_6 气体与 N_2 气体的相互配合，N_2 气体分子与自由电子的振动激发碰撞将低能自由电子的比例增大，而 SF_6 气体分子有效地对低能自由电子进行吸附，从而减小了混合气体的电子温度，而随着折合电场 E/N 的进一步增大，N_2 气体分子对电子动能减小的作用减弱，高能电子增多，而 SF_6 气体分子对自由电子的吸附也减小；在纯 SF_6 气体的电子温度 Te 曲线随折合电场 E/N 的变化中未发现上述纯 N_2 气体和 SF_6-N_2 混合气体的变化趋势。

气体中平均电子能量是电子温度的 1.5 倍，图 2-69 所示为不同混合比例 SF_6-N_2 混合气体中的平均电子能量随折合电场的变化，其变化趋势和形态与图 2-52 中电子温度相类似，在此不做赘述。

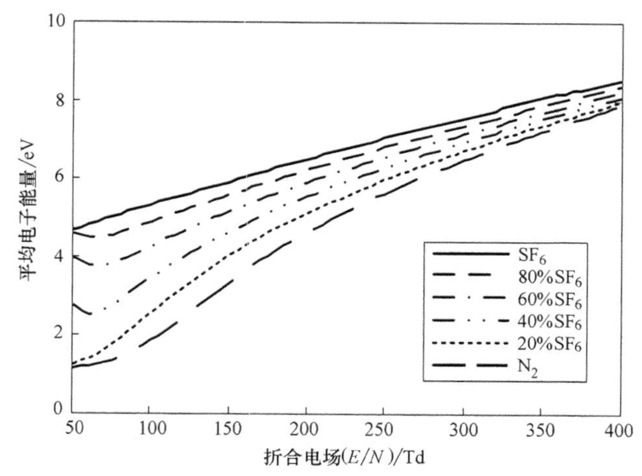

图 2-69　不同混合比例 SF_6-N_2 混合气体中的平均电子能量随折合电场的变化

图 2-70 所述为不同混合比例 SF_6-N_2 混合气体中的电子扩散系数随折合电场的变化，每条电子扩散系数曲线的变化趋势与电子温度、平均电子能量类似，但不同混合气体随混合比例的变化相差较大。

电子扩散系数主要与电子动能、电场强度、重粒子体积、电子与重粒子的碰撞过程等相关，随折合电场的增大，纯 SF_6 气体中的电子扩散系数变化较小，且呈近似线性增大；随 SF_6-N_2 混合气体中 SF_6 含量减少，较低电场范围内混合气体的电子扩散系数减小，而较高折合电场范围内的电子扩散系数增大，前者主要由于 N_2 气体分子对自由电子动能的降低作用和 SF_6 气体分子对相应部分自由电子的吸附作用，而后者由于高电场对这两个过程的削弱和抑制。此外，从纯 N_2 气体和 20%SF_6-80%N_2 混合气体的电子扩散系数曲线在较低折合电场范围（75Td 以下）内，纯 N_2 气体的电子扩散系数会高于 20%SF_6-80%N_2 混合气体的电子扩散系数，该现象的原因是 SF_6 气体和 N_2 气体的化学性质配合，由图 2-68 和图 2-69 所示的 SF_6-N_2 混合气体电子温度与平均电子能量曲线可知，在该范围内纯 N_2 气体和 20%SF_6-80%N_2 混合气体的电子温度与平均电子能量非常接近，而在 20%SF_6-80%N_2 混合

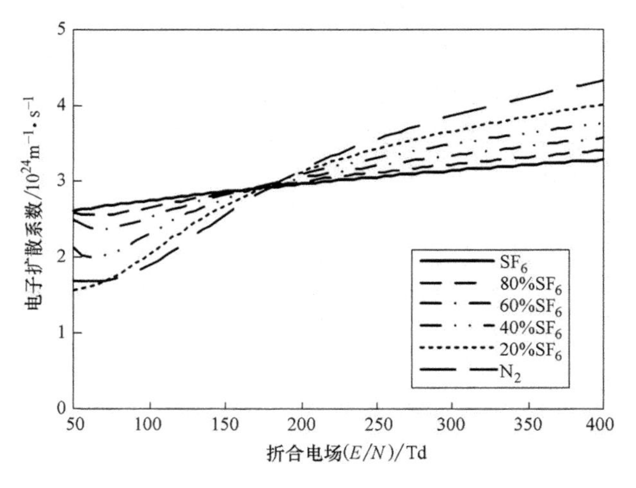

图 2-70　不同混合比例 SF_6-N_2 混合气体中的电子扩散系数随折合电场的变化

气体中一部分自由电子会被 SF_6 气体吸附形成运动能力较差的负离子，从而有效降低了电子扩散速度。

不同混合比例 SF_6-N_2 混合气体中的电子迁移率随折合电场的变化如图 2-71 所示，随折合电场的增大，所有混合比例下混合气体的电子迁移率均有较为明显的减小，但减小的趋势和形态也存在较大的差异。

纯 SF_6 气体中，电子迁移率随折合电场增大近似逐渐减小，而随着 SF_6-N_2 混合气体中 SF_6 气体含量的减小，混合气体的电子迁移率逐渐增大，且各混合比例下混合气体的电子迁移率曲线形态也有变化，如在 SF_6 气体含量为 80% 和 60% 时，在折合电场较低（小于 75Td）时，电子迁移率随折合电场增大有略微增大趋势，

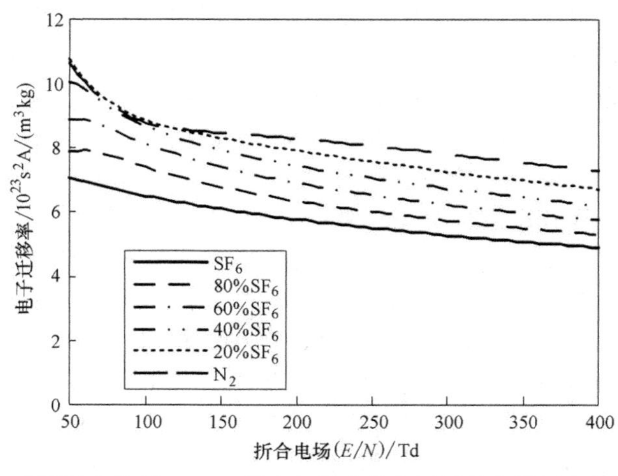

图 2-71　不同混合比例 SF_6-N_2 混合气体中的电子迁移率随折合电场的变化

而后明显减小。在 SF_6 含量低于40%后，混合气体的电子迁移率在较低折合电场的增大现象逐渐消失，在纯 N_2 气体和含量为20%的 SF_6-N_2 混合气体中没有发现。

不同混合比例 SF_6-N_2 混合气体中的折合电离反应系数随折合电场的变化如图2-72所示，所有比例的混合气体中折合电离反应系数均随折合电场的增大而明显变大，其原因是高电场有效加速了自由电子，而高能自由电子跟有利于碰撞电离反应的发生。此外，SF_6-N_2 混合气体中的折合电离反应系数随混合气体中 SF_6 气体含量的增多而明显变大，说明 SF_6 气体更容易发生电离反应，不同混合比例下的折合电离反应系数差异随折合电场增大而变小。

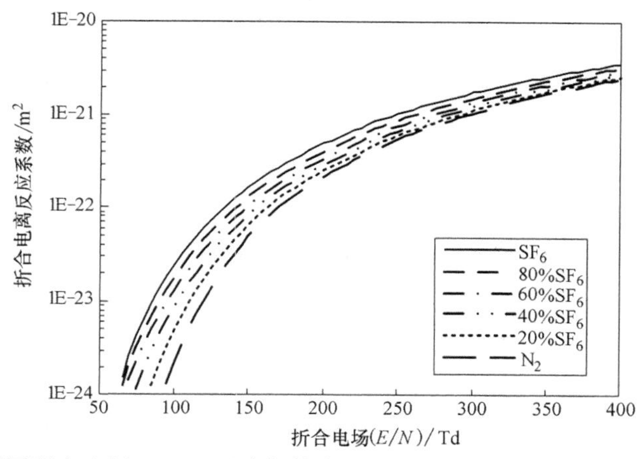

图2-72　不同混合比例 SF_6-N_2 混合气体中的折合电离反应系数随折合电场的变化

图2-73所示为不同混合比例 SF_6-N_2 混合气体中的折合吸附反应系数随折合电场的变化，SF_6 气体分子对高能电子的吸附能力较弱，因而随折合电场的增大，混合气体的折合吸附反应系数均明显减小。

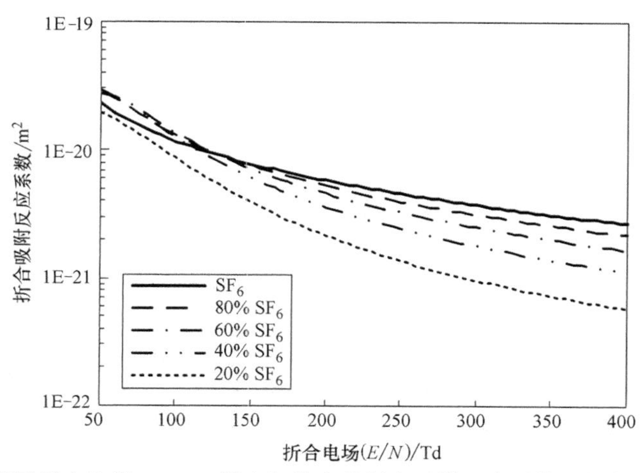

图2-73　不同混合比例 SF_6-N_2 混合气体中的折合吸附反应系数随折合电场的变化

随 SF_6-N_2 混合气体中 SF_6 气体的含量降低，折合吸附反应系数数值在较低折合电场范围内先增大后减小，而在较高折合电场范围内均明显减小。其主要原因是在较低折合电场范围内，在混合气体中 N_2 气体分子与自由电子频繁地振动激发碰撞作用下，低能电子比例较大，有效促进了 SF_6 气体分子对自由电子的吸附反应，使得在 SF_6-N_2 混合气体中的吸附反应系数高于纯 SF_6 气体；而在更高折合电场下，N_2 气体分子对自由电子动能降低的作用减弱，SF_6 气体分子吸附自由电子过程的促进作用也相应变弱。

利用上述得到的 SF_6-N_2 混合气体中的折合电离和吸附反应系数，进一步得到了不同混合比例 SF_6-N_2 混合气体中的折合有效电离反应系数随折合电场的变化，如图 2-74 所示。由于高电场对电离反应的促进作用和对吸附反应的抑制作用，总体而言，随折合电场的增大 SF_6-N_2 混合气体中的折合有效电离反应系数明显变大，有利于自由电子产生和电子崩的形成。随 SF_6-N_2 混合气体中 SF_6 气体含量的增多，折合有效电离反应系数明显变大，基于其与零值线的交点，可以确定 SF_6-N_2 混合气体的临界折合击穿场强在 SF_6 气体含量为 100%、80%、60%、40%、20%时，分别约为 366Td、360Td、346Td、326Td 和 291Td。

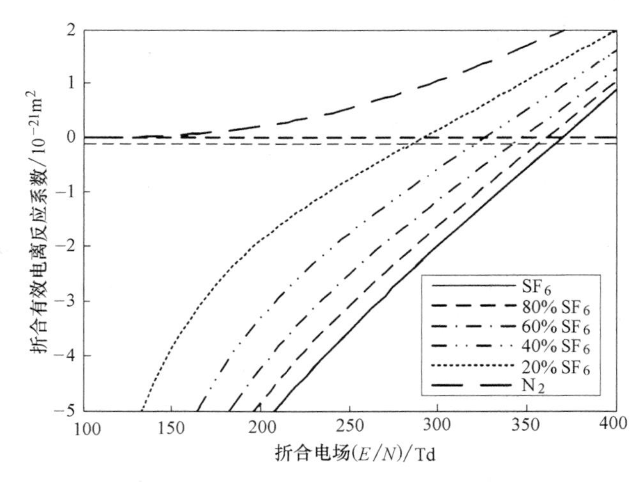

图 2-74　不同混合比例 SF_6-N_2 混合气体中的折合有效电离反应系数随折合电场的变化

2. CF_3I 混合气体的理化特性及放电参数

图 2-75 为 CF_3I 与 CO_2 在不同混合比例条件下的折合电离反应系数 α/N，由于强电场对自由电子的加速作用，CF_3I-CO_2 混合气体的 α/N 折合电场强度 E/N 的增大而增大，此外折合电离反应系数 α/N 随混合气体中 CF_3I 含量的增多而减小。

图 2-76 所示为 CF_3I 与 CO_2 在不同混合比例条件下的折合吸附反应系数 η/N，CF_3I-CO_2 混合气体的 η/N 均随折合电场强度 E/N 的增大而减小，同时随混合气体中 CF_3I 含量的增多而显著变大。

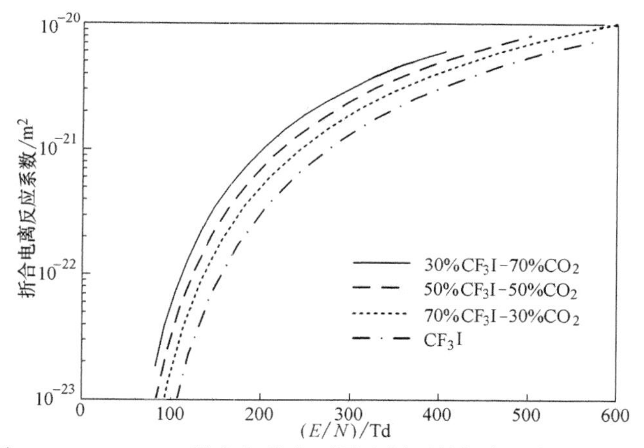

图 2-75　CF_3I-CO_2 混合气体在不同比例下的折合电离反应系数

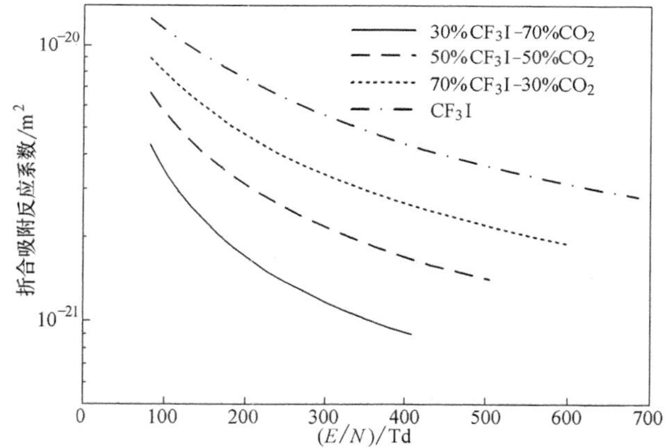

图 2-76　CF_3I-CO_2 混合气体在不同比例下的折合吸附反应系数

基于上述计算得到的折合电离和吸附反应系数，可得 CF_3I-CO_2 混合气体的折合有效电离反应系数（$\alpha-\eta$）$/N$，如图 2-77 所示。混合气体的（$\alpha-\eta$）$/N$ 随 E/N

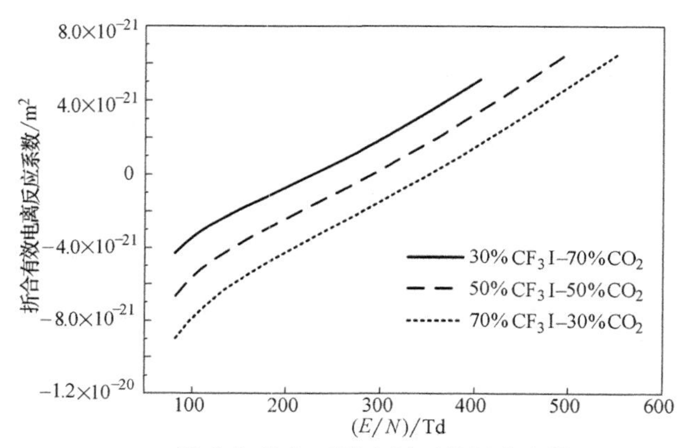

图 2-77　CF_3I-CO_2 混合气体在不同比例下的折合有效电离反应系数

增大而增大，且随 CF_3I 含量的增多而明显降低。

图 2-78 所示为利用折合有效电离反应系数与零值线交点确定的 CF_3I-CO_2 混合气体临界折合击穿场强数据 $(E/N)_{cr}$，随 CF_3I 含量的增多，混合气体的 $(E/N)_{cr}$ 近似线性增大，CF_3I-CO_2 混合气体的 $(E/N)_{cr}$ 值在几乎所有比例下均高于 SF_6/CO_2 混合气体。

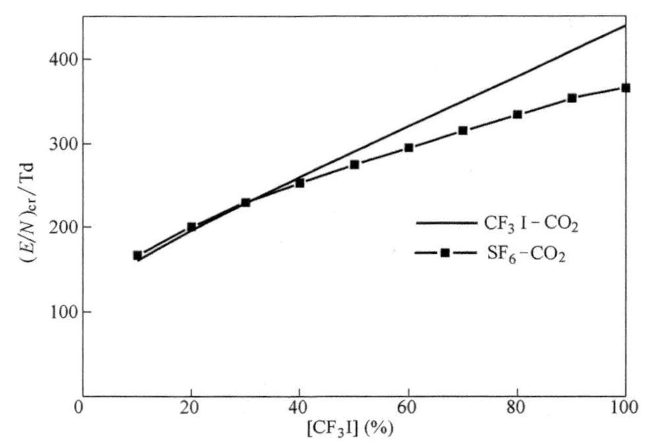

图 2-78　CF_3I-CO_2 混合气体在不同混合比例条件下的临界折合击穿场强

3. c-C_4F_8 混合气体的理化特性及放电参数

图 2-79 为 c-C_4F_8-CO_2 混合气体在不同混合比例条件下的折合电离反应系数 α/N，均随折合电场强度 E/N 增大，该混合气体的 α/N 明显增大，随混合气体中 c-C_4F_8 含量的增多 α/N 减小，并且此减小幅度随折合电场增大呈现缩小趋势。

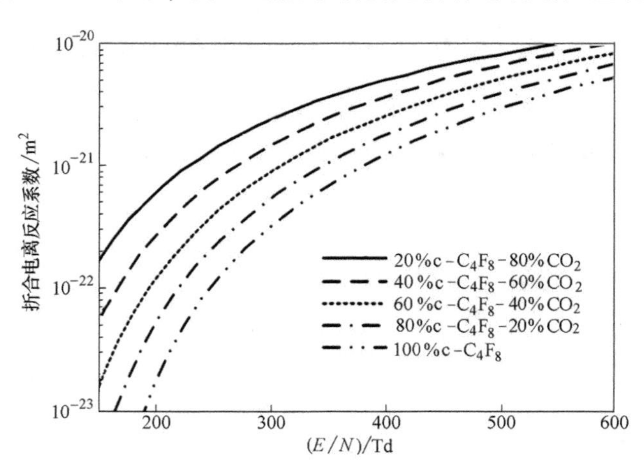

图 2-79　c-C_4F_8-CO_2 混合气体在不同混合比例条件下的折合电离反应系数

c-C_4F_8-CO_2 混合气体在不同混合比例条件下的折合吸附反应系数 η/N 如图 2-80 所示，随折合电场强度 E/N 的增大而减小；提高混合气体中 c-C_4F_8 的含

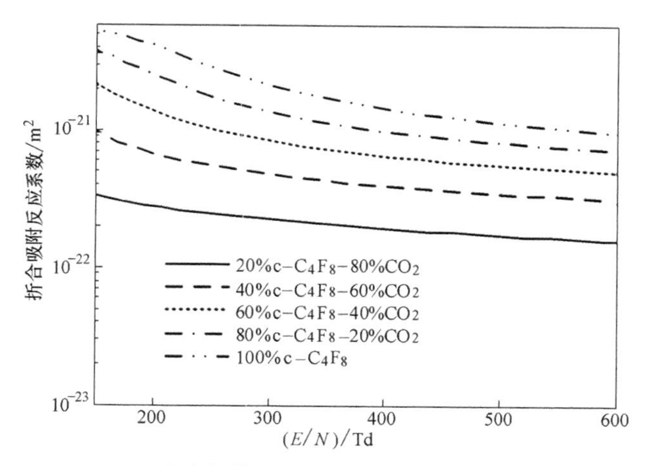

图 2-80 c-C_4F_8-CO_2 混合气体在不同混合比例条件下的折合吸附反应系数

量，也能有效提高混合气体 η/N 的值。还可以看出，在折合电场较低的范围，提高 c-C_4F_8 含量对增大 η/N 的效果更显著。

图 2-81 所示为利用上述折合电离和吸附反应系数得到的 c-C_4F_8-CO_2 混合气体在不同混合比例条件下的折合有效电离反应系数 $(\alpha-\eta)/N$，增大折合电场会导致电子动能显著增大，从而促进电离反应和抑制吸附反应，因而 c-C_4F_8-CO_2 混合气体的 $(\alpha-\eta)/N$ 随 E/N 增大而增大；此外，与 c-C_4F_8-N_2 混合气体类似，c-C_4F_8-CO_2 混合气体的 $(\alpha-\eta)/N$ 随 c-C_4F_8 含量增多而明显减小。与 c-C_4F_8-N_2 混合气体对比，还可以看出，c-C_4F_8-CO_2 混合气体在不同比例下的 $(\alpha-\eta)/N$ 曲线差异更大，且随折合电场增大，c-C_4F_8-N_2 混合气体在不同比例下的 $(\alpha-\eta)/N$ 曲线差异逐渐减小，而 c-C_4F_8/CO_2 混合气体 $(\alpha-\eta)/N$ 曲线的差异则略有变大。

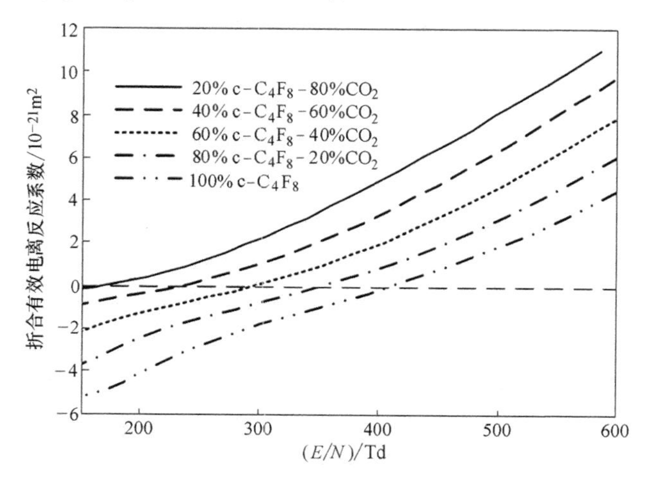

图 2-81 c-C_4F_8-CO_2 混合气体在不同混合比例条件下的折合有效电离反应系数

利用 $c\text{-}C_4F_8\text{-}CO_2$ 混合气体 $(\alpha-\eta)/N$ 曲线与零值线的交点，可以确定不同比例 $c\text{-}C_4F_8\text{-}CO_2$ 混合气体的临界折合击穿场强，如图 2-82 所示，随混合气体中 $c\text{-}C_4F_8$ 含量的增多，其 $(E/N)_{cr}$ 随近似线性增大，并且当混合气体中 $c\text{-}C_4F_8$ 含量高于 60%时，$c\text{-}C_4F_8\text{-}CO_2$ 混合气体的 $(E/N)_{cr}$ 值开始高于 $SF_6\text{-}CO_2$ 混合气体。

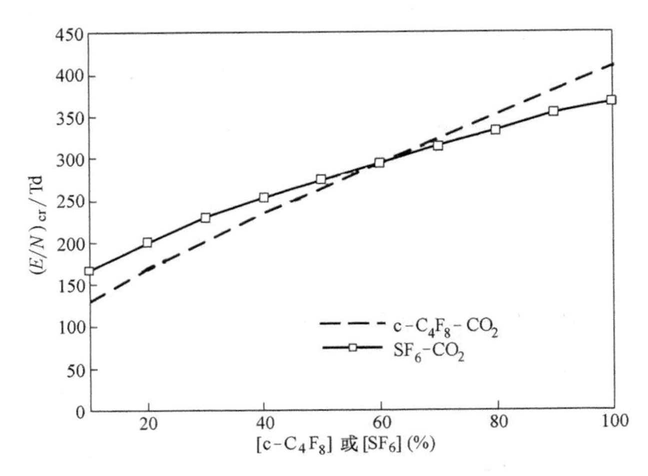

图 2-82　$c\text{-}C_4F_8\text{-}CO_2$ 与 $SF_6\text{-}CO_2$ 在不同混合比例下的临界折合击穿场强

第五节　小　　结

本章针对新型环保气体的基础理化与放电参数展开介绍与分析，得到以下结论：

1）得到了 C_4F_7N、$C_5F_{10}O$ 气体在不同温度下的配比：当最低温度限制为 -25℃时，5% $C_4F_7N\text{-}CO_2$ 混合气体所允许使用的最高压力约为 0.65MPa，而 20% $C_4F_7N\text{-}CO_2$ 混合气体则最高只能应用在 0.19MPa 下；-15℃时，5% $C_4F_7N\text{-}CO_2$、5% $C_4F_7N\text{-}CO_2$ 和 20% $C_4F_7N\text{-}CO_2$ 混合气体的最高使用压力分别约为 1.04MPa、0.58MPa 和 0.31MPa。最低温度限制为-25℃时，2% $C_5F_{10}O\text{-}CO_2$ 和 5% $C_5F_{10}O\text{-}CO_2$ 混合气体只能使用在约 0.41MPa 和 0.17MPa 下；-15℃时，2% $C_5F_{10}O\text{-}CO_2$ 和 5% $C_5F_{10}O\text{-}CO_2$ 混合气体的最高使用压力分别约为 0.68MPa 和 0.3MPa。

2）得到了新型环保气体的基础放电参数：随折合电场的增大，C_4F_7N 气体的折合吸附反应系数首先缓慢减小，当折合电场超过 100Td 后，迅速减小，其主要原因是电场增大导致电子动能迅速增大，不利于 C_4F_7N 气体分子吸附自由电子形成负离子的碰撞反应。$C_5F_{10}O$ 气体的折合电离反应系数随折合电场的增大迅速上升，与 C_4F_7N 气体的不同，没有出现后期折合电离反应系数出现缓慢减小的趋势。

3）得到了新型环保混合气体的基础放电参数：$C_4F_7N\text{-}CO_2$ 混合气体折合有效电离反应系数曲线之间的差异随 C_4F_7N 气体含量的增多而变小的现象表明 C_4F_7N-

CO_2 混合气体的绝缘性能存在明显的协同作用。$C_5F_{10}O$ 组分的折合电离反应系数远小于 CO_2 组分，使得 $C_5F_{10}O$-CO_2 混合气体总的折合电离反应系数主要由 CO_2 组分决定，两者的形态较为接近，但在折合电场较高的范围内，不同混合比例下 $C_5F_{10}O$-CO_2 混合气体的折合电离反应系数曲线的差异大于 CO_2 组分的差异。

4）得到了新型环保气体的热分解与复合特性：C_4F_7N 在局部过热下发生分解的主要途径有两条，将产生 CF_3·、CF_3CFCN·、C_3F_7·、CN·等自由基粒子，上述自由基复合将产生 CF_4、C_2F_6、CF_3CN 等产物，这些复合形成的产物均具有良好的耐电能力。随着温度的升高，C_4F_7N-CO_2 混合气体的分解速率及分解量均有所增加，其中 CF_3·、CN·、F·三类自由基粒子的含量最高。CO_2 的加入具有一定的缓冲作用，降低了体系中 C_4F_7N 的分解速率，有利于 C_4F_7N-CO_2 混合气体用作气体绝缘介质。$C_5F_{10}O$ 分子中羰基与其连接的碳原子之间的化学键弱，但表现出强烈的反应性。$C_5F_{10}O$-CO_2 气体混合物在 2600K 以上分解产生 CF_3、CO、C_3F_7CO、CF、CF_2、C_3F_7、F、CF_3 和 C，其中 CF_3 和 CO 含量最高。

第三章　新型环保气体的绝缘性能

第一节　概　　述

C_4F_7N、$C_5F_{10}O$ 与 CO_2、干燥空气等的混合气体替代 SF_6 应用于高压电力设备，高绝缘性能是评估气体应用方案及其可行性的一个基本条件。因此，本章重点介绍 C_4F_7N、$C_5F_{10}O$ 混合气体在不同电场分布条件下的绝缘特性。

本章首先介绍采用安托万方程与气液平衡基本定律结合的方法，对多种单一气体、二元混合气体以及三元混合气体的饱和蒸气压特性进行对比分析，按照高电压电气设备实际应用的温度和充气压力条件，制定绝缘实验中的气体混合方案。接着，分别对雷电冲击电压以及工频电压下，板板电极、棒板电极、针板电极、同轴电极以及隔离断口电极几种典型电极结构下的气体间隙击穿特性开展实验研究，对 C_4F_7N、$C_5F_{10}O$ 与 CO_2、干燥空气等混合气体的间隙击穿特性进行系统分析和评估；最后，本章也对新型环保气体中的沿面绝缘性能、直流电压下气固界面的电荷积聚特性以及放电情况下的分解产物等内容进行了分析和讨论。

第二节　新型环保混合气体间隙击穿特性的实验方法

一、饱和蒸气压的计算方法

1）单一气体计算方法：用于计算单一物质饱和蒸气压的公式中，安托万方程（Antoine equation）是一个简单的三参数蒸气压方程，对非极性分子和极性分子都适用，且温度范围也很广，在工程上得到了广泛的使用，其一般形式为

$$\lg P = A - B/(T + C) \tag{3-1}$$

式中　P——饱和蒸气压，单位为 mmHg；

T——温度，单位为℃，A、B、C 是与 Antoine 特性常数，一般可用最小二乘法等方法拟合得到。

2）常规气体：本部分针对几种常规气体 N_2、CO_2、SF_6、CF_4 和 CF_3I 的饱和蒸气压特性进行对比分析。几种常规气体的基本物理性质见表 3-1，除 CF_3I 外，这几种气体的分子结构均为对称结构，N_2 和 CO_2 的绝缘性能接近，均为 SF_6 的 30%左右，且其 GWP 极低，因而适宜作为缓冲气体，与绝缘性能较高的气体混合，用于电力设备。CF_4 气体绝缘性能较差，仅略高于 N_2 和 CO_2，且其 GWP 较高，不适宜作为 SF_6 替代气体广泛推广使用。CF_3I 气体的绝缘强度略高于 SF_6，并且其 GWP 值也较低，但其液化温度较高，因而不能单独作为绝缘介质，应与其他缓冲气体混合使用。

表 3-1　常规气体的基本物理性质

名称	N_2	CO_2	SF_6	CF_4	CF_3I
分子结构	N═N	O—C—O	F F F / S / F F F	F / FCF / F	F / F—C—I / F
摩尔质量/g · mol^{-1}	28	44	146	88	196
相对绝缘强度	~0.3	~0.3	1	~0.4	1.21
沸点/℃	-196	-78.5	-64	-128	-22.5
GWP	0	1	23500	6300	0.45

几种常规气体（N_2、CO_2、SF_6、CF_4 和 CF_3I）的饱和蒸气压特性如图 3-1 所示。相关计算数值与文献进行了对比，计算值与文献值相吻合。可以看出，N_2 的饱和蒸气压远高于其他几种气体，在电力设备常用的温度和气压条件下几乎不会发

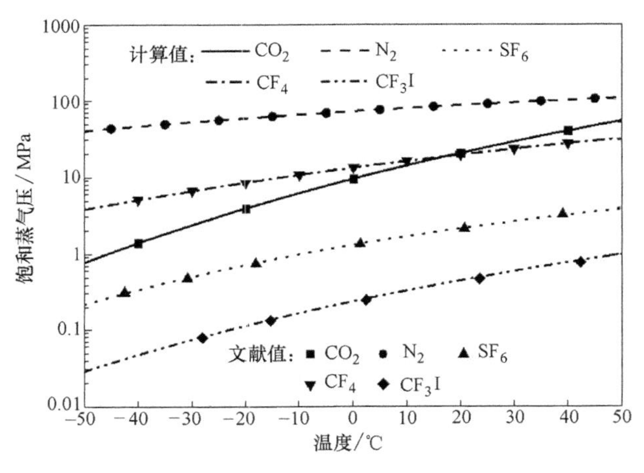

图 3-1　常规气体的饱和蒸气压

生液化。低温情况下，CF_4 气体的饱和蒸气压高于 CO_2，高温情况下则相反。SF_6 气体的饱和蒸气压介于易液化和不易液化的气体之间，-25℃条件下，其饱和蒸气压约为 0.609MPa，如需用于极寒地区，需要与其他气体混合使用。CF_3I 的饱和蒸气压最低，-25℃条件下，其饱和蒸气压约为 0.0937MPa，低于标准大气压，因而不能单独作为绝缘介质，需要与其他气体混合使用。

3）全氟腈（PFN）类和全氟酮（PFK）类气体：本部分针对 PFN 类和 PFK 类气体的饱和蒸气压特性进行对比分析。如表 3-2 列出几种 PFN 类和 PFK 类气体的基本物理性质，这几种气体的分子结构均为非对称结构，且摩尔质量较高，均高于 SF_6 气体。C_4F_7N 气体绝缘强度极高，约为 SF_6 的 2.2 倍，且液化温度相对较低，其缺点是 GWP 值较高，但考虑到实际应用中，通常采用 C_4F_7N 与 CO_2 气体、CO_2-O_2、干燥空气等缓冲气体混合使用，其中 C_4F_7N 气体的比例极低，因而混合气体的 GWP 将远低于 SF_6 气体。几种 PFK 类气体的绝缘性能也远高于 SF_6 气体，且其绝缘性能随 C 原子数的提高而增大，但相应的沸点也随分子量的提高而升高。

表 3-2　PFN 类和 PFK 类气体的基本物理性质

名称	C_4F_7N	C_4F_8O	$C_5F_{10}O$	$C_6F_{12}O$
分子结构	CF_3 F_3C CN F	O F CF_3 F_3C F	F O F_3C CF_3 CF_3	CF_3 F F_3C CF_3 F F O
摩尔质量/$g \cdot mol^{-1}$	195	216	266	316
相对绝缘强度	2.2	1.6	2	>2
沸点/℃	-4.7	0	26.9	49
GWP	2210	4100	1	1

PFN 类和 PFK 类气体的饱和蒸气压特性的计算结果如图 3-2 所示。相关计算数值与文献进行了对比，计算值与文献值相吻合。从图 3-2 中可以看出，PFN 类气体的饱和蒸气压高于 PFK 类气体，且随着 C 原子数的提高，饱和蒸气压急剧下降。在-25℃时，C_4F_7N 气体的饱和蒸气压约为 0.0401MPa，而 C_4F_8O、$C_5F_{10}O$ 和 $C_6F_{12}O$ 气体的饱和蒸气压分别为 0.0351MPa、0.0101MPa 和 0.00278MPa。当这几种气体与缓冲气体混合应用时，在不考虑气体间饱和蒸气压相互影响的情况下，若用于零表压（绝对压力为 0.1MPa）设备，C_4F_7N 气体的体积分数为 40%，而 C_4F_8O、$C_5F_{10}O$ 和 $C_6F_{12}O$ 的体积分数分别为 35%、10%和 3%。而当充气压力调高到绝对压力为 0.6MPa 时，C_4F_7N 气体的体积分数为 6.7%，而 C_4F_8O、$C_5F_{10}O$ 和 $C_6F_{12}O$ 的体积分数分别为 5.8%、1.7%和 0.5%。可见，C_4F_7N 气体无论在中压还是在高压电力系统均有极高的应用前景，而对于 $C_5F_{10}O$ 气体，在中压系统有一定

的前景，如需用于高压系统，仅能用于户内设备，或者通过一定的辅助加热措施对气体进行加热。

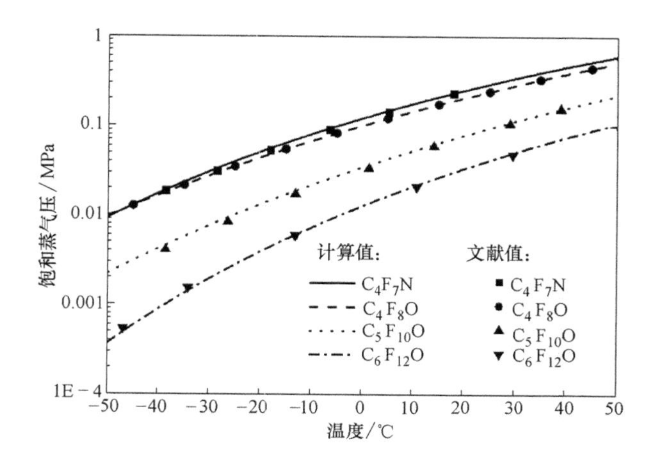

图 3-2 PFN 和 PFK 类气体的饱和蒸气压的计算结果

4）混合气体：以上是关于单一气体的饱和蒸气压特性的计算分析，下面将针对二元及三元混合气体的饱和蒸气压特性开展计算分析。对于二元混合气体，可通过安托万蒸气压方程和气液平衡基本定律相结合的方法计算其饱和蒸气压特性，见式（3-2）~式（3-5）。

$$\lg P_1 = A_1 - B_1/(T+C_1) \tag{3-2}$$

$$\lg P_2 = A_2 - B_2/(T+C_2) \tag{3-3}$$

$$P_1 x = Py \tag{3-4}$$

$$P_2(1-x) = P(1-y) \tag{3-5}$$

式中 P_1、P_2——组分 1 和 2 的饱和蒸气压；

P——混合气体的饱和蒸气压；

T——混合气体的液化温度。A_1、B_1、C_1 和 A_2、B_2、C_2 分别为组分 1 和 2 的 Antoine 特性常数，x 和 y 为气液平衡时组分 1 的液相、气相摩尔分数。

由式（3-2）~式（3-5）推导可得

$$\frac{Py}{10^{A_1-B_1/(T+C_1)}}+\frac{P(1-y)}{10^{A_2-B_2/(T+C_2)}}=1 \tag{3-6}$$

体积分数 10% 的高绝缘强度气体与 90% CO_2 混合气体的饱和蒸气压曲线如图 3-3 所示。通过与 CO_2 进行混合，混合气体的饱和蒸气压相比于高绝缘气体得到明显提高。可以看出，对于不同的高绝缘气体与 CO_2 混合后，饱和蒸气压均随气体温度的提高而明显升高。与 CO_2 混合后，其饱和蒸气压从高到低依次为 SF_6>HFC-125>1-C_3F_6>HFO-1234yf>C_4F_7N>$C_5F_{10}O$。考虑户外设备的最低温度限制为-25℃，这几种混合气体的最高充气压力分别可以达到（2.20、1.34、0.913、0.871、0.36、0.0984）MPa。可见，在该比例下，除 C_4F_7N 和 $C_5F_{10}O$ 外，其他几种混合气体均能应用于高压电力设备的0.6MPa充气压力。

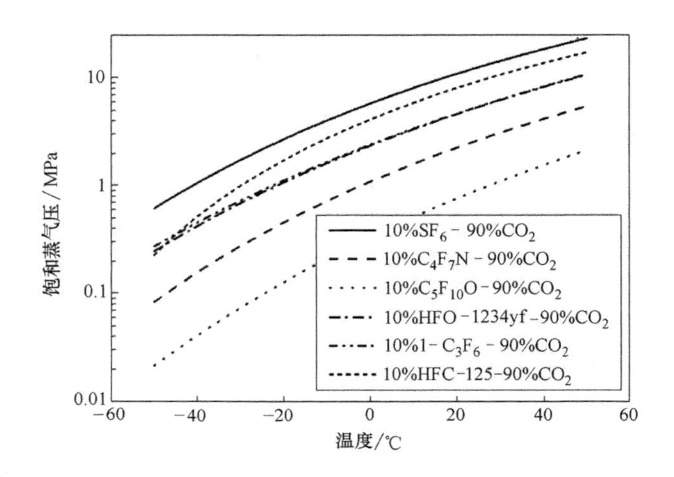

图 3-3　体积分数10%的高绝缘气体与90%的 CO_2 混合气体的饱和蒸气压曲线

-25℃温度限制下的高绝缘气体与 CO_2 混合气体的饱和蒸气压曲线如图3-4所示。由于高绝缘气体的饱和蒸气压明显低于缓冲气体 CO_2，因而混合气体饱和蒸气压随着高绝缘气体比例的提高而明显下降。例如：对于零表压的户外设备（最低

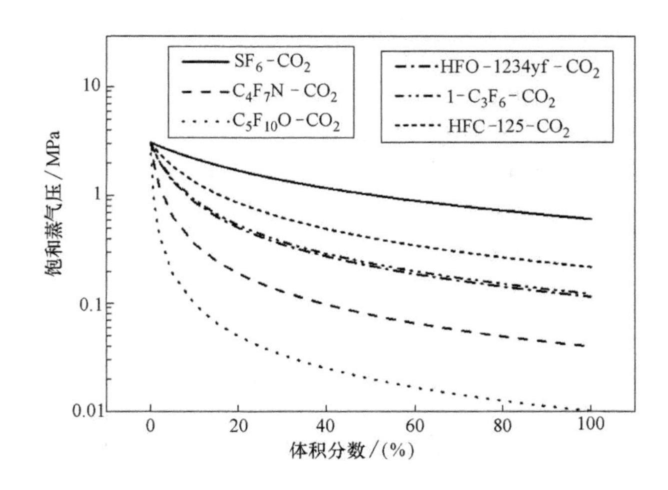

图 3-4　-25℃温度限制下的高绝缘气体与 CO_2 混合气体的饱和蒸气压曲线

温度为-25℃），C_4F_7N 和 $C_5F_{10}O$ 气体的最高体积分数分别约为40%和10%，而当充气压力升至0.6MPa，C_4F_7N 和 $C_5F_{10}O$ 气体的最高体积分数分别下降约为5.8%和1.5%。-25℃是常见的户外电力设备的最低温度，而0.1MPa和0.6MPa则分别为常见的中压和高压电力设备的充气压力，由此可见，C_4F_7N 混合气体在中压和高压户外电力设备均有较大的应用前景，而由于1.5%的体积分数较低，$C_5F_{10}O$ 混合气体仅适用与中压电力设备，仅能用于户内设备，或者通过一定的辅助加热措施对气体进行加热。

在二元混合气体饱和蒸气压方程的基础上，进一步拓展安托万蒸汽压方程和气液平衡基本定律相结合的方法，对三元混合气体的饱和蒸气压特性进行计算，可得式（3-7）~式（3-12）为

$$\lg P_1 = A_1 - B_1/(T+C_1) \tag{3-7}$$

$$\lg P_2 = A_2 - B_2/(T+C_2) \tag{3-8}$$

$$\lg P_3 = A_3 - B_3/(T+C_3) \tag{3-9}$$

$$P_1 a_1 = P a_2 \tag{3-10}$$

$$P_1 b_1 = P b_2 \tag{3-11}$$

$$P_3(1-a_1-b_1) = P(1-a_2-b_2) \tag{3-12}$$

式中　P_1、P_2、P_3——组分1、2、3的饱和蒸气压；

P——三元混合气体的饱和蒸气压；

T——混合气体的液化温度；

A_1、B_1、C_1——组分1Antoine的特性常数；

A_2、B_2、C_2——组分2Antoine的特性常数；

A_3、B_3、C_3——组分3Antoine的特性常数；

a_1、b_1——气液平衡时组分1的液相、气相摩尔分数；

a_2、b_2——气液平衡时组分2的液相、气相摩尔分数。

由式（3-7）~式（3-12）推导可得

$$\frac{Pb_1}{10^{A_1-B_1/(T+C_1)}}+\frac{Pb_2}{10^{A_2-B_2/(T+C_2)}}+\frac{P(1-b_1-b_2)}{10^{A_3-B_3/(T+C_3)}}=1 \tag{3-13}$$

在式（3-13）中，三种组分的安托万常数均为已知量。因此，在组分1和组分2的气相摩尔分数 b_1 和 b_2 已知的条件下，可以得到三元混合气体的饱和蒸气压随温度变化的曲线。同理，也可得到在特定的温度下，三元混合气体的混合比例对于饱和蒸气压的影响，以及在特定的压强下，三元混合气体的混合比例对于液化温度的影响。表3-3给出了一些三元混合气体的饱和蒸气压特性的典型计算结果，其中混合气体的充气压力为0.6MPa，液化温度为-25℃，组分1与组分2的比例与其作为纯气体时两种气体分别在液化温度-25℃下的饱和蒸气压的比例。

基于上述方法，通过进一步拓展，可以对任意种类气体按照任意比例混合后的饱和蒸气压特性进行计算。在实际应用中，需要结合电力设备的实际应用场合，保

证混合气体在其最低温度限制下不会发生雾化或形成凝露，从而对设备的绝缘强度造成影响。

表 3-3　-25℃下三元混合气体的饱和蒸气压特性的典型计算结果

饱和蒸气压/MPa	组分 1	组分 1 分压/MPa	组分 2	组分 2 分压/MPa	组分 3	组分 3 分压/MPa
0.6	C_4F_7N	0.0163	$C_5F_{10}O$	0.0041	CO_2	0.5796
0.6	C_4F_7N	0.0166	$1\text{-}C_3F_6$	0.0515	CO_2	0.5319
0.6	HFC-125	0.1089	$1\text{-}C_3F_6$	0.0616	N_2	0.4295
0.6	HFO-1234yf	0.0578	$1\text{-}C_3F_6$	0.0616	N_2	0.4806
0.6	HFO-1234ze(E)	0.0393	$1\text{-}C_3F_6$	0.0616	N_2	0.4991

二、击穿特性的实验方法

采用升降压法研究雷电冲击电压下 C_4F_7N 混合气体间隙击穿特性。由一台 Marx 发生器作为电压源提供±1.2/50μs 的标准雷电冲击过电压，具体波形如图 3-5 所示。升降压法的实施步骤如下：

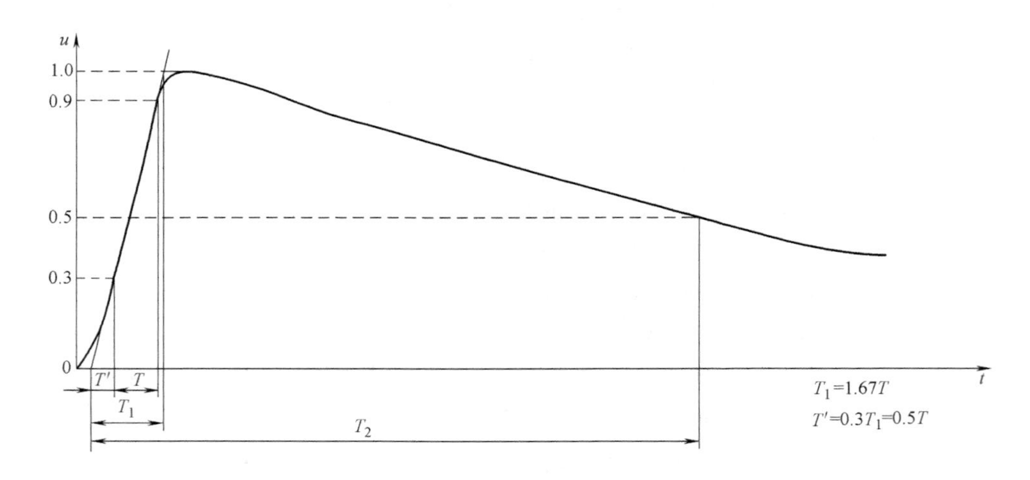

图 3-5　标准雷电冲击电压波形图

① 确定初始电压：基于气体间隙的电场条件以及气体压力和配比条件，取一个电压值 U_k，使其近似地等于气体间隙的 50%击穿电压值；

② 确定电压增量：取一个电压增量 $\Delta U \approx (0.5 \sim 1.0)\sigma U_k$（对于雷电冲击电压，通常取 $\sigma = 0.03$）；

③ 施加电压：在气体间隙上施加峰值为 U_k 的标准雷电冲击电压，读取电压波形，判断是否发生击穿并记录；

④ 静置消游离：静置 3min 以上，确保实验结果不会受上一次实验的影响；

⑤ 再次施加电压：基于上一次实验结果，确定本次施加电压值，如果气体间隙击穿，则本次施加电压峰值为 $U_k-\Delta U$，否则施加电压 $U_k+\Delta U$；

⑥ 重复实验：重复步骤③~⑤至施加电压次数达到 30 次以上；

⑦ 求取 50%击穿电压：统计在每个电压等级 U_i 下施加冲击电压的次数 n_i，则该气体间隙的 50%击穿电压为

$$U_{50\%}=\frac{\sum n_i U_i}{\sum n_i} \tag{3-14}$$

雷电冲击电压下的击穿特性实验中采用的放电腔体是基于 72.5kV SF_6 产品套管和壳体的结构尺寸进行设计，腔体实物图如图 3-6 所示，实验电极安装于图中黑色虚线框内部，腔体长度为 310mm，内径为 190mm。腔体的充气口及压力表安装在实验腔体上方。为了精准控制充气压力与充气比例，采用了订制的高精度数字压力表测量腔体内部气压，其测量范围为-0.1~1.0MPa，精度为 0.5%。每次实验前，对腔体抽真空并采用实验气体对腔体洗涤 3 次以上，以保证实验过程中腔体内部气体的纯度。由于 C_4F_7N 与 $C_5F_{10}O$ 气体在环境温度下饱和蒸气压较低，在充气过程中应首先冲入新型环保气体，随后再冲入缓冲气体。充气过程完成后，需静置 2h 以上，以保证气体充分混合。

图 3-6 实验腔体实物图

采用板板、棒板、针板、同轴以及隔离断口五种电极结构开展间隙击穿实验研究，电极结构示意图如图 3-7 所示。在几种电极结构中，高压端均在左侧，通过盆式绝缘子固定，而右侧的接地端则通过直动密封结构与外壳相连，该设计使其能够在实验腔体内部充气压力较高的状态下对电极间距进行调节和标定。电极的尺寸分别为 1）板电极直径为 80mm，厚度为 10mm，边缘为半径 5mm 的球形倒角，以保证该处电场的均匀性，其连接轴是直径为 20mm 的圆柱，长度为 40mm；2）棒电极采用直径为 5mm 圆柱形电极，总长为 37.5mm，端部为半径 2.5mm 的球形，以保证该处电场的均匀性；3）针电极的直径为 2mm，总长为 37.5mm，端部为半径 1mm 的球形；4）同轴电极直径为 60mm，外电极直径为 80mm，电极间距为 10mm；5）隔离断口电极采用 126kV 电压等级电力设备实际产品触头进行改装设计，具体尺寸在此处不做说明。

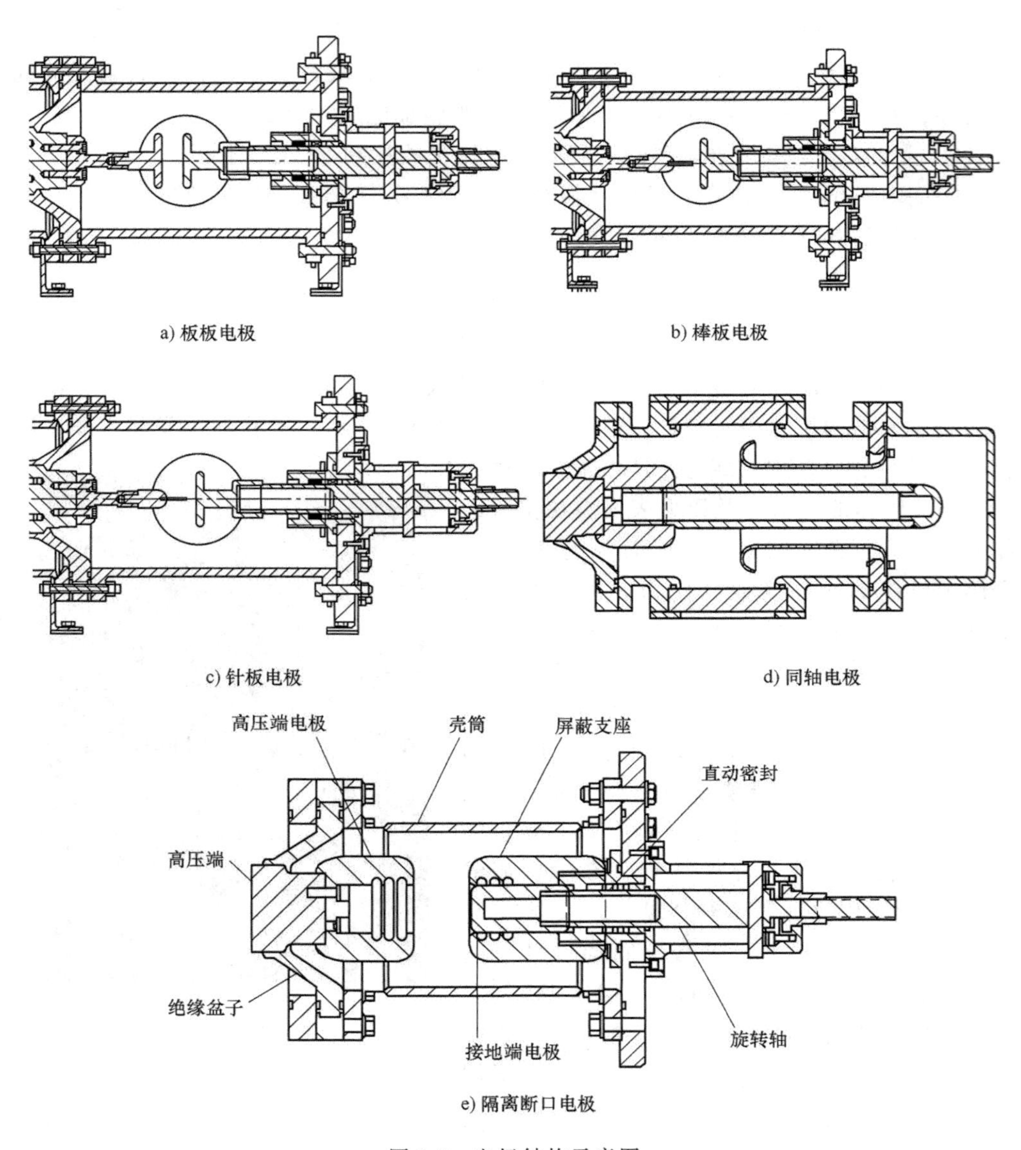

图 3-7　电极结构示意图

第三节　新型环保混合气体在均匀电场下的击穿特性

一、C_4F_7N 混合气体间隙击穿特性的实验研究

1. 雷电冲击电压下 C_4F_7N 混合气体在均匀电场下的击穿特性

如图 3-8 所示为 C_4F_7N-CO_2 和 SF_6-N_2 混合气体 5mm 间隙板板电极下的 50%击

穿电压。实验中，C_4F_7N-CO_2 混合气体的比例由饱和蒸气压特性计算得到，保证混合气体的液化温度分别为−25℃和−15℃。从图 3-8a 可以看出，尽管 C_4F_7N 气体的绝缘强度非常高，在−25℃和−15℃液化温度的限制下，随着 C_4F_7N 比例的提高，C_4F_7N-CO_2 混合气体的 50%击穿电压值 $U_{50\%}$ 逐渐降低。造成这种现象的原因是，当 C_4F_7N 比例较低时，在−25℃和−15℃液化温度的限制下，C_4F_7N-CO_2 混合气体的充气压力将显著提高。相比于−25℃液化温度的限制，−15℃液化温度的限制下 C_4F_7N-CO_2 混合气体的 $U_{50\%}$ 明显更高，这是受到其 C_4F_7N 比例更高的影响。

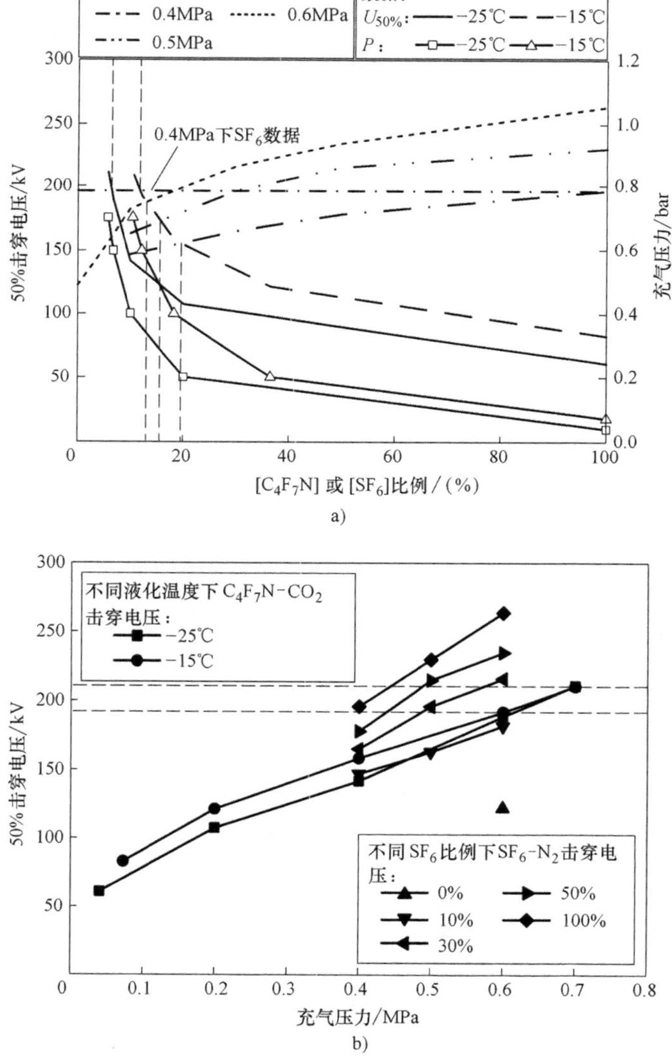

图 3-8　C_4F_7N-CO_2 和 SF_6-N_2 混合气体 5mm 间隙板板电极下的 50%击穿电压

此外，从图 3-8a 可以看出，在一定的比例下，C_4F_7N-CO_2 混合气体的绝缘强度将高于 SF_6-N_2 混合气体。以-15℃液化温度为例，基于 C_4F_7N-CO_2 混合气体与不同充气压力下的 SF_6-N_2 混合气体的50%击穿电压值 $U_{50\%}$ 曲线的相交点，可以发现，当 C_4F_7N 摩尔比例分别低于 20%、16%和 13%时，C_4F_7N-CO_2 混合气体的绝缘强度将分别高于 0.4MPa、0.5MPa 和 0.6MPa 充气压力下相同混合比例的 SF_6-N_2 混合气体。基于 C_4F_7N-CO_2 混合气体和 SF_6 气体的 $U_{50\%}$ 曲线相交点可知，在-25℃和-15℃液化温度的限制下，当 C_4F_7N 摩尔比例分别低于 12%和 6%时，C_4F_7N-CO_2 混合气体在其饱和蒸气压下的绝缘强度将高于 0.4MPa 充气压力下的 SF_6 气体。

图 3-8b 给出了在-25℃和-15℃液化温度的限制下的 C_4F_7N-CO_2 混合气体以及不同比例下的 SF_6-N_2 混合气体的 $U_{50\%}$ 随充气压力的变化曲线。整体而言，在-25℃和-15℃液化温度的限制下，C_4F_7N-CO_2 混合气体的 $U_{50\%}$ 随充气压力的提高而增大。-15℃液化温度限制下的 C_4F_7N-CO_2 混合气体的 $U_{50\%}$ 除了在 0.7MPa 充气压力下与-25℃液化温度限制几乎相等外，明显高于-25℃液化温度限制下的 $U_{50\%}$。这主要是受到-15℃液化温度限制下 C_4F_7N 比例更高的影响。

-25℃液化温度下的 C_4F_7N-CO_2 混合气体和不同比例下的 SF_6-N_2 混合气体的临界击穿场强对比图如图 3-9 所示。从图 3-9 中可以看出，当 C_4F_7N 摩尔比例分别超过 9%、11%和 16%时，C_4F_7N-CO_2 混合气体的绝缘强度将分别高于 SF_6、20% SF_6-80% N_2 和 30% SF_6-70% N_2。

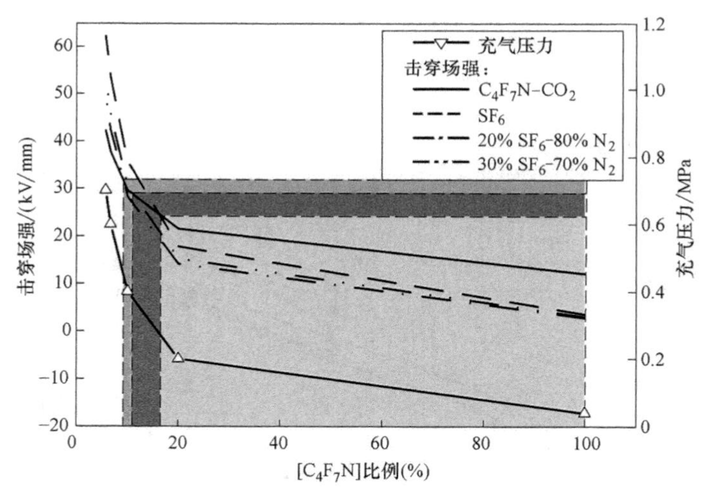

图 3-9　-25℃液化温度下的 C_4F_7N-CO_2 混合气体和不同比例下的 SF_6-N_2 混合气体的临界击穿场强对比图

2. 工频电压下 C_4F_7N 混合气体在均匀场下的击穿特性

采用 50Hz 的工频电压源开展工频击穿实验，电压上升率为 2kV/s，直至间隙击穿。每组实验重复开展10次，取其平均值为击穿电压 U_b。在工频实验中，实验电极结构、尺寸如图3-10所示，包含板-板、球板、棒板以及针板4种电极，可以实现对于均匀场、稍不均匀场、极不均匀场等多种电场形式的模拟。实验采用铜电极，电极表面粗糙度为2μm。每次实验前，采用砂纸对电极表面进行剖光处理，并使用丙酮仔细擦拭以清洁电极表面。电极间距可以通过旋转螺丝进行调节，精度为0.01mm。

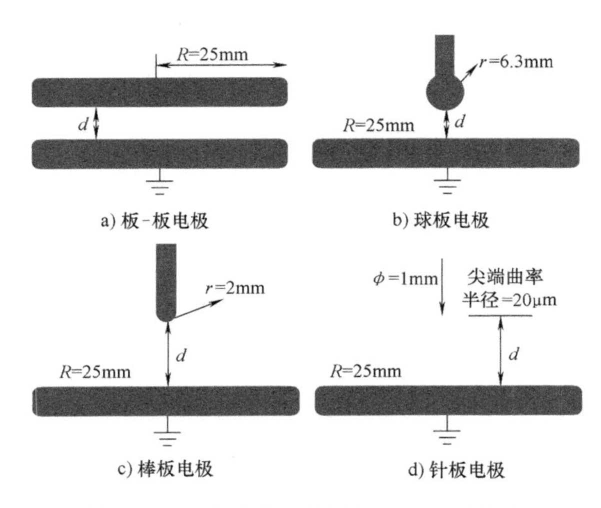

图3-10　工频实验电极结构、尺寸示意图

板板电极下不同比例的 C_4F_7N-CO_2 混合气体的工频击穿电压随充气压力和电极间距的变化曲线分别如图3-11、图3-12所示。从图3-11中可以看出，C_4F_7N-CO_2 混合气体的击穿电压随 C_4F_7N 比例的增大而提高，随充气压力的提高几乎呈线性增长。在100kPa附近，15%C_4F_7N-85% CO_2 混合气体的绝缘强度与 SF_6 相当，在100~200kPa内，SF_6 的击穿电压介于15% C_4F_7N-85% CO_2 和10% C_4F_7N-90% CO_2 混合气体之间。

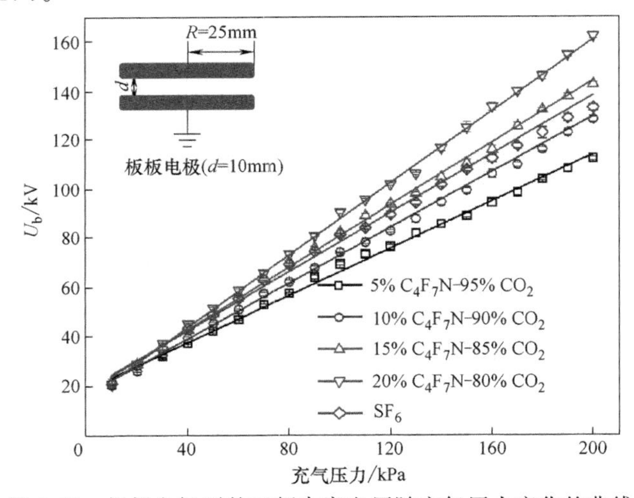

图3-11　板板电极下的工频击穿电压随充气压力变化的曲线

从图3-12可以看出，当电极间距较小时，击穿电压随电极间距线性上升，而当电极间距较大时，电场不均匀性逐渐增大，击穿电压逐渐偏离线性增长。为了对比不同混合气体在均匀电场下的击穿强度，采用式（3-15）对不同电极间距下的击

穿电压进行拟合，击穿电压只取电极间距较小时（1mm<d<5mm）的线性部分。

$$U_b = APd + B \tag{3-15}$$

式中　U_b——击穿电压；

P——绝对充气压力；

d——电极间距；

A——斜率；

B——截距。

拟合结果见表 3-4。当电极间距较小时，通过式（3-15）拟合出的参数 A 可以近似表示气体的临界击穿场强。从表 3-4 中可以看出，当电极间距较小时，电场比较均匀，SF_6 的击穿场强介于 15% C_4F_7N-85% CO_2 混合气体的击穿场强。15% C_4F_7N-85% CO_2 混合气体的击穿场强可以达到 SF_6 的约 80%。

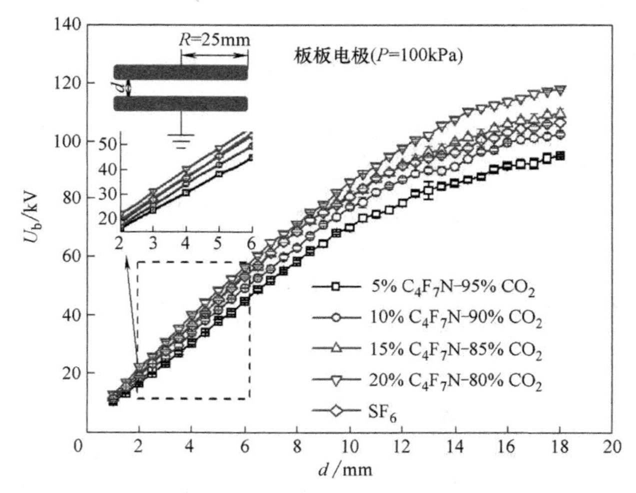

图 3-12　板板电极工频电压下的击穿电压随电极间距的变化曲线

表 3-4　板板电极击穿电压随电极间距变化的拟合结果

C_4F_7N 比例	5%	10%	15%	20%	SF_6
A/(kV/mm · MPa)	69.5	78.9	85.0	90.0	86.1
B/kV	2.85	2.27	2.96	3.81	2.16

二、$C_5F_{10}O$ 混合气体间隙击穿特性的实验研究

1. 雷电冲击电压下的 $C_5F_{10}O$ 混合气体在均匀电场下的击穿特性

在液化温度分别为-25℃和-5℃时，$C_5F_{10}O$ 分别与干燥空气和 CO_2 混合气体在 5mm 间隙板板电极下，50%击穿电压 $U_{50\%}$ 随充气压力的变化曲线如图 3-13 所示。从图 3-13a 可以看出，随着充气压力的提高，$C_5F_{10}O$ 混合气体的 $U_{50\%}$ 逐渐提高，且 $C_5F_{10}O$-CO_2 混合气体的 $U_{50\%}$ 的增长速率明显高于 $C_5F_{10}O$ 与干燥空气混合

气体，从而导致 $C_5F_{10}O$-CO_2 混合气体的绝缘强度高于 $C_5F_{10}O$-干燥空气混合气体。当充气压力为 0.1MPa 时，$C_5F_{10}O$ 的混合比例大约为 10.5%，$C_5F_{10}O$-CO_2 和 $C_5F_{10}O$-干燥空气混合气体的 $U_{50\%}$ 分别为 45.2kV 和 30.3kV，相差约 33%。从图 3-13b 可以看出，在−5℃液化温度限制下的 $C_5F_{10}O$-CO_2 混合气体的绝缘性能也高于 $C_5F_{10}O$-干燥空气混合气体，但两者之间的差距比−25℃温度限制下小，这可能是因为当 $C_5F_{10}O$ 比例较高的情况下，混合气体的协同效应比 $C_5F_{10}O$ 比例较低时弱。当充气压力为 0.1MPa 时，$C_5F_{10}O$ 的摩尔分数约为 28%，$C_5F_{10}O$-CO_2 和 $C_5F_{10}O$-干燥空气混合气体的 $U_{50\%}$ 分别为 51.6kV 和 50.2kV，仅相差约 2.7%。

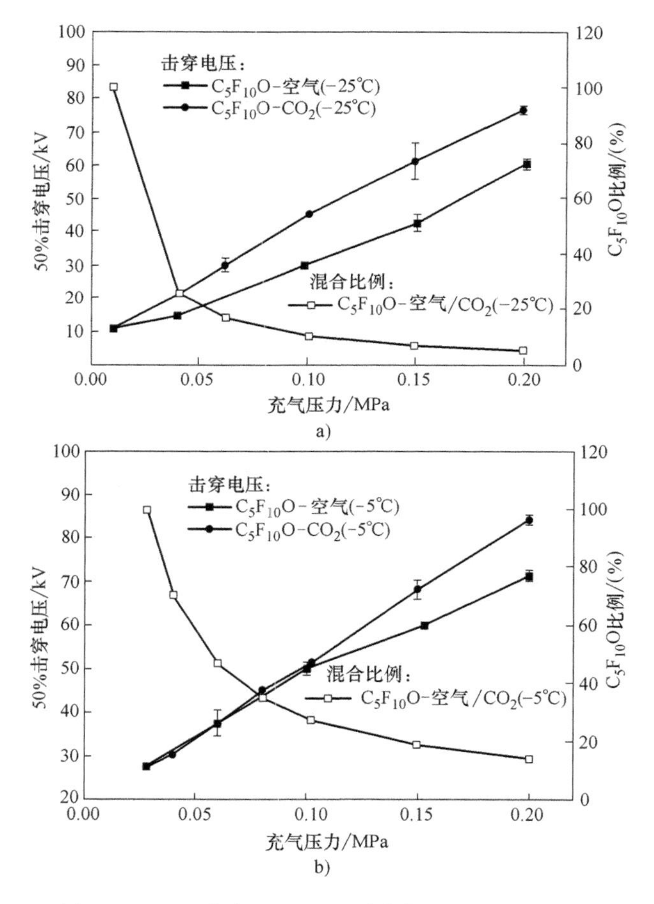

图 3-13 50%击穿电压 $U_{50\%}$ 随充气压力的变化曲线

液化温度−25℃的 $C_5F_{10}O$ 分别与干燥空气和 CO_2 混合气体以及 C_4F_7N-CO_2 和 SF_6-N_2 混合气体的折合击穿场强如图 3-14 所示。由于随着充气压力的提高，C_4F_7N 和 $C_5F_{10}O$ 的比例逐渐降低，C_4F_7N 和 $C_5F_{10}O$ 混合气体的 E/P 随充气压力的提高逐渐降低。纯 C_4F_7N 和 $C_5F_{10}O$ 气体的折合击穿场强远高于纯 SF_6 气体。当

$C_5F_{10}O$ 混合比例在 10%~30%以内时，$C_5F_{10}O$-干燥空气混合气体的 E/P 与相同比例下的 SF_6-N_2 混合气体非常接近。当混合比例低于 18%时，$C_5F_{10}O$-CO_2 混合气体的 E/P 高于相同比例下的 C_4F_7N-CO_2 混合气体，表明 $C_5F_{10}O$ 与 CO_2 之间的协同效应比 C_4F_7N 与 CO_2 之间的协同效应更强。同理，由 $C_5F_{10}O$-CO_2 混合气体在不同比例下的 E/P 高于 $C_5F_{10}O$ 干燥空气混合气体可知，$C_5F_{10}O$ 与 CO_2 之间的协同效应强于 $C_5F_{10}O$ 与干燥空气。协同效应之间的差别可能是受到其分子的碰撞截面引起的。从图中可以看出，对于 $C_5F_{10}O$-干燥空气混合气体，当 $C_5F_{10}O$ 比例分别为约 40%和 35%时，混合气体的 E/P 分别于 0.4MPa 和 0.6MPa 充气压力下的 SF_6 气体相等，而当缓冲气体换为 CO_2 后，$C_5F_{10}O$ 仅需在 13%和 10%的比例下，混合气体的 E/P 即可分别达到 0.4MPa 和 0.6MPa 充气压力下的 SF_6 的 E/P。对于 C_4F_7N-CO_2 混合气体，当 C_4F_7N 比例超过 18%时，混合气体的折合击穿场强高于 SF_6 气体。

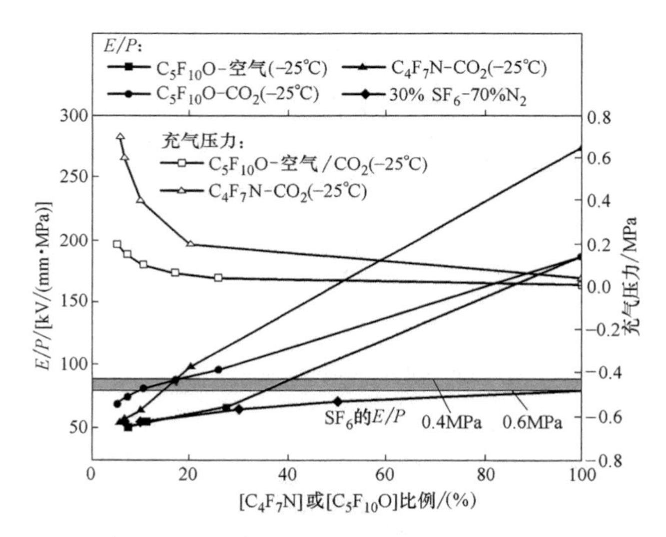

图 3-14　液化温度-25℃的 $C_5F_{10}O$ 分别与干燥空气和 CO_2 混合气体以及 C_4F_7N-CO_2 和 SF_6-N_2 混合气体的折合击穿场强

第四节　新型环保混合气体在不均匀电场下的击穿特性

一、C_4F_7N 混合气体在不均匀电场下的击穿特性

1. 雷电冲击电压下 C_4F_7N 混合气体在不均匀电场下的击穿特性

雷电冲击电压下的 C_4F_7N-CO_2 混合气体在棒板电极下的 50%击穿电压随充气压力的变化曲线如图 3-15 所示。从图中可以看出，在气压低于 0.17MPa 时，负极

性击穿电压高于正极性击穿电压，而当气压高于 0.17MPa 时，负极性击穿电压低于正极性。负极性和正极性击穿电压下，击穿电压随气压的上升率分别为 47kV/MPa 和 101kV/MPa。

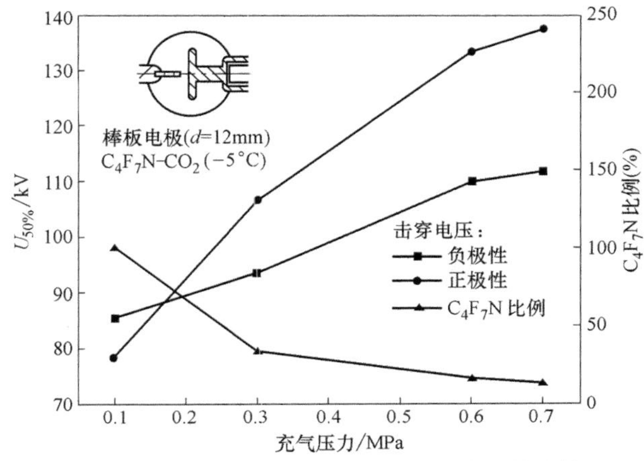

图 3-15　雷电冲击电压下 C_4F_7N-CO_2 混合气体在棒板电极下的 50%击穿电压随充气压力的变化曲线

雷电冲击电压下 C_4F_7N-CO_2 混合气体在针板电极下的 50%击穿电压随充气压力的变化曲线如图 3-16 所示。从图中可以看出，随着充气压力的提高，混合气体的 50%击穿电压逐渐提高，而 C_4F_7N 比例则逐渐下降，正极性时混合气体的 50%击穿电压明显低于负极性。施加负极性和正极性电压时，50%击穿电压随充气压力的上升率分别为 71kV/MPa 和 41kV/MPa。正极性下 C_4F_7N-CO_2 混合气体击穿电压随气压的提高存在明显的饱和现象，击穿电压上升率随气压的升高而降低。

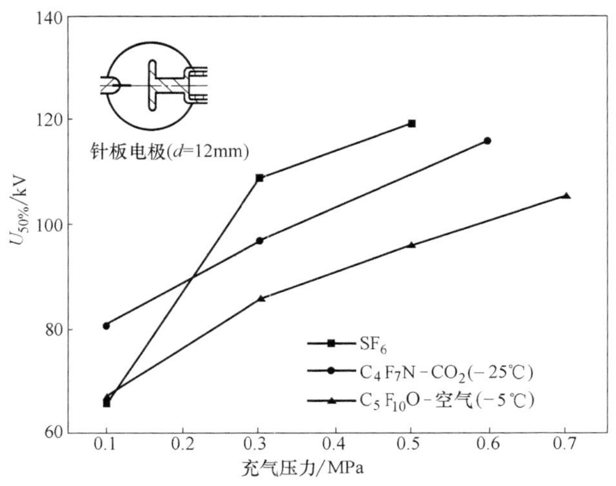

图 3-16　雷电冲击电压下的几种气体在针板电极下的 50%击穿电压随充气压力的变化曲线

雷电冲击电压下 C_4F_7N-CO_2 混合气体在同轴电极下的50%击穿电压随充气压力的变化曲线如图3-17所示。同轴电极的间隙为10mm。从图中可以看出，在同轴电极下，C_4F_7N-CO_2 混合气体在正极性雷电冲击电压下的50%击穿电压明显高于负极性。正极性下50%击穿电压随充气压力的上升率为199kV/MPa，负极性下50%击穿电压随充气压力的上升率为216kV/MPa。

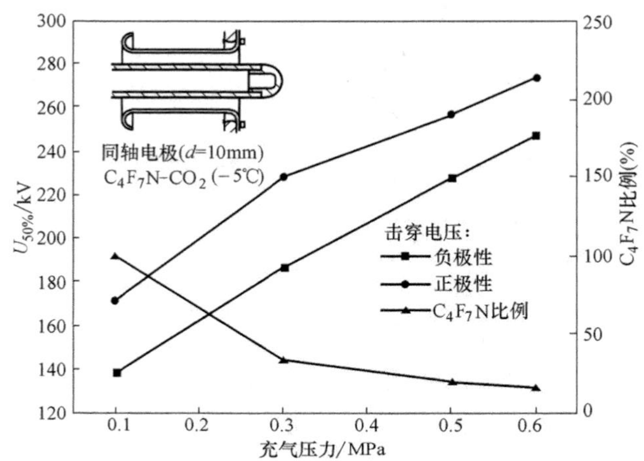

图3-17 雷电冲击电压下的 C_4F_7N-CO_2 混合气体在同轴电极下的50%击穿电压随充气压力的变化曲线

雷电冲击电压下的 C_4F_7N-CO_2 混合气体在隔离断口电极下的50%击穿电压随电极间距和充气压力的变化曲线如图3-18所示。从图中可以看出，在隔离断口电极下，C_4F_7N-CO_2 混合气体在正极性雷电冲击过电压下的50%击穿电压明显高于负极性。随着电极间距的增大，混合气体的击穿电压逐渐增大，击穿电压的上升率

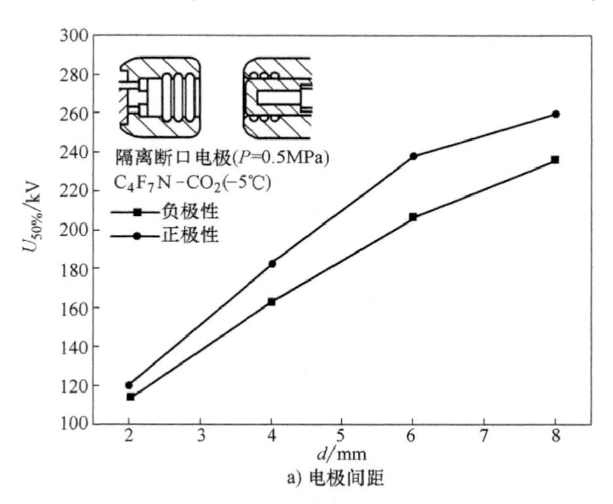

图3-18 雷电冲击下的 C_4F_7N-CO_2 混合气体在隔离断口电极下的50%击穿电压随电极间距和充气压力的变化曲线

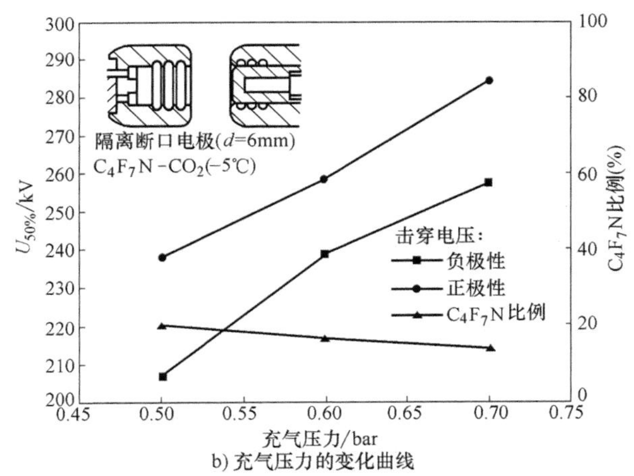

b) 充气压力的变化曲线

图 3-18 雷电冲击下的 C_4F_7N-CO_2 混合气体在隔离断口电极下的 50% 击穿电压随电极间距和充气压力的变化曲线（续）

随电极间距的增大逐渐下降，呈现一定的饱和效应。

2. 工频电压下的 C_4F_7N 混合气体在不均匀电场下的击穿特性

如图 3-10 所示的球板电极下的电场为非均匀电场，电场不均匀程度可用不均匀系数表示：

$$f=E_{max}/E_{av} \tag{3-16}$$

式中 f——电场不均匀系数；

E_{max}——最大电场强度；

E_{av}——平均电场强度。

球板电极的电场不均匀系数可以通过式（3-17）求得；

$$f=0.9(1+d/r) \tag{3-17}$$

式中 d——电极间距；

r——球电极半径。

表 3-5 给出了不同电极间距下球板电极的电场不均匀系数。

表 3-5 球板电极电场不均匀系数

电场类型	稍不均匀场 $(1<f<2)$	不均匀场 $(2<f<4)$		极不均匀场 $(f>4)$
d/mm	5	10	20	25
f	1.6	2.3	3.8	4.5

在球板电极下，不同比例的 C_4F_7N-CO_2 混合气体的工频击穿电压随电极间距的变化曲线如图 3-19 所示。从图 3-19 可以看出，当电极间距较小时，电场为稍不均匀场，此时 SF_6 的击穿电压与 15%C_4F_7N-85%CO_2 混合气体相当，而当电极间距较大，电场为不均匀场和极不均匀场时，SF_6 的绝缘强度介于 15%C_4F_7N-85%CO_2

和 20% C_4F_7N-80% CO_2 混合气体之间。

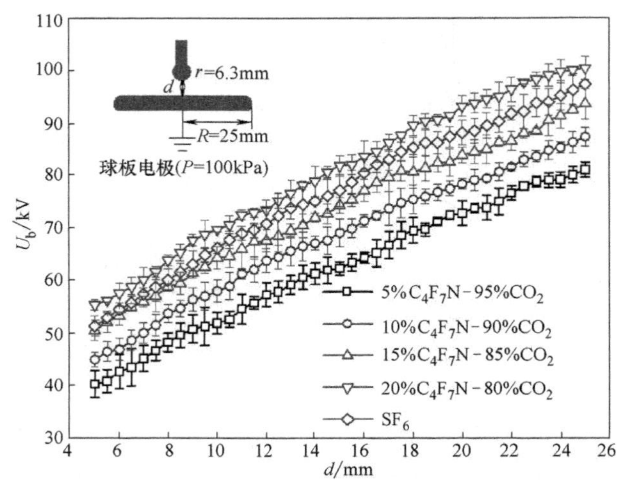

图 3-19 球板电极下的 C_4F_7N-CO_2 混合气体的击穿电压随电极间距的变化曲线

在棒板电极下，不同比例的 C_4F_7N-CO_2 混合气体的工频击穿电压随电极间距的变化曲线如图 3-20 所示。从图 3-20 可以看出，当电极间距较小时，电场不均匀性较低，SF_6 气体的击穿电压低于 20% C_4F_7N-80% CO_2 混合气体；而当电极间距 >14mm 时，电场不均匀系数 $f>6$，此时 SF_6 气体的绝缘强度变得高于实验中所有混合比例下的 C_4F_7N-CO_2 混合气体。另外，当电极间距较大时，不同混合比例下的 C_4F_7N-CO_2 混合气体的击穿电压之间的差别也逐渐减小。造成这一现象的原因是 SF_6 气体的电晕稳定效应强于 C_4F_7N-CO_2 混合气体，从而使得其棒电极前端的电场更加均匀。在棒板电极下，不同比例的 C_4F_7N-CO_2 混合气体的工频击穿电压随充气压力的变化曲线如图 3-21 所示。可以看到，随着充气压力的增大，击穿电压呈

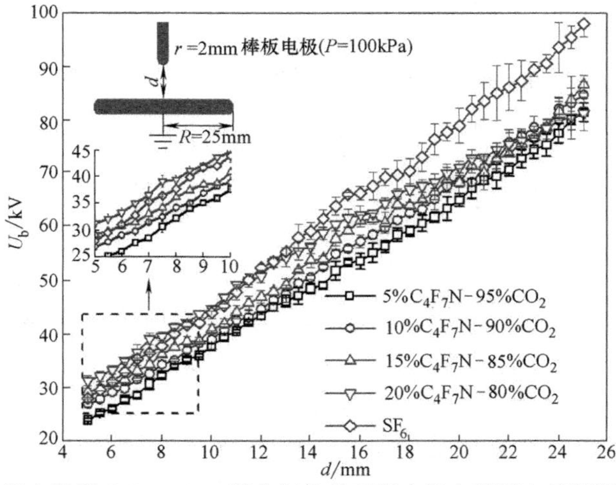

图 3-20 棒板电极下 C_4F_7N-CO_2 混合气体的工频击穿电压随电极间距的变化曲线

现明显的“*N*”形变化，这一现象在 SF_6 和 C_4F_7N 比例较高情况下较为明显。这种不均匀电场下击穿电压随气压升高而呈现的“*N*”形曲线在 SF_6 混合气体及一些其他的电负性气体中也发现过。这是由于在较低气压时，棒电极尖端附近形成电晕放电的区域较大，从而使得电场不均匀情况得到改善，提高了其击穿电压；当气压升高时，电晕区域逐渐减小，电晕稳定效应减弱，从而使得击穿电压随充气压力的提高而降低；当气压进一步提高时，初始电子的形成将直接导致击穿的发生，不存在电晕稳定效应，因而击穿电压随充气压力的提高而增大。这就导致了在棒板电极下，击穿电压随着气压的升高先上升后下降，再上升的“*N*”形变化趋势。

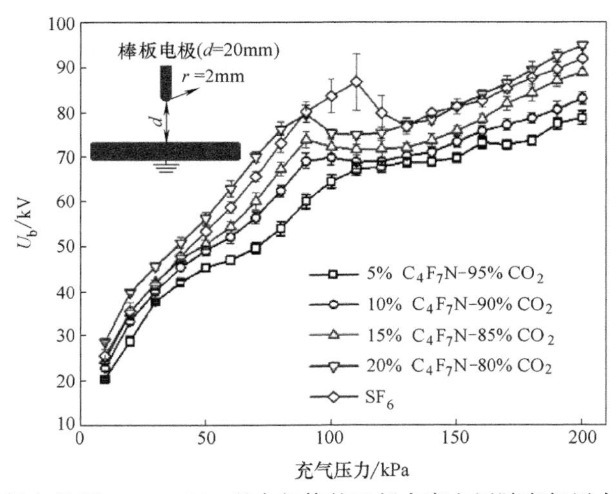

图 3-21 棒板电极下 C_4F_7N-CO_2 混合气体的工频击穿电压随充气压力的变化曲线

为了进一步研究极不均匀电场下 C_4F_7N-CO_2 混合气体的绝缘性能，我们研究了针板电极下的工频击穿特性。在针板电极下，不同比例的 C_4F_7N-CO_2 混合气体的工频击穿电压随充气压力的变化曲线如图 3-22 所示。在针板电极下，电场为极不均匀场，不均匀系数 $f>200$，因而在针尖存在明显的电晕放电现象。当充气压力低于 50kPa 时，SF_6 的击穿电压低于 20% C_4F_7N-80% CO_2 混合气体；而当充气压力高于 50kPa 时，SF_6 的击穿电压高于实验中所有混合比例下的 C_4F_7N-CO_2 混合气体。这是由于针电极附近的 SF_6 气体形成电晕稳定效应，从而提高了其击穿电压。

实际上，我们都知道 SF_6 在均匀电场下具有非常优异的绝缘性能，其击穿强度可以达到空气的三倍。然而在不均匀电场下，SF_6 的绝缘性能将显著下降，甚至低于相同条件下的空气绝缘性能的两倍。从上述实验可以看出，随着电场不均匀程度的增加，C_4F_7N-CO_2 混合气体绝缘性能的下降程度比 SF_6 还要显著，即 C_4F_7N-CO_2 混合气体对电场不均匀度的敏感性更强因此，在采用 C_4F_7N-CO_2 混合气体作为绝缘介质时，更应该合理优化电场分布，避免不均匀电场的出现。

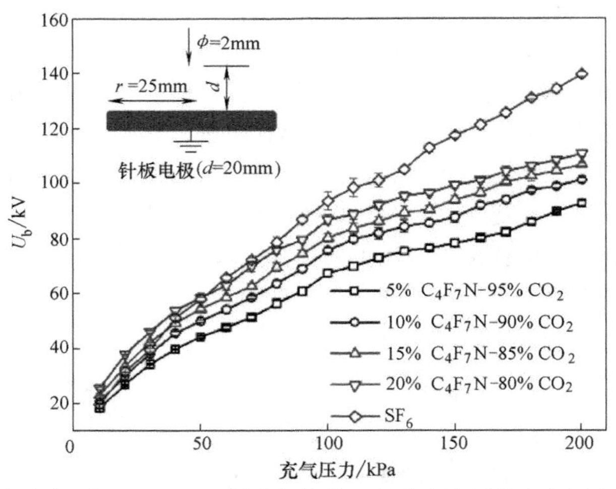

图 3-22　针板电极下 C_4F_7N-CO_2 混合气体的工频击穿电压随充气压力的变化曲线

二、$C_5F_{10}O$ 混合气体在不均匀电场下的击穿特性

1. 雷电冲击电压下的 $C_5F_{10}O$ 混合气体在不均匀电场下的击穿特性

在雷电冲击电压下，$C_5F_{10}O$-空气混合气体在棒板电极下的 50%击穿电压随充气压力的变化曲线如图 3-23 所示。从图 3-23 中可以看出，在实验的气压和间距条件下，$C_5F_{10}O$-空气混合气体的正极性击穿电压高于负极性击穿电压。在负极性和正极性击穿电压下，击穿电压随气压的上升率分别为 75kV/MPa 和 98kV/MPa。

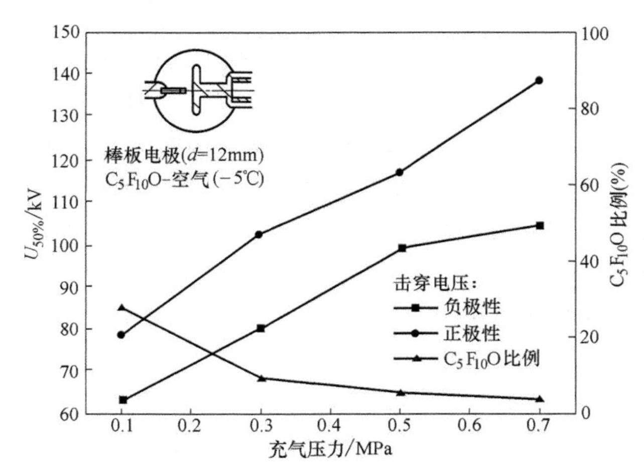

图 3-23　$C_5F_{10}O$-空气混合气体在棒板电极下的 50%击穿电压随充气压力的变化曲线

在雷电冲击电压下，$C_5F_{10}O$-空气混合气体在针板电极下的 50%击穿电压随充气压力的变化曲线如图 3-24 所示。从图 3-24 中可以看出，在实验的气压和电极间

距条件下，$C_5F_{10}O$-空气混合气体的负极性击穿电压明显高于正极性击穿电压。在负极性和正极性击穿电压下，击穿电压随气压的上升率分别为 65kV/MPa 和 5kV/MPa。$C_5F_{10}O$-空气混合气体的正极性 50%击穿电压几乎不随气压变化，而仅在 51kV 附近波动。在负极性雷电冲击电压下，不同气体在针板电极下的 50%击穿电压随充气压力的变化曲线如图 3-25 所示。从图 3-25 中可以看出，C_4F_7N-CO_2 混合气体在该条件下的 50%击穿电压明显高于 $C_5F_{10}O$-空气混合气体。当气压低于 0.21MPa 时，C_4F_7N-CO_2 混合气体的 50%击穿电压高于 SF_6 气体，当气压高于 0.21MPa 时则相反。SF_6 与 $C_5F_{10}O$-空气混合气体的 50%击穿电压随充气压力变化曲线均有一定的上凸现象，表明其击穿电压随充气压力的上升存在一定饱和效应，而 C_4F_7N-CO_2 混合气体则近似呈线性上升。

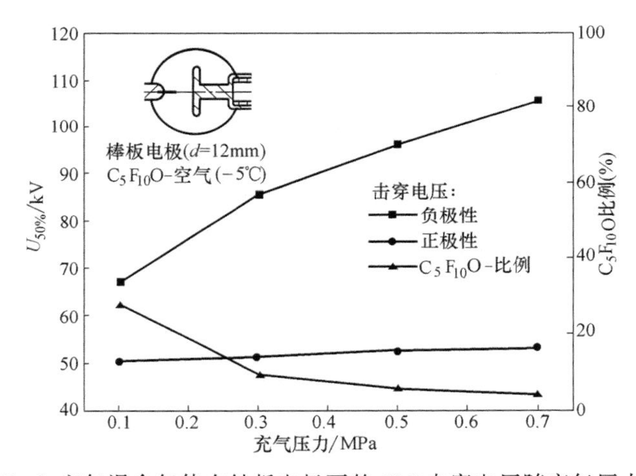

图 3-24　$C_5F_{10}O$-空气混合气体在针板电极下的 50%击穿电压随充气压力的变化曲线

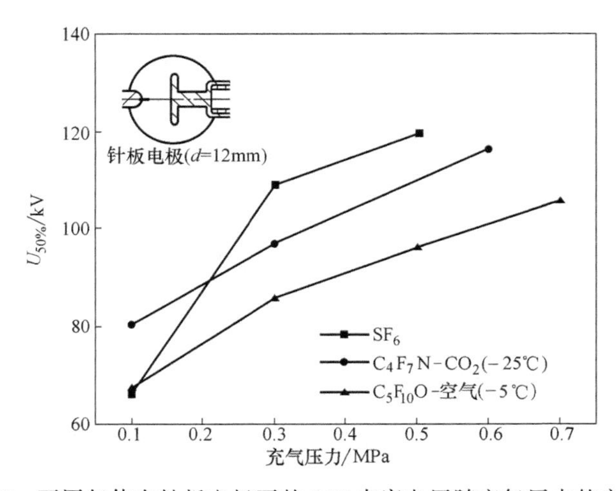

图 3-25　不同气体在针板电极下的 50%击穿电压随充气压力的变化曲线

在雷电冲击电压下，$C_5F_{10}O$-空气混合气体在同轴电极下的50%击穿电压随充气压力的变化曲线如图3-26所示。从图3-26中可以看出，$C_5F_{10}O$-空气混合气体在同轴电极下正负极性雷电冲击过电压下的50%击穿电压曲线存在交点，当气压低于0.45MPa时，正极性击穿电压高于负极性，当气压高于0.45MPa时则相反。正极性下50%击穿电压随充气压力的上升率为187kV/MPa，远低于负极性下50%击穿电压随充气压力的上升率为238kV/MPa。$C_5F_{10}O$-空气混合气体正极性下的50%击穿电压随充气压力的升高存在明显的饱和效应。在负极性雷电冲击电压下，不同气体在同轴电极下的50%击穿电压随充气压力的变化曲线如图3-27所示。从图3-27中可以看出，C_4F_7N-CO_2混合气体在该条件下的50%击穿电压明显高于$C_5F_{10}O$-空气混合气体。当气压低于0.33MPa时，C_4F_7N-CO_2混合气体的50%击穿电压高于SF_6气体，当气压高于0.33MPa时则相反。同轴电极下几种气体得到的

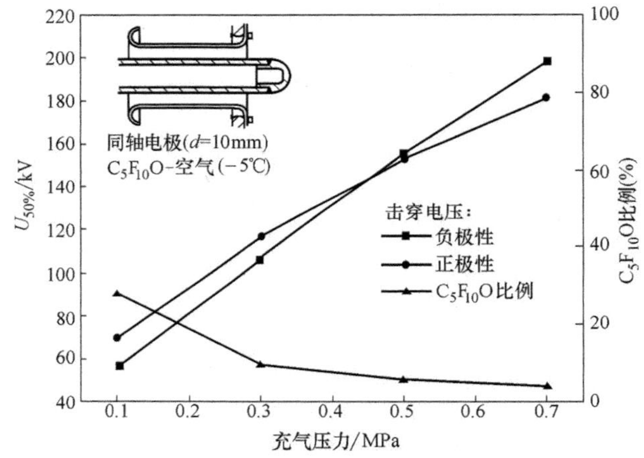

图3-26　$C_5F_{10}O$-空气混合气体在同轴电极下的50%击穿电压随充气压力的变化曲线

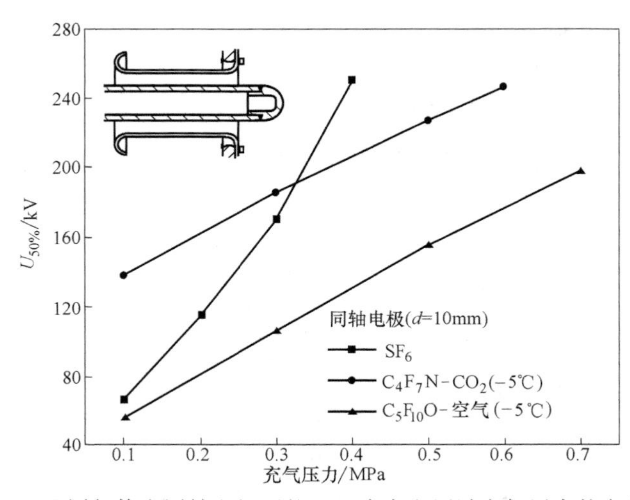

图3-27　不同气体在同轴电极下的50%击穿电压随充气压力的变化曲线

击穿电压随充气压力几乎呈线性上升，且 SF_6 气体的上升率高达 503kV/MPa，远高于其他两种混合气体。

在雷电冲击电压下，$C_5F_{10}O$-空气混合气体在隔离断口电极下的 50%击穿电压随电极间距和充气压力的变化曲线如图 3-28 所示。从图 3-28 中可以看出，$C_5F_{10}O$-空气混合气体在隔离断口电极下正极性 50%击穿电压高于负极性。随着充气压力的上升，$C_5F_{10}O$-空气混合气体 50%击穿电压几乎呈线性上升，正极性和负极性电压下上升率为分别为 335kV/MPa 和 265kV/MPa。在雷电冲击电压下，不同气体在隔离断口电极下的 50%击穿电压随电极间距和充气压力的变化曲线如图 3-29 所示。从图 3-29 中可以看出，0.5MPa 充气压力 C_4F_7N-CO_2 混合气体的 50%击穿电压与 0.4MPa 充气压力下的 SF_6 相当，两者均明显高于 0.6MPa 充气压力下的 $C_5F_{10}O$-空气混合气体。

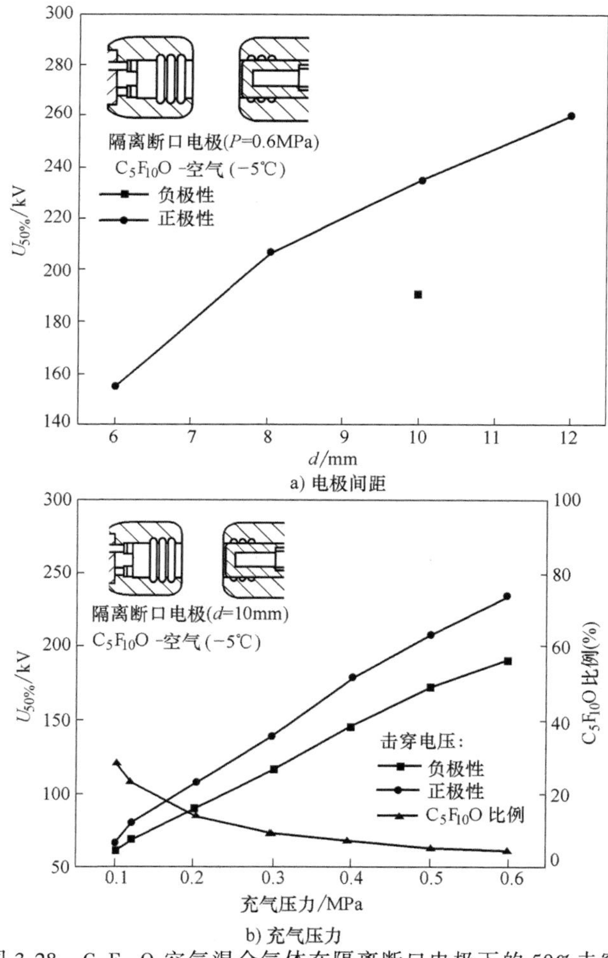

图 3-28　$C_5F_{10}O$-空气混合气体在隔离断口电极下的 50%击穿电压随电极间距和充气压力的变化曲线

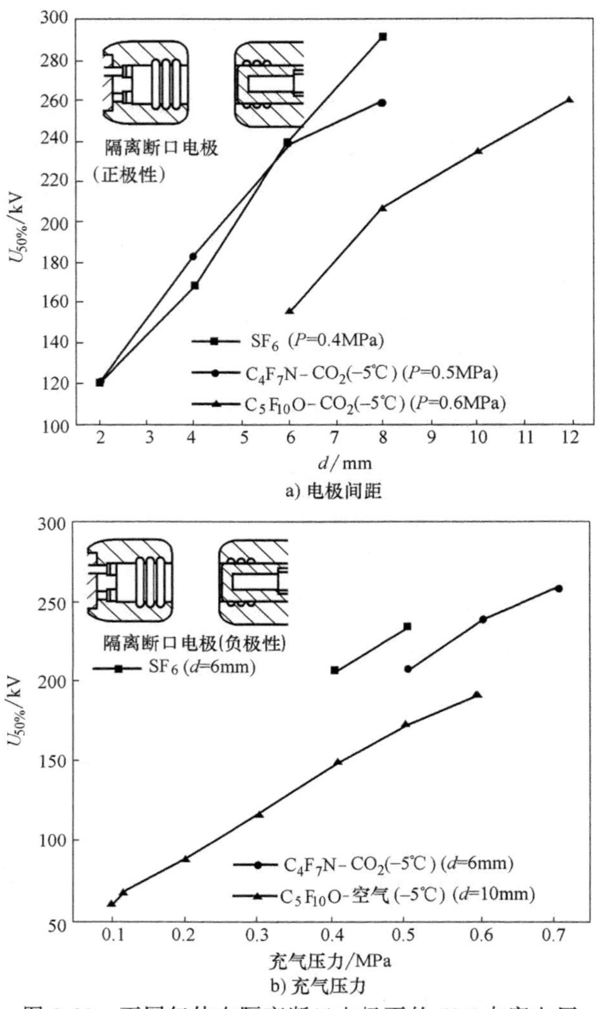

a) 电极间距

b) 充气压力

图 3-29　不同气体在隔离断口电极下的 50%击穿电压随电极间距和充气压力的变化曲线

第五节　新型环保气体的沿面绝缘特性

一、新型环保气体的沿面闪络特性

沿面绝缘性能是高压电器设备设计的关键因素之一。在气体绝缘高压开关电器设备中，由于内部绝缘子闪络引起的事故占总故障案例的30%以上。因此，掌握新型环保气体中绝缘子的沿面闪络特性对于研发环保型电器设备具有重要的指导意义。

目前，针对 C_4F_7N、$C_5F_{10}O$ 等新型环保气体沿面闪络特性的报道较少，西安交通大学丁卫东课题组对 C_4F_7N-CO_2 混合气体中绝缘子在工频和雷电冲击电压下的沿面闪络特性做了研究。实验采用罗戈夫斯基型板-板电极结构，电极直径为86mm。电极中心为60mm直径范围内的电场不均匀系数接近1，为标准的强切向均匀电场。被测试样为环氧树脂浇注成的圆柱形绝缘子，直径为15mm。

在 CO_2、9% C_4F_7N-91% CO_2 混合气体以及 SF_6 的环境中，长度为20mm的工频间隙击穿场强与相同长度下的绝缘子沿面闪络场强随气压的变化关系如图3-30所示。可以看出，在均匀电场中，绝缘子沿面闪络场强均低于相同长度的间隙击穿场强。随着气压的升高，所有气体的间隙击穿场强均线性上升。CO_2 中绝缘子沿面闪络场强也近似线性增长，而在 SF_6 和 9% C_4F_7N-91% CO_2 混合气体中，绝缘子沿面闪络场强随气压增大的斜率逐渐降低，沿面闪络场强与间隙击穿场强的差距增大。在0.4MPa的9% C_4F_7N-91% CO_2 混合气体中，沿面闪络场强比间隙击穿场强低2.7kV/mm。

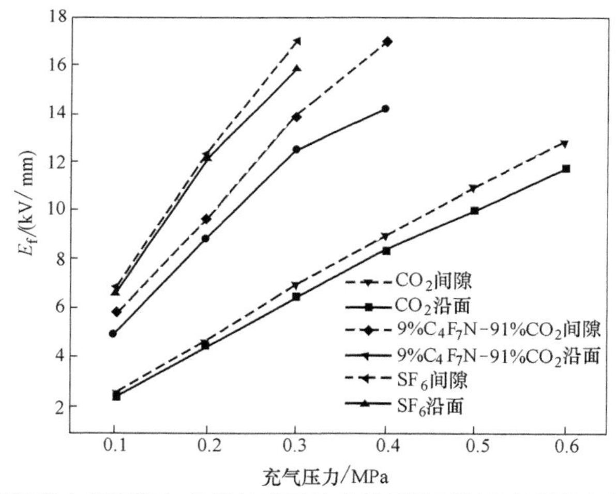

图3-30　工频间隙击穿场强与相同长度下的绝缘子沿面闪络场强随气压的变化关系

绝缘子长度为10mm和20mm时，工频沿面闪络场强随 C_4F_7N 摩尔百分比的变化关系如图3-31所示。从图3-31a中可以看出，在0.1MPa下，纯 CO_2 气体中绝缘子的沿面闪络场强为2.7kV/mm，相当于 SF_6 中的36%；加入5%的 C_4F_7N 气体，其沿面闪络场强变为 SF_6 的70%；当 C_4F_7N 的摩尔百分比达到13%时，其沿面闪络场强达到 SF_6 的92%。然而，从图3-31a和图3-31b中均可以看出，C_4F_7N-CO_2 混合气体的沿面绝缘强度并非随着 C_4F_7N 的摩尔百分比线性变化，而是随着 C_4F_7N 含量的增大呈现明显的饱和趋势。而且，这种饱和趋势随着气压的增大和间隙距离的增大变得尤为明显。

在负极性雷电冲击下，不同含量的 C_4F_7N-CO_2 混合气体的50%间隙击穿电压与50%沿面闪络电压随气压的变化曲线如图3-32所示。通过实验发现，相同条件

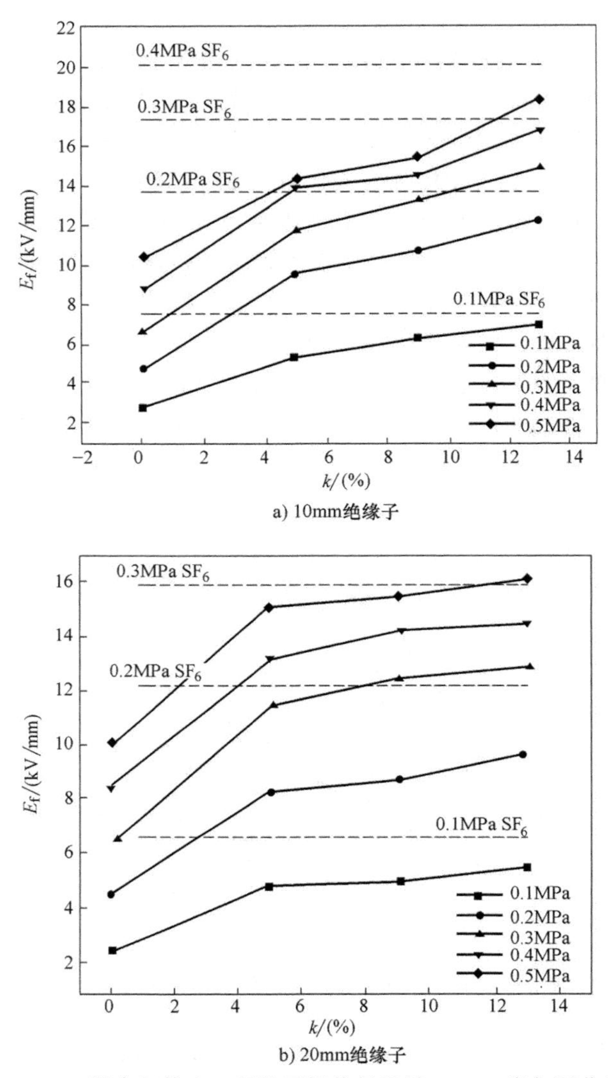

图 3-31　C_4F_7N-CO_2 混合气体中工频沿面闪络场强随 C_4F_7N 摩尔百分比的变化关系

下 SF_6 的 50%沿面闪络电压均高于含量 13%的 C_4F_7N-CO_2 混合气体。表 3-6 汇总了相同条件下，C_4F_7N-CO_2 混合气体的 50%沿面闪络电压与 SF_6 的 50%沿面闪络电压之比。可以看出，不同配比的混合气体在正负极性雷电冲击下的相对沿面闪络强度相差不大，并且增大气压不会明显改变混合气体的相对绝缘性能。其中 5% C_4F_7N-95%CO_2 混合气体相对沿面闪络强度为 SF_6 的 70%以上；9%C_4F_7N-91%CO_2 混合气体的相对绝缘强度为 SF_6 的 80%以上；13%C_4F_7N-87%CO_2 的相对绝缘强度为 SF_6 的 90%以上。这与均匀间隙下 C_4F_7N-CO_2 混合气体的相对绝缘强度基本一致。

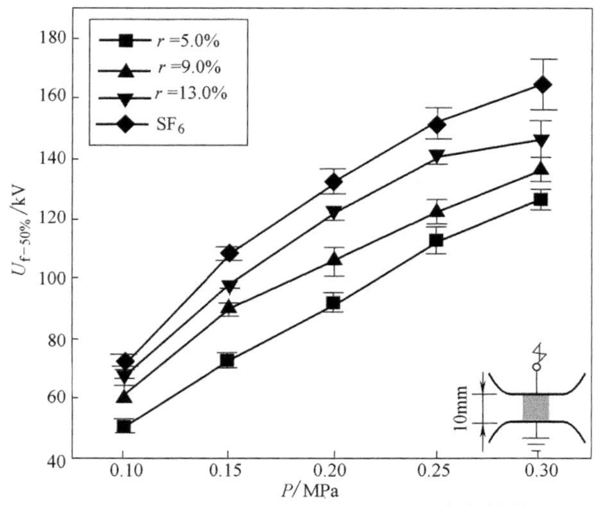

图 3-32 不同含量的 C_4F_7N-CO_2 混合气体的
50%沿面闪络电压随气压的变化规律

表 3-6 C_4F_7N-CO_2 混合气体的 50%沿面闪络电压与 SF_6 的 50%沿面闪络电压之比

气压/MPa	5% C_4F_7N 时的相对沿面闪络强度		9% C_4F_7N 时的相对沿面闪络强度		13% C_4F_7N 时的相对沿面闪络强度	
	LI(-)	LI(+)	LI(-)	LI(+)	LI(-)	LI(+)
0.1	0.71	0.76	0.85	0.86	0.99	0.97
0.15	0.67	0.68	0.83	0.78	0.91	0.89
0.2	0.70	0.71	0.78	0.82	0.93	0.90
0.25	0.74	0.74	0.81	0.73	0.93	0.92
0.3	0.77	0.77	0.82	0.78	0.95	0.92
平均值	0.72	0.74	0.82	0.80	0.94	0.92

二、直流电压下新型环保气体中的气固界面电荷积聚特性

直流气体绝缘输电线路 GIL 或气体绝缘金属全封闭开关设备 GIS 在运行过程中，绝缘子在长期承受单极性直流电场作用下表面会积聚电荷，这些积聚的电荷将导致绝缘子表面局部电场畸变，大大降低了直流气体绝缘设备的绝缘水平。面向新型环保气体在未来直流设备中的应用，需要了解新型环保气体中绝缘子在直流电场下的表面电荷积聚特性。

建立图 3-33 所示的直流 GIL 表面电荷测量装置，采用静电探头法对 CO_2、C_4F_7N-CO_2 混合气体以及 SF_6 中圆锥形绝缘子的表面电荷进行了测量。在+20kV 直流电压作用下，不同气体中绝缘子表面电荷分布随时间变化的结果如图 3-34 所示。可以看到，正电荷积聚在绝缘子表面占主导地位，电荷密度约为 $10^{-6}C/m^2$ 数量级，电荷密度随着时间的增加而明显增加。与纯 CO_2 相比，在 CO_2 中加入 5%的 C_4F_7N，甚至 15%的 C_4F_7N，对于绝缘子表面电荷的积聚并没有明显的抑制作用。这与均匀电

场下 C_4F_7N-CO_2 混合气体的击穿特性表现出明显的差异，在均匀电场下 5%C_4F_7N-CO_2 混合气体的击穿电压可以达到纯 CO_2 击穿电压的两倍以上。

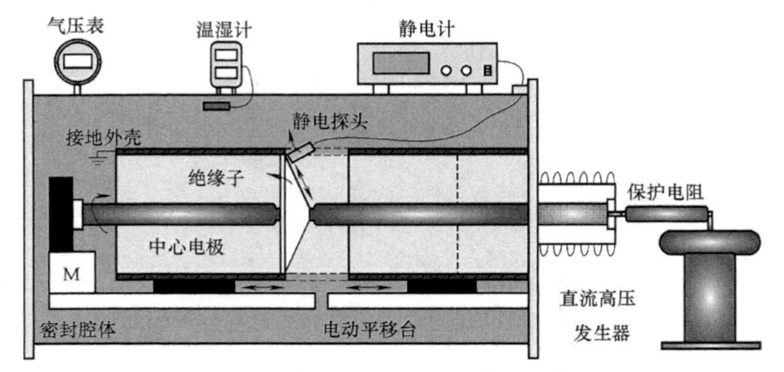

图 3-33　直流的 GIL 表面电荷测量装置

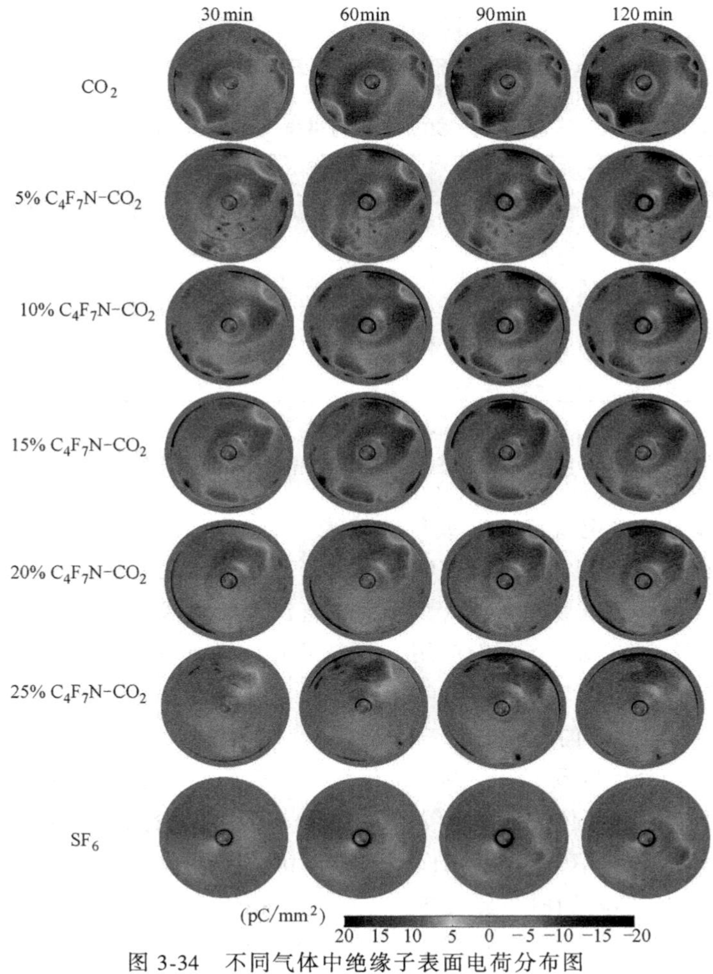

图 3-34　不同气体中绝缘子表面电荷分布图

随着 C_4F_7N 含量的增加，C_4F_7N-CO_2 混合气体中绝缘子表面的电荷密度越来越小。当 C_4F_7N 含量达到 20%~25%时，C_4F_7N-CO_2 混合气体中绝缘子表面电荷密度远小于纯 CO_2，但仍然明显大于 SF_6 中测得的表面电荷密度。SF_6 中绝缘子表面电荷总体分布较均匀，特别是在绝缘子的法兰附近，正负电荷斑几乎消失。通过本章第二节中对 C_4F_7N-CO_2 混合气体击穿场强的测量，可以得出均匀电场下 15% C_4F_7N-CO_2 混合气体与纯 SF_6 的介电强度大致相当。然而，当 C_4F_7N 含量达到 20%~25%时，C_4F_7N-CO_2 混合气体中表面电荷密度仍明显高于 SF_6。由于绝缘子表面电荷与电极和法兰附近局部高场强区域的微放电有关，因此该实验现象可能与 C_4F_7N-CO_2 混合气体对电场不均匀度的敏感性强于 SF_6 有关。C_4F_7N-CO_2 混合气体更易在绝缘子局部缺陷或电极表面毛刺下产生局部放电，带电粒子迁移到绝缘子表面形成电荷积聚。由于表面电荷积聚现象十分复杂，不仅与气体性质相关，还与固体性质以及气体与固体的相互作用相关，因此直流电压下新型环保气体中绝缘子表面电荷的积聚现象仍需进一步研究。

第六节　新型环保混合气体的放电分解产物

本节将讨论局部放电和工频放电击穿两种放电故障下新型环保气体的分解产物。

本实验所搭建的新型环保气体放电模拟实验平台如图 3-35 所示，该平台由放电腔体（带数字压力表）、真空泵、工频实验变压器、局部放电检测仪、循环气泵系统和气体组分检测仪器（气相色谱质谱联用仪）组成。其中，真空泵用于排出腔体内的空气以及换气；工频实验变压器提供加在电极上的电压；局部放电检测仪通过接收耦合电容和检测阻抗上的脉冲电流信号实现局部放电量的测量；循环气泵系统用于循环整个主气路中的气体，并起到使新型环保气体与缓冲气体均匀混合的作用，同时将被测气体送入气相色谱仪中；气体组分检测系统用于检测混合气体分

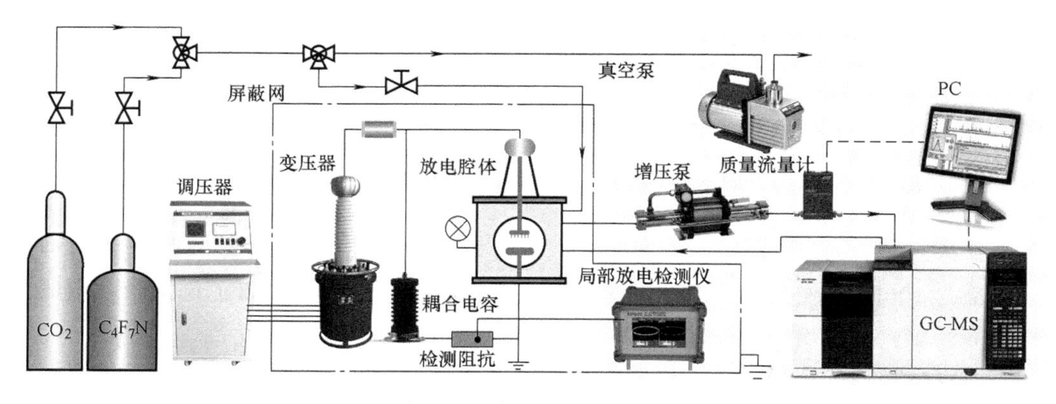

图 3-35　放电模拟实验平台

解组分类型和浓度。放电腔体气室采用耐腐蚀的304不锈钢加工而成，气室容积约为15L，最高耐受气压值为0.6MPa，气相色谱质谱联用仪，采用六通阀定量环进样，定量环容量为250μL。色谱柱为Agilent GS-GasPro（30m×0.32mm×0μm），选用纯度大于99.999%的氦气作为载气，检测方法与热分解完全一致。

一、C_4F_7N-CO_2混合气体的工频放电分解产物

在实验时，充气压力为0.3MPa，C_4F_7N含量为13.3%，CO_2含量为86.7%，针电极直径为6mm，长为62mm，针尖部分长为10mm，曲率半径为0.25mm；板电极平板部分直径为40mm，厚度为20mm；针板电极间距为10mm。初始击穿电压约为35kV，击穿2300次后检测得到的色谱图如图3-36所示。

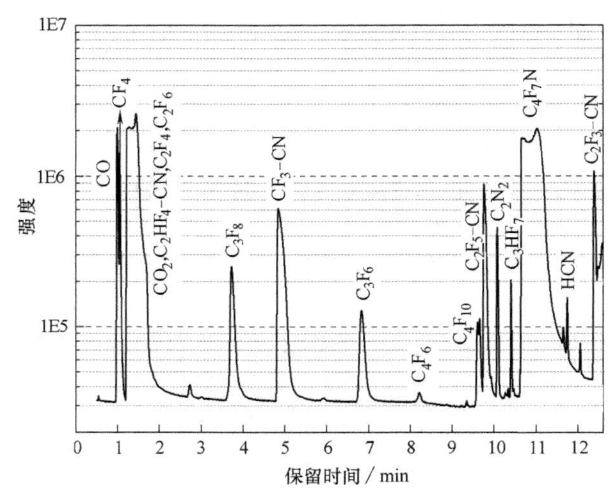

图3-36　腔体压力为0.3MPa，C_4F_7N含量为13.3%，CO_2含量为86.7%，工频击穿2300次后的色谱图

通过全扫描和选择离子扫描的方法对以上产物进行分析。通过对比美国标准质谱库（NIST），发现工频击穿2300次后C_4F_7N-CO_2混合气体的主要产物有CO、CF_4、C_2F_4、C_2F_6、C_2HF_4-CN、C_3F_8、CF_3-CN、C_3F_6、C_4F_6、C_4F_{10}、C_2F_5-CN、C_2N_2、HCN、C_2F_3-CN，部分物质具有毒性。

二、C_4F_7N-CO_2混合气体局部放电分解产物

在实验时，充气压力为0.1MPa，C_4F_7N含量为4%，CO_2含量为96%，局部放电量为100pC，放电时间72h后的混合气体色谱图（图中标注出了色谱峰对应的物质的名称）如图3-37所示。

通过全扫描和选择离子扫描的方法对以上产物分析，其中各物质对应的保留时间如下：CO为1.42min、CF_4为1.52min、C_3F_8为3.45min、CF_3CN为3.75min、

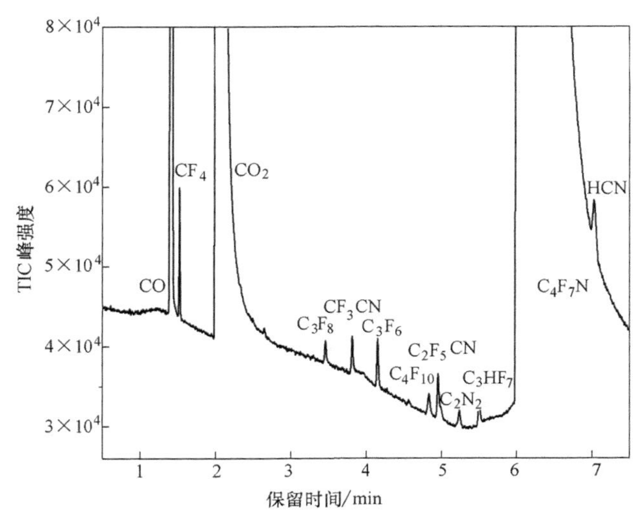

图 3-37　0.1MPa、100pC、72h 局放条件下的 $4\%C_4F_7N$-$96\%CO_2$ 的色谱图

C_3F_6 为 4.15min、C_4F_{10} 为 4.83min、C_2F_5CN 为 4.95min、C_2N_2 为 5.20min、C_3HF_7 为 5.50min 和 HCN 为 7.00min。

图 3-38 给出了 0.15MPa 下，$10\%C_4F_7N$-$90\%CO_2$ 混合气体在局部放电条件下的主要分解气体的峰面积随时间和局放量的变化趋势。从图 3-38 可以看出，随着局部放电时间的增加各分解产物含量均随之增加，且并未出现饱和趋势，说明在该实验条件下，C_4F_7N-CO_2 混合气体在局部放电下的分解较为缓慢。图 3-39 给出了 100pC 局部放电下，$10\%C_4F_7N$-$90\%CO_2$ 混合气体主要分解产物的峰面积随时间和气压的变化趋势，随着气压的升高各分解产物含量明显降低，说明气压越高分解反应更难发生，高气压下混合气体具有更高的稳定性。

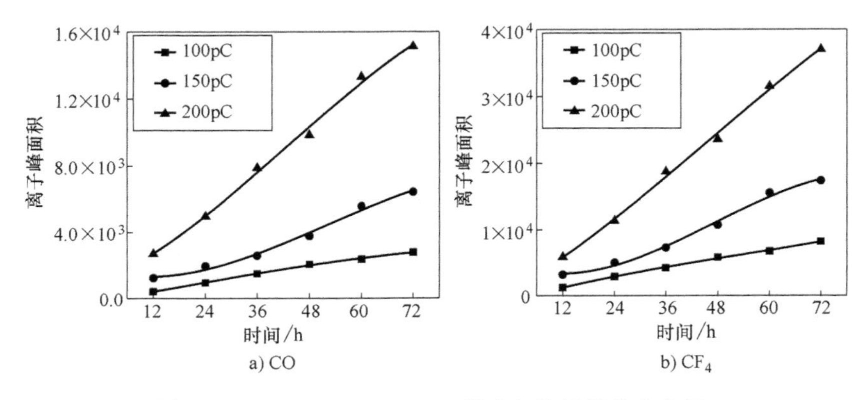

图 3-38　$10\%C_4F_7N$-$90\%CO_2$ 混合气体局部放电分解气体的峰面积和局放量的变化趋势

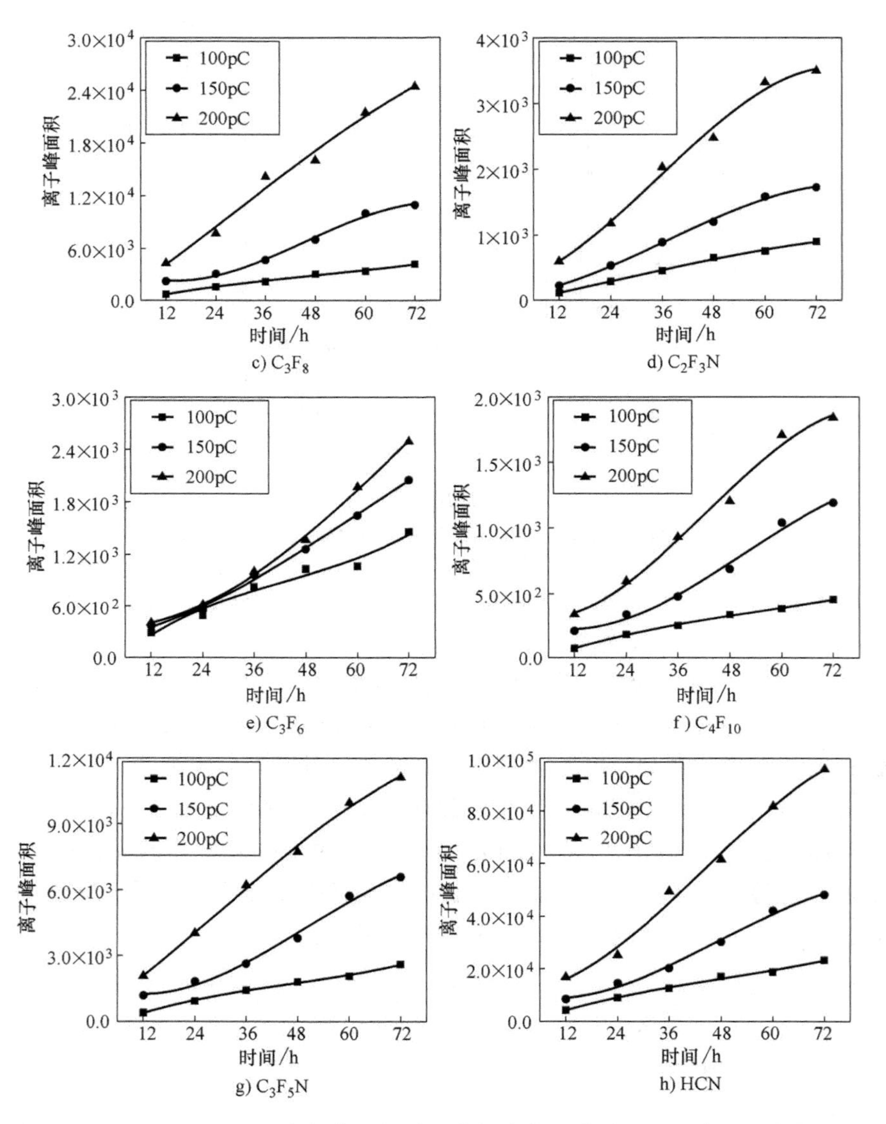

图 3-38　10%C_4F_7N-90%CO_2 混合气体局部放电分解产物的峰面积和局放量的变化趋势（续）

结合第二章第三节中 C_4F_7N-CO_2 混合气体过热条件下的分解产物，对比了这两种条件下分解产物之间的差异，可以提出可能适合于区分这两种工况下的特征分解产物。

可以看出不同工况下的分解产物主要由饱和氟代烃（CF_4、C_2F_6、C_3F_8、C_4F_{10}）、不饱和氟代烃（C_2F_4、C_3F_6、C_4F_8、i-C_4F_8）以及腈类化合物和氰化物（C_2F_3N、C_3F_5N、C_2N_2、HCN）组成。

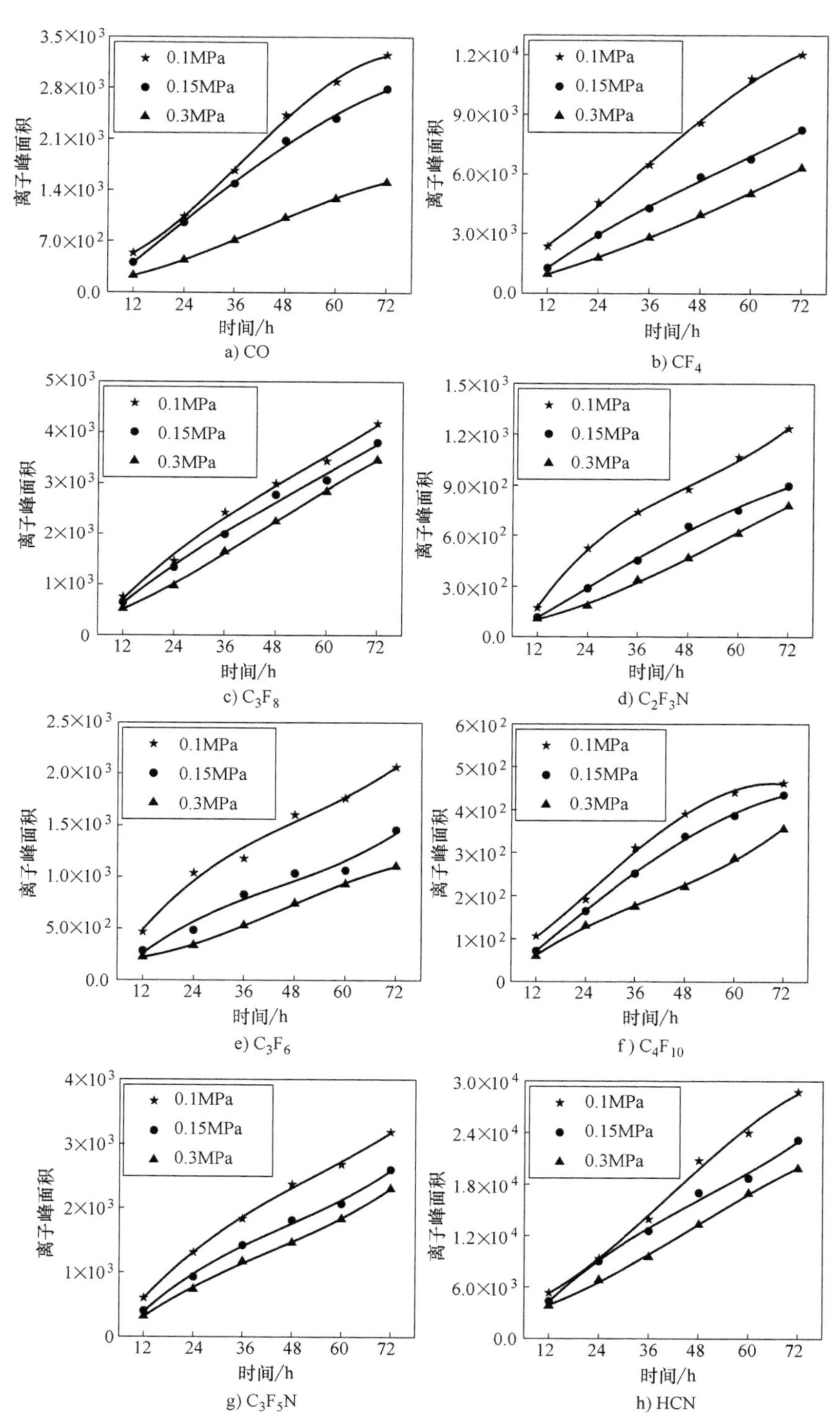

a) CO

b) CF_4

c) C_3F_8

d) C_2F_3N

e) C_3F_6

f) C_4F_{10}

g) C_3F_5N

h) HCN

图 3-39　10%C_4F_7N-90%CO_2 混合气体主要局部放电主要分解产物的峰面积随时间和气压的变化趋势

在局部过热故障工况下，分解产物的类型与过热温度也有着一定关系，因此不能以单一分解产物作为判断依据，需要综合考虑不同温度下的实验结果。结合图 2-28、图 2-29、图 2-30 中不同温度下的局部过热分解色谱图，在 500℃下，发现区别于其他故障工况的特征产物 C_4F_8；温度升高除分解剧烈外，700℃下在生成 C_4F_8 基础上又生成了 C_4F_8 的同分异构体 i-C_4F_8，因此 C_4F_8 和 i-C_4F_8 可作为局部过热的特征产物，同时 i-C_4F_8 可以判别 C_4F_7N-CO_2 混合气体在局部过热故障下故障温度的严重程度。在局部放电工况下，相比于过热工况，不同的分解产物为 HCN，HCN 的生成可能是杂质 C_3HF_7 和 C_4F_7N 在局部放电环境下分解生成，因此 HCN 可作为局部放电的特征分解产物。

与热分解相比，局部放电下气体分子的分解较为复杂，在高能电子的作用下，气体分子发生碰撞电离形成大量正负离子，正负离子的复合形成最终的分解产物。Ranković M 等人进行了在电子作用下的 C_4F_7N 电离动力学实验，并采用分子动力学模拟理论分析研究了 C_4F_7N 电离过程。C_4F_7N 的电离及吸附过程反应路径见表 3-7。伴随着电离及吸附过程，正负离子之间的复合过程也会形成稳定产物，如 ${CF_3}^+$和 CN^-复合形成 C_2F_3N，${C_3F_7}^+$和 F^-复合形成 C_3F_8，${C_3F_7}^+$和 ${CF_3}^-$复合形成 C_4F_{10} 等。但是由于 C_4F_7N 分子中的 CN 基团和 F 原子具有很强的电负性，C_4F_7N 气体分子很容易捕获环境中的电子形成负离子，从而阻碍气体电离过程的形成和发展。另外，由于 C_4F_7N 分子体积较大，气体中自由电子的平均自由程会缩短。C_4F_7N 分子的电离能相对较高（与 SF_6 相当）。此外，极化过程增加了自由电子的能量损失，进一步削弱了自由电子的碰撞电离能力。

表 3-7　C_4F_7N 的电离及吸附过程反应路径

电离过程反应路径	吸附过程反应路径
$C_4F_7N \rightarrow C_4F_7N^+ + e$	$C_4F_7N + e \rightarrow C_4F_7N^-$
$C_4F_7N^+ \rightarrow C_3F_4N + CF_3^+$	$C_4F_7N + e \rightarrow C_3F_4N + CF_3^-$
${CF_3}^+ \rightarrow F_2 + CF^+$	${CF_3}^- \rightarrow F_2 + CF^-$
$C_4F_7N^+ \rightarrow C_3F_5N + F + CF^+$	$C_4F_7N^- \rightarrow C_3F_5N + F + CF^-$
$C_4F_7N^+ \rightarrow C_3F_4N^+ + CF_3$	$C_4F_7N^- \rightarrow C_3F_4N^- + CF_3$
$C_4F_7N^+ \rightarrow C_4F_6N^+ + F$	$C_4F_7N^- \rightarrow C_4F_6N^- + F$
$C_4F_7N^+ \rightarrow C_3F_3N^+ + CF_4$	$C_4F_7N^- \rightarrow C_3F_3N^- + CF_4$
$C_4F_7N^+ \rightarrow {C_3F_7}^+ + CN$ 等	$C_4F_7N^- \rightarrow C_3F_7^- + CN$ 等

三、$C_5F_{10}O$-空气混合气体局部放电分解

实验腔体压力为 0.1MPa、$C_5F_{10}O$ 含量为 10%、空气含量为 90%，局部放电量为 100pC，放电 24h 后检测的混合气体色谱图如图 3-40 所示。

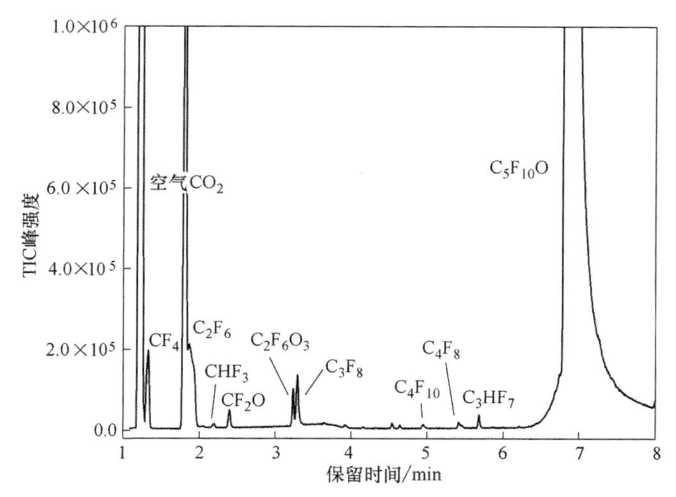

图 3-40　0.1MPa、100pC、24h 局放条件下的 10%$C_5F_{10}O$-90%空气的色谱图

通过全扫描和选择离子扫描的方法对以上产物进行分析，其中各物质对应的保留时间如下：空气为 1.220min、CF_4 为 1.366min、CO_2 为 1.78min、C_2F_6 为 1.86min、CHF_3 为 2.22min、CF_2O 为 2.43min、$C_2F_6O_3$ 为 3.225min、C_3F_8 为 3.34min、C_4F_{10} 为 4.885min、C_3HF_7 为 5.76min、C_4F_8 为 5.429min 和 $C_5F_{10}O$ 为 6.97min。

第七节　小　　结

本章针对 C_4F_7N、$C_5F_{10}O$ 等新型环保气体及其与 CO_2、空气等缓冲气体的混合气体的基础绝缘性能进行了系统的实验研究，对不同电压和不同电极条件下适用于电力设备的气体配比方案下的绝缘性能进行了分析，并对新型环保气体中的沿面绝缘性能、直流电压下气固界面的电荷积聚特性、放电情况下的分解产物等内容进行了分析和讨论。得出的结论如下：

1）基于安托万方程与气液平衡基本定律结合的方法，对常见气体、PFK 和 PFN 类气体、HFO 类气体、PFC 类气体、HFC 类气体这几类 SF_6 替代气体及其与 CO_2 混合气体的饱和蒸气压进行了计算，获得了各种 SF_6 替代气体在不同温度、充气压力下适用的混合比例，为新型环保气体在不同电力设备中应用时的组配方案提供了基础。

2）在雷电冲击过电压下，采用升降压法开展了 C_4F_7N-CO_2、$C_5F_{10}O$-CO_2 以及 $C_5F_{10}O$-空气混合气体在板板、棒板、针板、同轴以及隔离断口电极下的间隙击穿实验，实验结果表明：C_4F_7N-CO_2 混合气体在-25℃液化温度和 0.6MPa 充气压力下的绝缘强度可达到 0.4MPa 充气压力下 SF_6 气体的 95%以上。对于 $C_5F_{10}O$ 混合气体，在-5℃液化温度和 0.1MPa 充气压力下的绝缘强度高于相同压力下的 SF_6

气体。

3）在工频电压下，开展了不同比例下的 C_4F_7N-CO_2 在板板、球板、棒板以及针板电极下的间隙击穿实验。实验结果表明：在均匀电场下，SF_6 气体的绝缘强度介于 10%C_4F_7N-90%CO_2 和 15%C_4F_7N-85%CO_2 混合气体之间；在不均匀电场下，受到电晕稳定效应的影响，SF_6 气体在气压较高、电极间距较大情况下的绝缘强度高于 20%C_4F_7N-80%CO_2 混合气体，所以 C_4F_7N-CO_2 混合气体对电场不均匀度的敏感性高于 SF_6 气体。

4）在工频和雷电冲击电压下，对 C_4F_7N-CO_2 中绝缘子沿面闪络电压进行了实验测量。在雷电冲击电压下，5%C_4F_7N-95%CO_2 混合气体相对沿面闪络强度为 SF_6 的 70%以上；9%C_4F_7N-91%CO_2 混合气体的相对绝缘强度为 SF_6 的 80%以上；13%C_4F_7N-87%CO_2 的相对绝缘强度为 SF_6 的 90%以上，这与均匀间隙下 C_4F_7N-CO_2 混合气体的相对绝缘强度基本一致。

5）在直流电压下，C_4F_7N-CO_2 混合气体中绝缘子表面会积聚大量电荷。随着 C_4F_7N 含量的增加，C_4F_7N-CO_2 混合气体中绝缘子表面的电荷密度越来越小。当 C_4F_7N 含量达到 20%~25%时，C_4F_7N-CO_2 混合气体中绝缘子表面电荷密度远小于纯 CO_2，但仍然显著大于 SF_6 中测得的表面电荷密度。该实验现象可能与 C_4F_7N-CO_2 混合气体对电场不均匀度的敏感性强于 SF_6 有关。

6）C_4F_7N-CO_2 混合气体放电击穿下的主要产物有 CO、CF_4、C_2F_4、C_2F_6、C_2HF_4CN、C_3F_8、CF_3CN、C_3F_6、C_4F_6、C_4F_{10}、C_2F_5CN、C_2N_2、HCN、C_2F_3CN。$C_5F_{10}O$-空气混合气体局部放电分解产物有 CF_4、CO_2、C_2F_6、CHF_3、CF_2O、C_3F_8、C_4F_{10}、C_4F_8。

第四章　新型环保混合气体的燃弧特性及灭弧性能

第一节　概　　述

环保气体在隔离/接地开关、负荷开关及断路器中应用时，均涉及气体的燃弧与灭弧过程，电弧开断是一个多物理场耦合的复杂过程，精确的物性参数是建立可靠的电弧模型的先决条件。本章针对 C_4F_7N、$C_5F_{10}O$ 混合气体等新型环保气体作为灭弧介质应用时的燃弧特性及灭弧性能展开讨论，首先详细介绍 C_4F_7N、$C_5F_{10}O$ 及其与 CO_2、空气等混合气体电弧等离子体的化学组成、热动属性（质量密度、比焓、比热）和输运参数（电导率、热导率、黏性系数）等物性参数，分析了不同因素对新型环保气体电弧物性参数的影响，为电弧燃弧特性和灭弧性能的仿真分析提供基础数据；其次，通过对比 C_4F_7N、$C_5F_{10}O$ 混合气体与 SF_6 各物性参数的异同，从微观层面讨论了新型环保气体作为灭弧介质的可行性；最后，通过电弧磁流体动力学仿真和电弧开断实验，分别从电弧燃弧和零区阶段的能量耗散性质来讨论新型环保气体的灭弧性能，并进一步探讨了气体物性参数与灭弧性能的关系。本章内容有助于加深对不同气体电弧特性与灭弧性能及其机理的理解，同时为 SF_6 替代气体作为灭弧介质的进一步研究和应用提供依据。

第二节　电弧物性参数的计算方法与模型

高压断路器中开断电流时的电弧行为是多物理场耦合的复杂过程。近几十年来，国内外研究人员大多采用实验手段研究电弧的燃烧及开断等问题，但实验方法成本高昂且周期较长。电弧理论模型的不断完善使得仿真预测电弧特性成为可能，也为电弧的实验测量提供了印证和补充。这其中，精确的物性参数是建立可靠的电弧模型的先决条件。

目前，热态物质物性参数仍难以测量，为了加深对新型环保混合气体电弧等离子体行为的认识，了解电弧内部的微观变化，对其不同温度、不同气压下的等离子体组分，热力学属性及输运特性等进行系统地研究是十分必要的。本章建立了局部热力学平衡态新型环保混合气体电弧等离子体的物性参数模型，在温度（300～

30000K）和压力（0.1~0.8MPa）范围内开展计算，得到了不同条件下的等离子体粒子组成、热力学性质和输运系数，为电弧特性数值仿真提供了必要的输入参数。

长期以来，国内外研究人员将电弧等离子体数值仿真建立在局部热力学平衡（LTE）的假设上。该假设下，粒子满足以下条件：

1）各粒子的动能满足麦克斯韦分布；

2）各粒子满足局部化学平衡，即其数密度分布服从质量作用定律；

3）各粒子基态和激发态的分布满足玻尔兹曼方程；

4）各粒子具有统一的温度描述。

一、等离子体组分

计算等离子体组分是求解热力学属性及输运系数的第一步。本节的计算均建立在局部热力学平衡假设之上，即电子和重粒子具有相同的统计温度。因此，等离子体的物性参数仅是温度和压力的函数。

等离子体组分可通过吉布斯自由能最小原理得到。吉布斯自由能 G 可用来判断恒温恒压下反应过程的方向和限度。假设等离子体系统中有 N 种粒子，其吉布斯自由能可表示为

$$G = \sum_{i=1}^{N} n_i \mu_i \tag{4-1}$$

式中 n_i——粒子 i 的粒子数密度（m^{-3}）；

μ_i——粒子 i 的化学势（$J \cdot mol^{-1}$）。

其中，对于所考虑的等离子体中气相物质，其化学势为

$$\mu_i = \mu_i^0 + RT\ln\left(n_i \Big/ \sum_{j=1}^{N} n_j\right) + RT\ln(P/p^0) \tag{4-2}$$

式中 R——理想气体常数（$J \cdot mol^{-1} \cdot K^{-1}$）；

T——温度（K）；

P——总压力（Pa）；

p^0——参考压力（Pa）；

μ_i^0——粒子 i 的标准态化学势（$J \cdot mol^{-1}$）。

最小吉布斯自由能方法求解等离子体粒子组成首要步骤是计算每种粒子的标准吉布斯自由能。给定粒子的标准吉布斯自由能可以通过最小二乘法拟合热力学参数获得的拟合系数计算得到。NIST 数据库中给出了大量中性粒子和带电粒子的拟合系数，但其温度范围较小。粒子的标准吉布斯自由能也可以通过配分函数 Q 计算得到。电弧等离子体的离子组分需满足的条件除上面介绍的吉布斯自由能最小以外，还需满足准电中性条件、化学计量平衡条件、道尔顿分压定律。

等离子体在整体对外显示电中性，即体系中粒子所带正、负电荷数相等：

$$n_e = \sum_i z_i n_i \tag{4-3}$$

式中　n_e——电子数密度（m^{-3}）；

z_i——粒子 i 的电荷数。

等离子体中无论发生何种反应，其反应前后元素的种类和数量都遵循物质守恒：

$$\frac{\sum n_s}{\sum n_p}=C \tag{4-4}$$

式中　n_s——与 s 元素有关的粒子的粒子数密度；

n_p——与 p 元素有关的粒子的粒子数密度。

等离子体中各粒子组分的分压之和等于体系的总压强：

$$P_{total}=P_1+P_2+\cdots+P_n \tag{4-5}$$

式中　P_1，…，P_n——组分 1，2，…，n 的分压；

P_{total}——体系的总压力。

对以上方程进行联立即可找出等离子体体系的吉布斯自由能的最小值。这是应用数学中约束优化的典型问题。为了方便求解，通常采用拉格朗日乘数将约束优化问题转换为无约束的问题，然后应用牛顿-拉夫逊迭代法求解等离子体粒子组成。

二、热力学性质

在求得电弧等离子体各种粒子的配分函数和组分之后，运用标准的热力学关系即可直接求得各种热力学参数。

1）质量密度

$$\rho=\sum_i n_i m_i \tag{4-6}$$

式中　ρ——等离子体的质量密度（$kg\cdot m^{-3}$）；

n_i——粒子 i 的粒子数密度（m^{-3}）；

m_i——粒子 i 的粒子质量（kg）。

2）焓值

$$h=\frac{1}{\rho}\sum_i\left[\frac{5}{2}kT+kT^2\frac{\partial(\ln Q_{\text{int},i})}{\partial T}+\Delta H_{f.i}\right] \tag{4-7}$$

式中　k——玻尔兹曼常数；

T——温度（K）；

$\Delta H_{f.i}$——粒子 i 的生成焓（$J\cdot kg^{-1}$）。

3）定压比热容

$$C_p=\left.\frac{\partial h}{\partial T}\right|_P \tag{4-8}$$

式中　C_p——系统的定压比热容（$J\cdot kg^{-1}\cdot K^{-1}$）。

三、输运系数

在等离子体中，粒子通过碰撞相互作用。混合等离子体的速度分布函数的变化可由 Boltzmann 方程描述，又由于等离子体的宏观性质（温度、压力、速度、浓度等）通量可以由粒子的速度分布函数决定，因而输运系数可以通过求解 Boltzmann 方程求解。然而，即使在非常简单的理想气体情况下，Boltzmann 方程的求解相当复杂，因为它是一个非线性积分微分方程。为了简化计算，Chapman-Enskog 方法被开发出来并且被广泛用于计算混合等离子体的输运系数。在 Chapman-Enskog 方法中使用了引入一阶微小扰动的麦克斯韦分布函数，Boltzmann 方程的解通常表示为 Sonine 多项式展开式，从而产生一个线性方程组，该方程组可以适当地求解以获得不同的输运特性。遵循 Devoto 的方法，将电子和重粒子完全解耦，并使用三阶近似计算电子的电导率和平动热导率，一阶近似值求取黏性系数，其他性质均使用二阶近似计算。Murphy 和 Arunde Ⅱ 介绍了所用方法的更多细节。

1. 电导率

电导率表征了等离子体中电荷转移的强弱：

$$\sigma=\frac{3e^2}{2}n_e^2\sqrt{\frac{2\pi}{m_e kT}}\frac{\begin{vmatrix} q^{11} & q^{12} \\ q^{12} & q^{22} \end{vmatrix}}{\begin{vmatrix} q^{00} & q^{01} & q^{02} \\ q^{01} & q^{11} & q^{12} \\ q^{02} & q^{12} & q^{22} \end{vmatrix}} \tag{4-9}$$

式中 σ——电导率（$S \cdot m^{-1}$）；

q^{ij}——由粒子的碰撞积分计算得到。

2. 热导率

等离子体中，热导率由平动热导率、反应热导率和内部热导率构成。其中，平动热导率又分为重粒子平动热导率、电子平动热导率，即

$$\kappa_{th}=\kappa_{th}^{e}+\kappa_{th}^{h} \tag{4-10}$$

其中，电子平动热导率为

$$\kappa_{th}^{e}=\frac{75}{8}n_e^2 k\sqrt{\frac{2\pi kT}{m_e}}\frac{q^{22}}{q^{11}q^{22}-(q^{12})^2} \tag{4-11}$$

重粒子平动热导率为

$$\kappa_{tr}^{h}=4\frac{\begin{vmatrix} L_{11} & L & L_{1\nu} & x_1 \\ M & & M & M \\ L_{1\nu} & L & L_{\nu\nu} & x_\nu \\ x_1 & L & x_\nu & 0 \end{vmatrix}}{\begin{vmatrix} L_{11} & L & L_{1\nu} \\ M & & M \\ L_{\nu 1} & L & L_{\nu\nu} \end{vmatrix}} \tag{4-12}$$

$$L_{ii} = -4\frac{x_i}{k_{ii}} - \sum_{k=1,k\neq i}^{\nu}\frac{2x_i x_k\left(\frac{15}{2}M_i^2 + \frac{25}{4}M_k^2 - 3B_{ik}^*M_k^2 + 4A_{ik}^*M_iM_k\right)}{k_{ik}A_{ik}^*(M_i+M_k)^2} \tag{4-13}$$

$$L_{ij} = \frac{2x_i x_j M_i M_j}{k_{ij}A_{ij}^*(M_i+M_j)^2}\left(\frac{55}{4} - 3B_{ij}^* - 4A_{ij}^*\right) \tag{4-14}$$

$$A_{ij}^* = \frac{\overline{\Omega}_{ij}^{(2,2)}}{\overline{\Omega}_{ij}^{(1,1)}} \tag{4-15}$$

$$B_{ij}^* = \frac{5\overline{\Omega}_{ij}^{(1,2)} - 4\overline{\Omega}_{ij}^{(1,3)}}{\overline{\Omega}_{ij}^{(1,1)}} \tag{4-16}$$

$$k_{ij} = \frac{75}{64}\frac{k}{\overline{\Omega}_{ij}^{(2,2)}}\sqrt{\frac{N_akT}{\pi}}\sqrt{\frac{M_i+M_j}{2M_iM_j}} \tag{4-17}$$

式中　x_i——粒子 i 的摩尔分数；

M_i——粒子 i 的摩尔质量（$kg \cdot m^{-1}$）；

N_a——阿伏伽德罗常数；

$\overline{\Omega}_{ij}^{(l,s)}$——碰撞积分。

内部热导率可以表达为

$$\kappa_{int} = \sum_{i=1}^{N}\frac{\kappa_{int}^{i}}{1 + \sum_{j=1,j\neq i}^{N}\frac{x_jD_{ii}}{x_iD_{ij}}} \tag{4-18}$$

$$\kappa_{int}^{i} = \frac{PD_{ii}}{T}\left(\frac{C_{pi}}{R} - \frac{5}{2}\right) \tag{4-19}$$

$$D_{ij} = \frac{3}{8}\frac{kT}{P\overline{\Omega}_{ij}^{(1,1)}}\sqrt{\frac{N_akT}{\pi}}\sqrt{\frac{M_i+M_j}{2M_iM_j}} \tag{4-20}$$

式中　P——气体压力（Pa）；

C_{pi}——粒子 i 的定压比热容（$J \cdot kg^{-1} \cdot K^{-1}$）；

反应热导率可以表达为

$$\kappa_{reac} = -\frac{1}{RT^2}\frac{\begin{vmatrix} A_{11} & L & A_{1\mu} & \Delta H_1 \\ M & & M & M \\ A_{\mu 1} & L & A_{\mu\mu} & \Delta H_\mu \\ \Delta H_1 & L & \Delta H_\mu & 0 \end{vmatrix}}{\begin{vmatrix} A_{11} & L & A_\mu \\ M & & M \\ A_{\mu 1} & L & A_{\mu\mu} \end{vmatrix}} \tag{4-21}$$

$$A_{ij}=\sum_{k=1}^{N-1}\sum_{l=k+1}^{N}\frac{RT}{PD_{kl}}x_l x_k\left(\frac{a_{ik}}{x_k}-\frac{a_{il}}{x_l}\right)\left(\frac{a_{jk}}{x_k}-\frac{a_{jl}}{x_l}\right) \tag{4-22}$$

式中　ΔH_i——反应 i 的反应焓变（$J\cdot kg^{-1}$）；

a_{ij}——反应计量系数；

3. 黏性系数

$$\eta=-\frac{\begin{vmatrix} H_{11} & L & H & x \\ M & & M & M \\ H_{\nu 1} & L & H_{\nu\nu} & x_\nu \\ x_1 & L & x_\nu & 0 \end{vmatrix}}{\begin{vmatrix} H_{11} & L & H_{1\nu} \\ M & & M \\ H_{\nu 1} & L & H_{\nu\nu} \end{vmatrix}} \tag{4-23}$$

$$H_{ii}=\frac{x_i^2}{\eta_i}+\sum_{k=1,k\neq i}^{\nu}\frac{2x_i x_k}{\eta_{ik}}\frac{M_i M_k}{(M_i+M_k)^2}\left(\frac{5}{3A_{ij}^*}+\frac{M_k}{M_i}\right) \tag{4-24}$$

$$H_{ij}=-\frac{2x_i x_j}{\eta_{ij}}\frac{M_i M_j}{(M_i+M_j)^2}\left(\frac{5}{3A_{ij}^*}-1\right) \tag{4-25}$$

$$\eta_i=\frac{5}{16}\frac{1}{\overline{\Omega}_{ii}^{(2,2)}}\sqrt{\frac{kT}{\pi N_a}}\sqrt{M_i} \tag{4-26}$$

$$\eta_{ij}=\frac{5}{16}\frac{1}{\overline{\Omega}_{ij}^{(2,2)}}\sqrt{\frac{kT}{\pi N_a}}\sqrt{\frac{2M_i M_j}{M_i+M_j}} \tag{4-27}$$

4. 碰撞积分

计算输运系数的两个先决条件除了等离子体组分，另一个是碰撞积分，它是每对粒子碰撞截面的麦克斯韦分布的平均值。粒子 i 和 j 间相互作用的碰撞积分定义如下：

$$\Omega_{ij}^{(l,s)}=\left(\frac{kT}{2\pi\mu_{ij}}\right)^{\frac{1}{2}}\int_0^{\infty}e^{-\gamma_{ij}^2}\gamma_{ij}^{2s+3}Q_{ij}^{(l)}(\varepsilon)\,d\gamma_{ij} \tag{4-28}$$

其中，下标 i 和 j 代表粒子 i 和 j，χ 和 b 分别是偏转角和冲击参数，上标（l，s）表征了碰撞积分的类型，折合相对速度 γ 由下式给出：

$$\gamma_{ij}=(\mu_{ij}/2k_B T)^{1/2}g \tag{4-29}$$

其中，g 是粒子 i 和 j 的相对速度，而折合质量 μ_{ij} 定义如下：

$$\mu_{ij}=m_i m_j/(m_i+m_j) \tag{4-30}$$

碰撞截面由下式得到，其中 χ 和 b 分别是偏转角和冲击参数

$$Q_{ij}^{(l)}(\varepsilon)=2\pi\int_0^{\infty}(1-\cos^l\chi)\,b\,db \tag{4-31}$$

$$\chi = \pi - 2b\int_{r_m}^{\infty} \frac{dr/r^2}{\sqrt{1-[\varphi_{ij}(r)/0.5\mu_{ij}g_{ij}^2]-(b^2/r^2)}} \tag{4-32}$$

式中　$\varphi_{ij}(r)$——碰撞粒子之间的相互作用势（J）。

粒子之间的相互作用有以下几种类型：a）中性粒子之间的碰撞；b）离子-中性粒子之间的碰撞；c）电子-中性粒子之间的碰撞；d）带电粒子之间的碰撞。本文采用了 Lennard-Jones、Morse、14-6-8、Exp-6、ESMSV 等多种函数，对粒子间的相互作用势进行了细致的考虑。中性粒子之间相互作用的碰撞积分见表 4-1。

表 4-1　中性粒子之间碰撞积分的数据来源

相互作用粒子	方　法	相互作用粒子	方　法
O_2-O_2	ESMSV 作用势①	O-CO	Exp-6 作用势
O_2-O	碰撞积分列表	CO-CO	Lennard-Jones(12,6)作用势
O-O	碰撞积分列表	CO_2-CO_2	14-6-8 作用势
C-C	碰撞积分列表	Cu-Cu	Morse 作用势

① Exponential-spline-Morse-spline-van der Waals 作用势

离子-中性粒子相互作用比中性粒子相互作用更难以处理，因为必须考虑弹性碰撞过程，非弹性碰撞过程，共振电荷交换过程等。对于类型 X^+-X 的相互作用，特别是在高能量下，这个过程对于碰撞积分最重要。在较低的能量下，对于 X^+-Y 型的相互作用，其中 X 和 Y 是不同的粒子，弹性相互作用是重要的。表 4-2 总结了非弹性和弹性离子和中性粒子相互作用的数据来源。在极化作用势中使用的原子和分子极化率的值在表 4-3 中给出。对于类型 X^+-Y 的相互作用，碰撞积分等同于由弹性相互作用导出的那些。对于类型 X^+-X 的相互作用，在计算碰撞积分时将非弹性和弹性相互作用考虑在内，使用表达式

$$\Omega^{(l,s)} = [(\Omega_{in}^{(l,s)})^2 + (\Omega_{el}^{(l,s)})^2]^{\frac{1}{2}} \tag{4-33}$$

表 4-2　离子与中性粒子之间碰撞积分的数据来源

相互作用粒子	弹性碰撞	非弹性碰撞
	方法	方法
O_2^+-O_2	Morse 作用势	电荷转移
O_2^+-O	极化作用势	—
O^+-O_2	极化作用势	—
O^+-O	碰撞积分列表	碰撞积分列表
C^+-C	极化作用势	电荷转移
X^{n+}-X, Y	极化作用势	—
$n \geqslant 2$		

下标 *in* 和 *el* 分别表示由非弹性和弹性相互作用得到的碰撞积分。$\Omega_{in}^{(l,s)}$ 是从动量转移横截面数值地导出的，该横截面可以直接从文献中获得，或者使用下列等式从电荷交换横截面计算。

$$Q^{(1)}(g)=2Q_{ex} \tag{4-34}$$

电子中性相互作用的碰撞积分通过动量传递截面数据的数值积分来计算。假设 $\Omega_{ij}^{(2,2)}=\Omega_{ij}^{(1,1)}$，则对于 e-$O_2$ 和 e-O 相互作用，使用 Itikawa 选择的数据，分别用 Hake 和 Phelps 和 Thomas 和 Nesbet 的高能补充。Robinson 和 Geltmann，Land 和 Lowke 等人给出的动量转移横截面值用于 e-C、e-CO 和 e-CO_2 相互作用的计算。

使用 Svehla 和 McBride 给出的组合规则，可以计算上述未提及的不同粒子间相互作用的碰撞积分。

表 4-3　中性粒子的极化率

粒子	极化率/$10^{-30}m^3$	粒子	极化率/$10^{-30}m^3$
O_2	1.5812	C	1.76
O	0.802	Cu	7.31

第三节　新型环保混合气体的电弧物性参数

本节将详细介绍 C_4F_7N、$C_5F_{10}O$ 及其与 CO_2、空气等混合气体电弧等离子体的化学组成、热动属性（质量密度、比焓、比热）和输运参数（电导率、热导率、黏性系数）等物性参数，分析不同因素对新型环保气体电弧物性参数的影响；通过对比 C_4F_7N、$C_5F_{10}O$ 混合气体与 SF_6 各物性参数的异同，从微观层面讨论新型环保气体作为灭弧介质的可行性

一、C_4F_7N 混合气体的电弧物性参数

1. 气体组分

在求解 C_4F_7N-CO_2 混合气体组分时需要考虑的粒子较多，这是由于 C_4F_7N 分子较大，并且与 $C_5F_{10}O$-CO_2 混合气体多出 N 元素造成的。图 4-1 显示了在 0.8MPa 下 90% CO_2-10% C_4F_7N 和 10% CO_2-90% C_4F_7N 形成的等离子体的组分。温度为 5000K 时，C_4F_7N 分子已经分解成小分子，CO_2、O_2、CO、CF、C_2 和原子 C、F、O。随着温度升高，大约 7500K 时碳原子首先电离，然后是氮、氧原子，最后是氟原子；这是其不同的第一电离电位决定的。

2. 气体压力对热力学参数的影响

在不同压力下，由 90%CO_2 和 10%C_4F_7N 形成的等离子体的质量密度如图 4-2 所示。质量密度随着气体压力而增加并随温度升高而降低。根据理想气体定律，温度的升高降低了总密度，同时也导致解离和电离化反应，这两者都降低了质量密

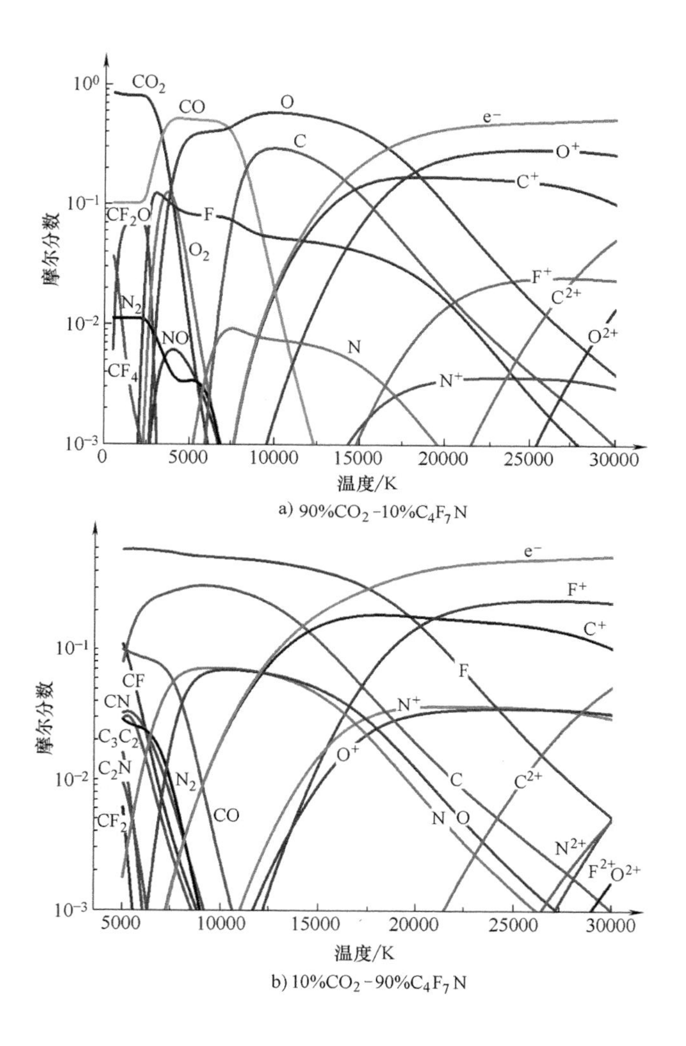

图 4-1　C_4F_7N-CO_2 混合气体在 0.8MPa 下的组分

度。增加压力会增加存在的物质的数量密度，并且还会延缓解离和电离反应，这两者都增加了给定温度下的质量密度。

图 4-3 和图 4-4 说明了在不同压力的 C_4F_7N-CO_2 混合物的恒定压力下焓和比热容的变化。在 3000K、7000K、15000K 和 30000K 时的比热容峰值分别对应于解离出大量 F 原子、CO_2 和 O_2 与 CO 和 O 的解离，CO 与 C 和 O 的解离，第一次电离原子粒子和离子的第二次电离。随着气体压力的增加，与分解和电离过程相关的比热容的峰值转移到更高的温度，并伴随着振幅的降低。焓是相对于温度的比热容的积分，因此比热容中的峰值反映在焓的快速增加中。

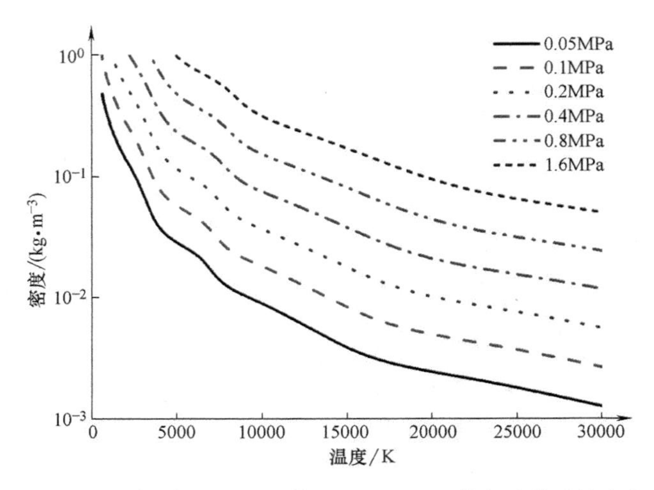

图 4-2　不同压力下的 90%CO_2-10%C_4F_7N 等离子体质量密度

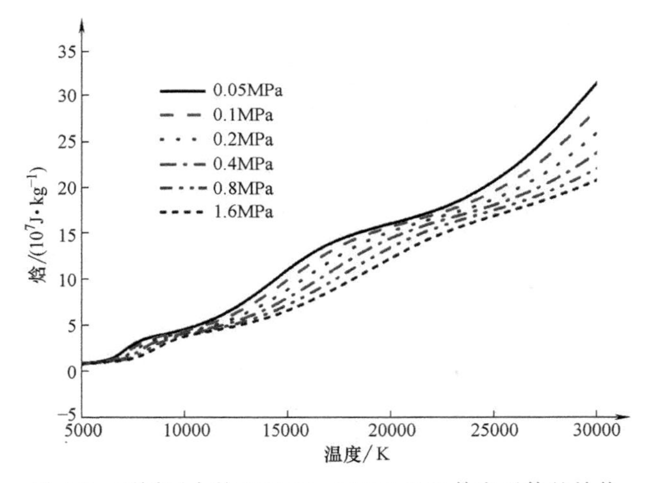

图 4-3　不同压力的 90%CO_2-10%C_4F_7N 等离子体的焓值

3. 混合比对热力学参数的影响

如图 4-5 所示，混合比对温度高于 5000K 时 C_4F_7N-CO_2 等离子体的质量密度没有太大影响。这可以解释为分子最终会分解为原子（C、F、O、N）和离子（C^+、F^+、O^+、C^{2+}、F^{2+}、O^{2+}、N^+、N^{2+}）。然而，由于 F 的原子质量高于 C 和 O 的原子质量，因此等离子体的质量密度随着 C_4F_7N 浓度的增加而增加。

图 4-6 和图 4-7 分别表示不同混合比的 C_4F_7N-CO_2 气体在 0.8MPa 恒定压力下的焓和比热容。可以观察到，随着 C_4F_7N 的分数增加，C_4F_7N-CO_2 混合物的焓在 8400K 以下增加，而 8400K 以上则减小。这些趋势与质量密度变化有关。对于纯二氧化碳，比热容显示 8000K 和 17500K 附近的特征峰。这些最大值分别对应于 CO

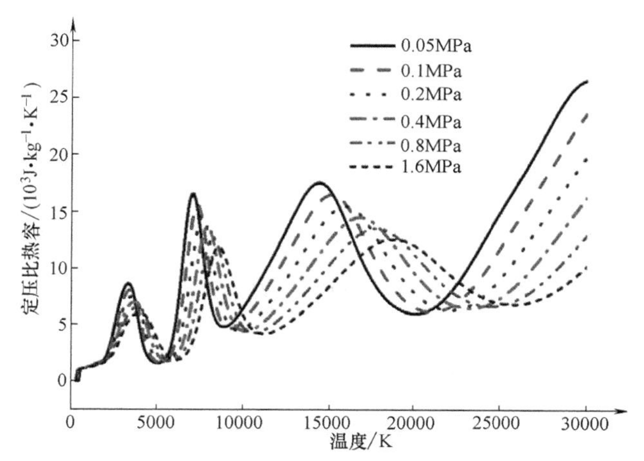

图 4-4　不同压力的 90% CO_2-10% C_4F_7N 等离子体的焓值

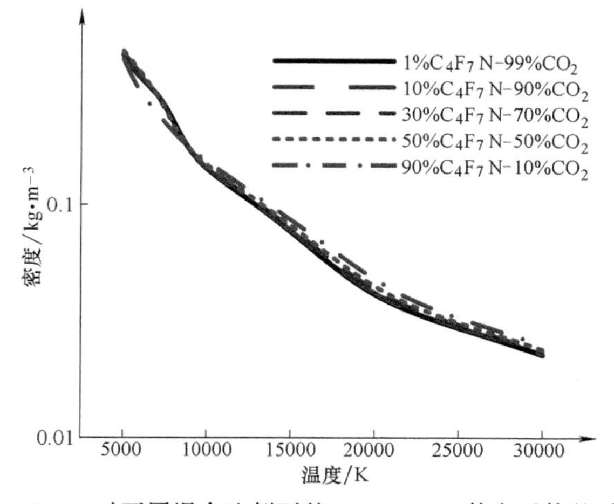

图 4-5　0.8MPa 时不同混合比例下的 C_4F_7N-CO_2 等离子体的质量密度

的解离和 C 和 O 的电离。对于纯 C_4F_7N，第一个峰值在 8200K 附近，这是因为 CO 分压的降低将其解离反应转变为较低的温度（平衡移动原理），部分原因是 CF 和 C_2 的解离。

4. 气体压力对输运特性的影响

不同气体压力下的 C_4F_7N-CO_2 混合物的电导率如图 4-8 所示。在 11500K 温度以下，压力越低电导率越大，在 11500K 以上，电导率随压力增大而增大。在低温区域，压力升高可以有效抑制电离的发生，等离子体中电子数密度的增加滞后于总的粒子数密度的增加。因此相同温度下，等离子体电离程度降低，电导率降低。然而，在较高的温度下，带电粒子占主导，一次电离基本完成，升压使得二次电离受到抑制，二次电离延迟意味着平均碰撞积分减小，所以电导率随压力增大而增大。

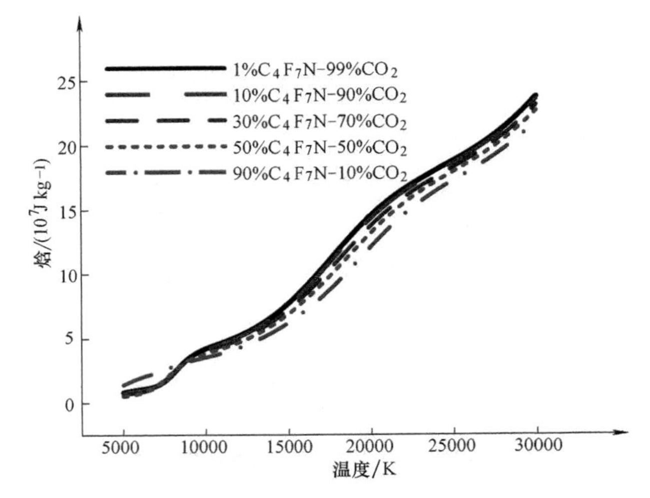

图 4-6 0.8MPa 时不同混合比例下的 C_4F_7N-CO_2 等离子体的焓值

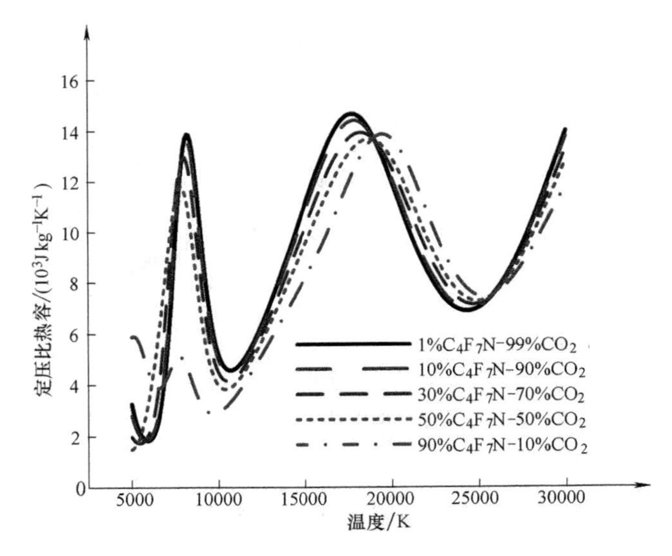

图 4-7 0.8MPa 时不同混合比例下的 C_4F_7N-CO_2 等离子体的定压比热容

不同压力下的热导率如图 4-9 所示。热导率是 4 个主要成分的总和：重粒子平动热导率，电子转换热导率，内部热导率和反应热导率。导热峰与反应组分相关，对应于与比热容峰相关的相同的分解和电离过程。当气体压力增加时，峰值转移到更高的温度，并伴随着振幅的降低。在高温下，热导率的电子转移成分占主导地位；这具有与导电率和压力相似的依赖性。

压力范围为 0.05~1.6MPa 的 C_4F_7N-CO_2 混合物的黏性系数如图 4-10 所示。在

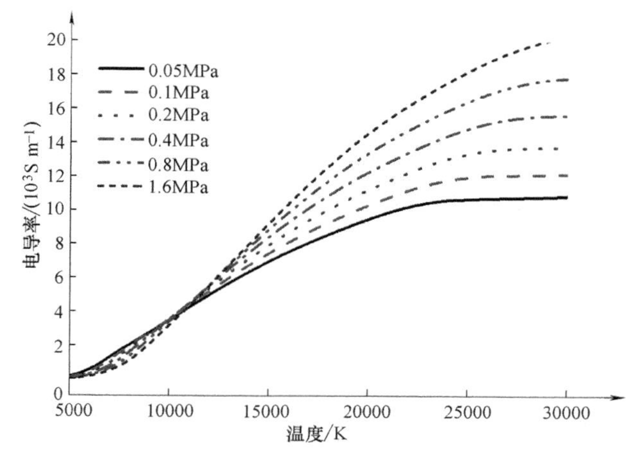

图 4-8　不同压力下的 90%CO_2-10%$C_5F_{10}O$ 等离子体的电导率

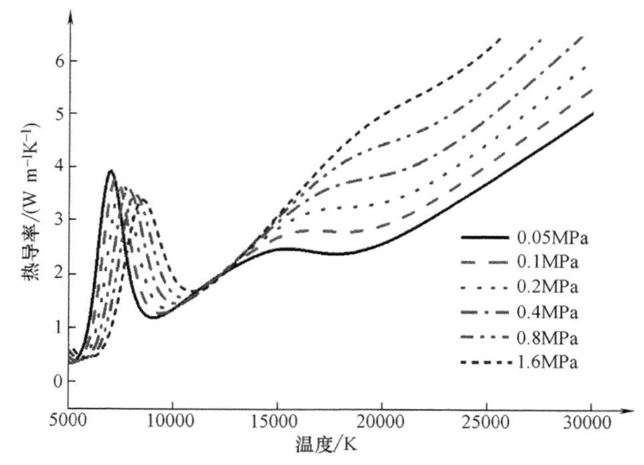

图 4-9　不同压力下的 90%CO_2-10%C_4F_7N 等离子体的热导率

电离发生之前，黏性系数主要由中性物质之间的碰撞决定，其碰撞积分随着温度的升高逐渐降低。高于 10000K 时，电离发生后，黏性系数随着压力增大而增加。如上所述，带电物质之间的库仑相互作用的碰撞积分比中性物质之间的库仑相互作用的碰撞积分大得多，随着离子化程度的增加而增加。压力的增加降低了气体的离子化程度，因此碰撞积分降低；像所有输运系数一样，黏性系数与存在于等离子体中的物质之间的碰撞积分成反比。

5. 混合比对输运特性的影响

在图 4-11 中给出了添加 C_4F_7N 对 CO_2 的电导率的影响。可以看出，所计算的电导率仅在很小程度上取决于混合比。在约 15000K 和 20000K 之间的温度下，当 C_4F_7N 分数增加时，电导率略有降低，因为 F 的电离发生在比 C 和 O 的电离更高

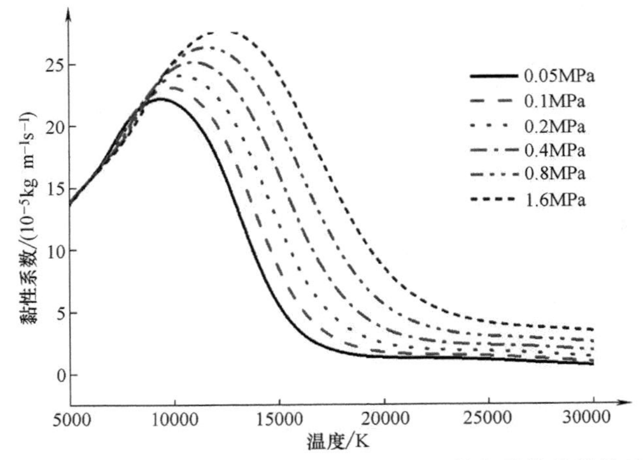

图 4-10　不同压力下的 90%CO_2-10%C_4F_7N 等离子体的黏性系数

的温度下，因此电子密度较低。在高于 20000K 的温度下，电导率几乎与混合比无关。加入 C_4F_7N 导致 O^+浓度显著降低，F^+显著增加，但实质上不影响 C^+浓度。O 和 F 原子的离子化能量高于 C 原子的离子化能（与 O^+和 F^+离子相比，O^+和 F^+离子的离子化能更高）。最终，F 浓度的增加导致在给定温度下单电荷和多电荷的物质数量的减少，而 O 浓度的降低具有相反的作用，其效果几乎抵消了。

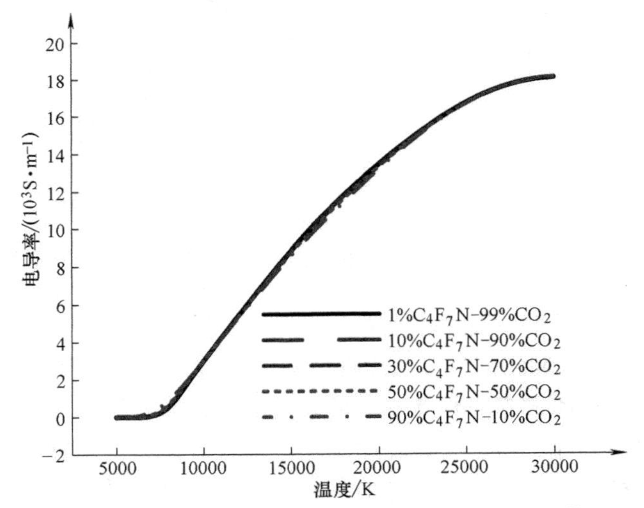

图 4-11　0.8MPa 时不同混合比例下的 C_4F_7N-CO_2 等离子体的电导率

计算不同混合比下 C_4F_7N-CO_2 混合物的热导率如图 4-12 所示。通常，热导率随温度升高而升高，但由于与解离和电离相关的反应热导率而导致在特定温度下出现峰值。对于 90%C_4F_7N-10%CO_2 混合物，在 7800K 和 20400K 附近有两个峰。第一个峰值归因于 C_2，CF 和 CO 的解离，第二个峰归因于 F 的电离。当 CO_2 增加，

CO 的离解转移到更高的温度，而 C_2，CF 和 F 含量较低。因此，第一峰值转移到较高温度，第二峰值变小。

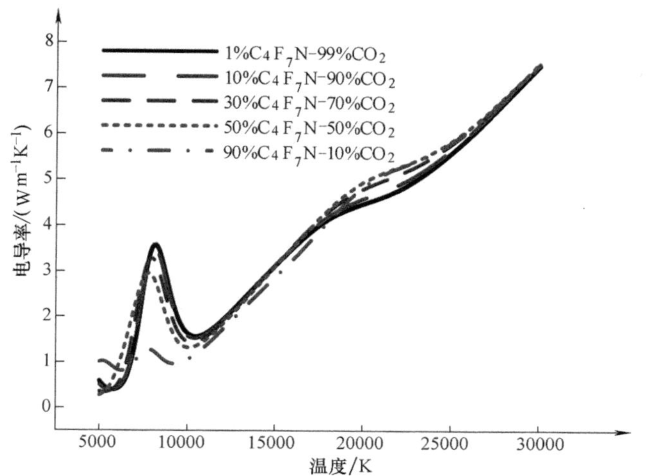

图 4-12 0.8MPa 时不同混合比例下的 C_4F_7N-CO_2 等离子体的热导率

从图 4-13 可以看出，加入 C_4F_7N 导致在 5000~14000K 的温度范围内的黏性系数降低，但从 15000K 开始，随着 C_4F_7N 含量增加黏性系数增加。这种行为可以通过中性-中性粒子的碰撞积分解释。热等离子体的黏性系数与碰撞积分成反比，而在电离之前，黏性系数由中性-中性碰撞决定。然而，电离发生后，带电粒子相互作用占主导地位。由于 F 的电离能相对较高，带电物质的密度随着 C_4F_7N 浓度的增加而降低，导致库仑相互作用的影响降低，因此 15000K 以上随着 C_4F_7N 浓度的增加黏性系数增加。

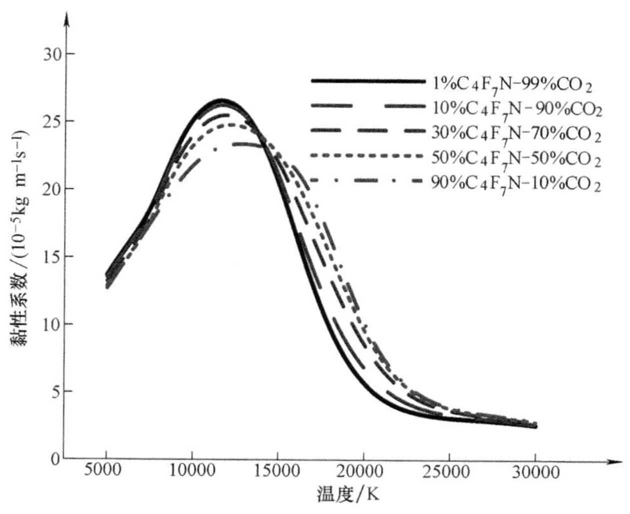

图 4-13 0.8MPa 时不同混合比例下的 C_4F_7N-CO_2 等离子体的黏性系数

6. 讨论

本节介绍 C_4F_7N-CO_2 混合气体和纯 SF_6 的物性参数的比较。不同混合比例的 C_4F_7N-CO_2 质量密度如图 4-14 所示。可以看出，在高于 75000K 的温度下，纯 SF_6 的质量密度高于 50%C_4F_7N-50%CO_2 混合气体的质量密度，这是因为 S 的原子质量高于 C 和 O 的原子质量。焓的演化也与质量密度变化有关，也就是说，较高的质量密度导致较低的焓。

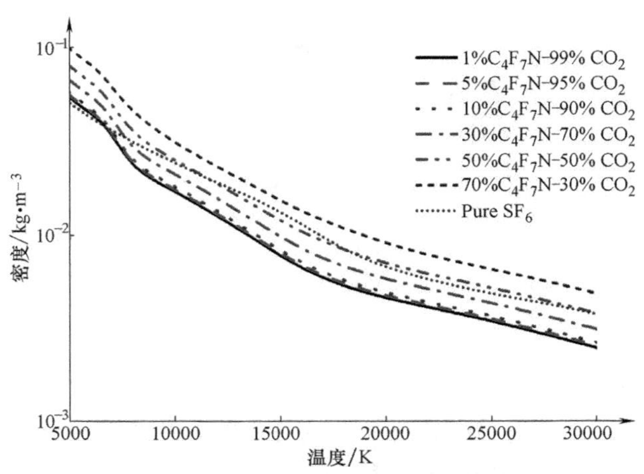

图 4-14　0.1MPa 时不同混合比例的 C_4F_7N-CO_2 混合气体和纯 SF_6 质量密度的比较

人们关心的问题是燃弧和弧后的等离子体行为，特别是新型环保混合气体是否具有与 SF_6 相当的绝缘和灭弧能力。电导率对等离子体行为有很大的影响。对于开关电弧，等离子体具有较高的电导率有利于在稳定的电弧期间避免严重的接触烧蚀。然而，在介质恢复期间，电导率在短时间内下降到非常低的水平可以帮助避免弧后击穿，并提高断路器的分断能力。图 4-15 所示为 0.1MPa 时 C_4F_7N-CO_2 混合

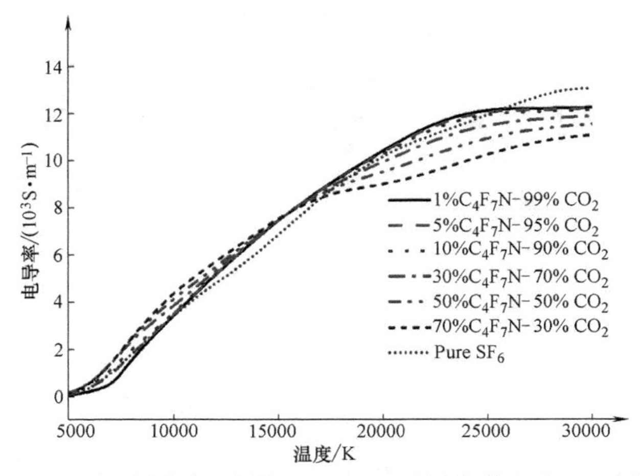

图 4-15　0.1MPa 时不同混合比例的 C_4F_7N-CO_2 混合气体和纯 SF_6 电导率的比较

气体和纯 SF_6 电导率的比较，在 10000～25000K 的温度范围内，50% C_4F_7N-50% CO_2 混合物的电导率略高于 SF_6，10000K 和 25000K 以上的 50% C_4F_7N-50% CO_2 低于 SF_6 的电导率。这表明 C_4F_7N-CO_2 混合物在高温起弧阶段具有高导电性所需的性能，并且在低温灭弧阶段具有较低的导电性。然而，需要注意的是在弧后阶段，等离子体与 LTE 发生偏差，电子吸附的速率也应着重考虑。

热导率表示电弧将电弧中心区域中的焦耳加热产生的热量传递到外弧区域甚至电弧外部的能力。在燃弧阶段，如果电弧等离子体可以有效地将由焦耳加热产生的能量传递到电弧周边，这有助于熄灭电弧，提高介质强度的恢复。在图 4-16、图 4-17 中，可以看出，与 SF_6 不同，由于 CO、C_2 和 CF 的解离，C_4F_7N-CO_2 混合

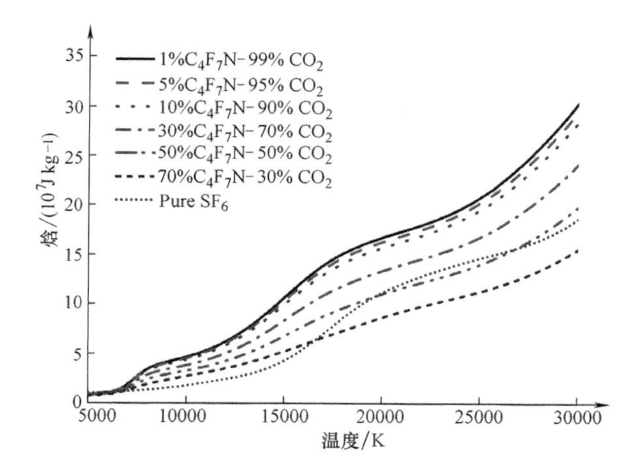

图 4-16　0.1MPa 时不同混合比例的 C_4F_7N-CO_2 混合气体和纯 SF_6 焓值的比较

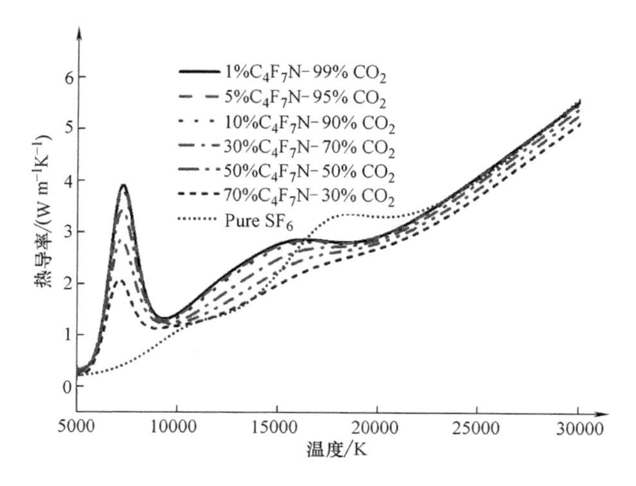

图 4-17　0.1MPa 时不同混合比例的 C_4F_7N-CO_2 混合气体和纯 SF_6 热导率的比较

物的热导率在 7500K 左右具有峰值。这意味着 C_4F_7N-CO_2 混合物在 5000~10000K 的温度范围内具有比 SF_6 更高的导热性。随着 C_4F_7N 浓度的增加，C_4F_7N-CO_2 混合物的导热性变得更接近于 SF_6。

黏性系数主要影响电弧等离子体流速的径向分布，从而影响其他电弧特性和能量转移过程。如图 4-18 所示，5%C_4F_7N-95%CO_2 混合气体的黏性系数与 SF_6 具有相同的峰值。SF_6 在较高温度下出现峰值，因为 S 离子化发生在比 C 和 O 更高的温度下。

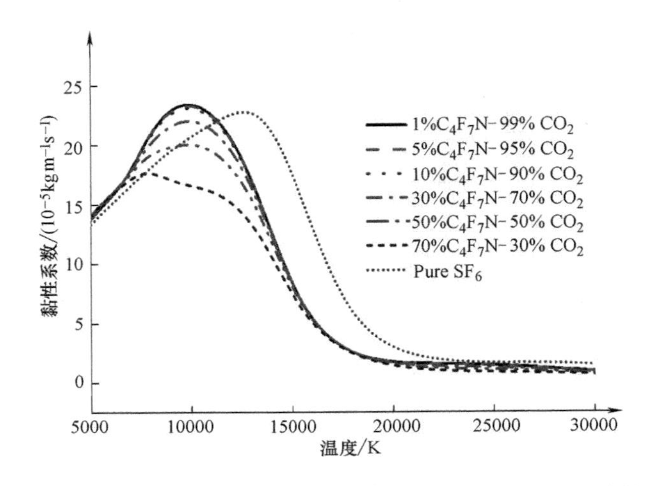

图 4-18　0.1MPa 时不同混合比例的 C_4F_7N-CO_2 混合气体和纯 SF_6 黏性系数的比较

二、$C_5F_{10}O$ 混合气体的电弧物性参数

1. 气体组分

本节在 300~30000K 的温度范围内，压力在 0.05~1.6MPa 的范围内对 CO_2-$C_5F_{10}O$ 混合等离子体组分进行计算。在以上温度范围内，以表 4-4 中的中性粒子和带电粒子作为考虑范围内的粒子。

图 4-19 显示了在 0.8MPa 时由 90%CO_2 和 10%$C_5F_{10}O$ 形成的等离子体随温度变化的组分。其中主要粒子为 CO_2、O_2、CO、CF、CF_2、CF_4、CF_2O、C_3、C_2、C、F、O、C^+、F、O^+、C^{2+}、F^{2+}、O^{2+}和 e^-。混合比是指气体质量分数的初始比例。考虑的最低温度为 300K，其中与 $C_5F_{10}O$ 分解不同，此处关注的为混合物弧后阶段的特性，因此组分计算结果中复合产生的小分子占主导。当温度达到 5000K 以上，组分由 CO_2、O_2、CO、CF、C_2 和原子 C、F、O 组成。随着温度升高，大约 6700K 碳原子首先电离，然后是氧原子，然后是氟原子；这是其不同的第一电离电位（C 为 11.28eV、O 为 13.64eV、F 为 17.45eV）决定的。

表 4-4　CO_2-$C_5F_{10}O$ 混合等离子体组分中考虑的粒子

	等离子体中考虑的粒子
中性粒子	O_2、C_2、C_3、C_4、C_5、CF、CF_2、CF_3、CF_4、CFO、CF_2O、C_2F_2、C_2F_4、C_2F_6、CO_2、CO、C_2O、C_3O_2、O_3、CO、F_2、FO、C、F、O
带电粒子	C^+、C^-、CO_2^-、O_2^+、F^+、F^-、O_2^-、O^+、O^-、C^{2+}、C^{3+}、F^{2+}、F^{3+}、O^{2+}、O^{3+}、e

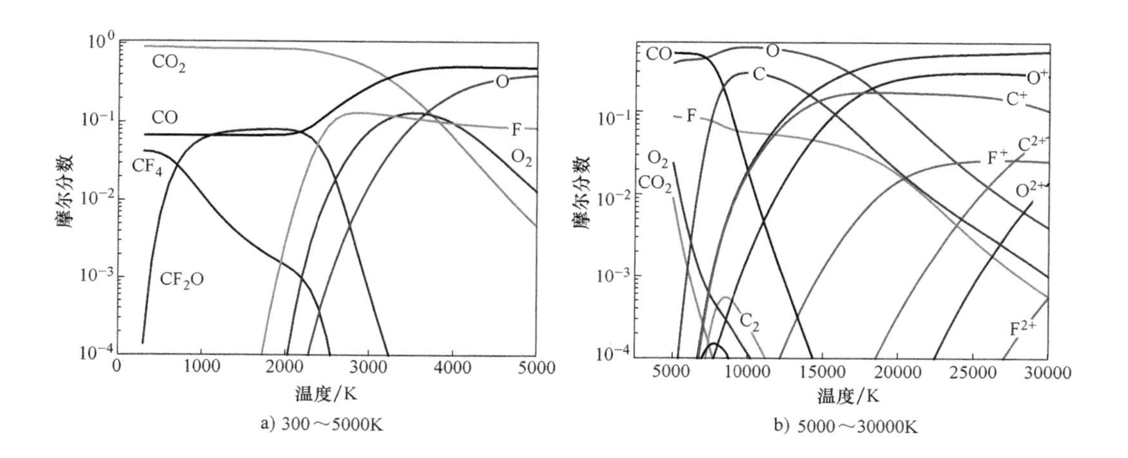

图 4-19　0.8MPa 时 90%CO_2 和 10%$C_5F_{10}O$ 形成的等离子体随温度变化的组分

图 4-20 为 0.8MPa 时，10%CO_2-90%$C_5F_{10}O$ 混合等离子体随温度变化的组分。可以看出，低温时，10% CO_2-90% $C_5F_{10}O$ 混合等离子体中的反应相比 90% CO_2-

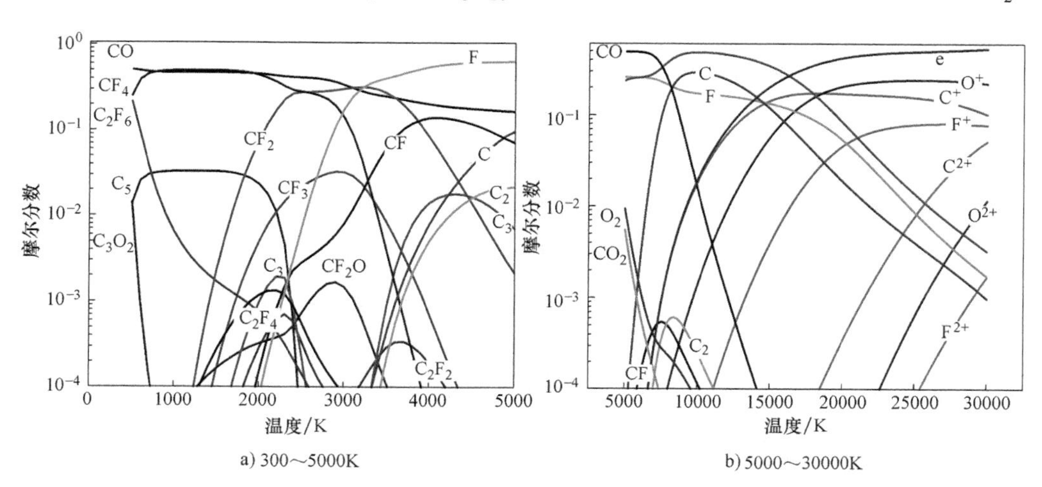

图 4-20　0.8MPa 时 10%CO_2-90%$C_5F_{10}O$ 混合等离子体随温度变化的组分

10% $C_5F_{10}O$ 等离子体更加复杂，粒子种类更多。而高温区域的粒子种类则基本相同。由此可以预见，高 $C_5F_{10}O$ 含量的 CO_2-$C_5F_{10}O$ 混合等离子体的定压比热以及热导率在低温区域会出现较多的峰值。

2. 气体压力对热力学参数的影响

在不同压力下，由 90% CO_2 和 10% $C_5F_{10}O$ 形成的等离子体的质量密度如图 4-21 所示。质量密度随着气体压力而增加并随温度降低。根据理想气体定律，温度的升高降低了总密度，同时也促进了电离反应的发生，这两者都会使得等离子体质量密度降低。另外，增加压力会增加系统中总的粒子数密度，并且还会抑制解离和电离反应，这两者同时作用会使得给定温度下的质量密度有所增大。

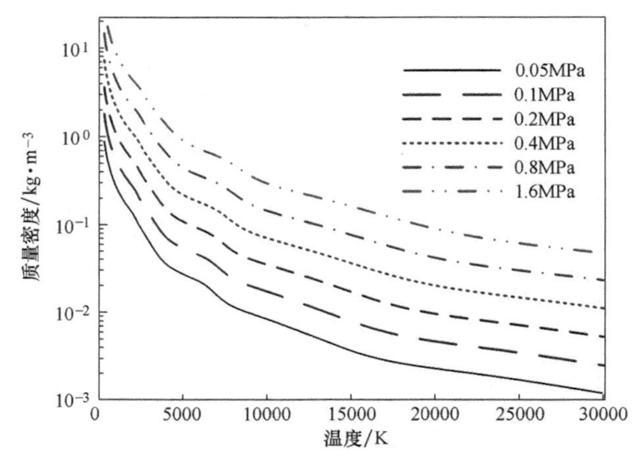

图 4-21　90% CO_2 和 10% $C_5F_{10}O$ 形成的等离子体的质量密度

图 4-22 和图 4-23 说明了在不同压力下 CO_2-$C_5F_{10}O$ 混合物在恒定压力下的焓值和定压比热的变化。定压比热的三个峰值约出现在 7000K、15000K 和 30000K，

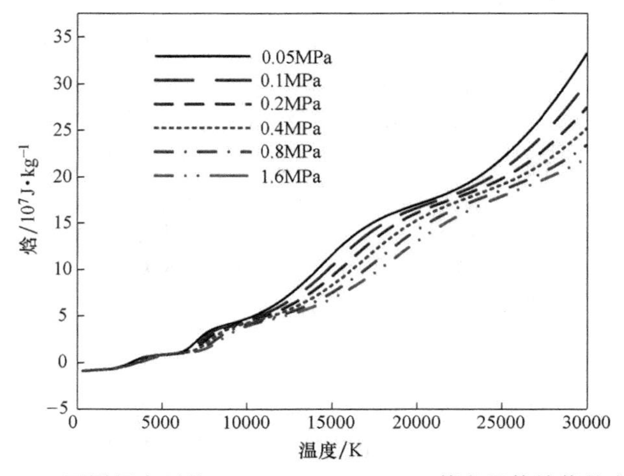

图 4-22　不同压力下的 90% CO_2-10% $C_5F_{10}O$ 等离子体焓值的变化

分别与 CO_2 和 O_2 与 CO 和 O 的解离，CO 与 C 和 O 的解离，原子的一次电离和一价离子的二次电离相对应。随着气体压力的增加，与分解和电离过程相关的定压比热容的峰值被推迟到更高的温度，同时伴随着幅值的降低。焓值是定压比热容对温度的积分，因此定压比热容中的峰值表现为焓值中的较大的增幅。

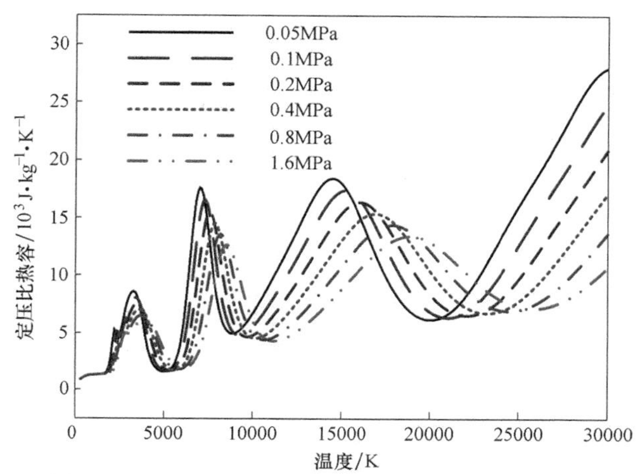

图 4-23 不同压力下的 90%CO_2-10%$C_5F_{10}O$ 等离子体定压比热容的变化

3. 混合比例对热力学参数的影响

如图 4-24 所示，5000K 以下，随着 $C_5F_{10}O$ 混合比例的增大，等离子体中更易形成较大分子，其平均分子质量大于 CO_2。因此，混合等离子体的质量密度随 $C_5F_{10}O$ 混合比例的增大而增大。

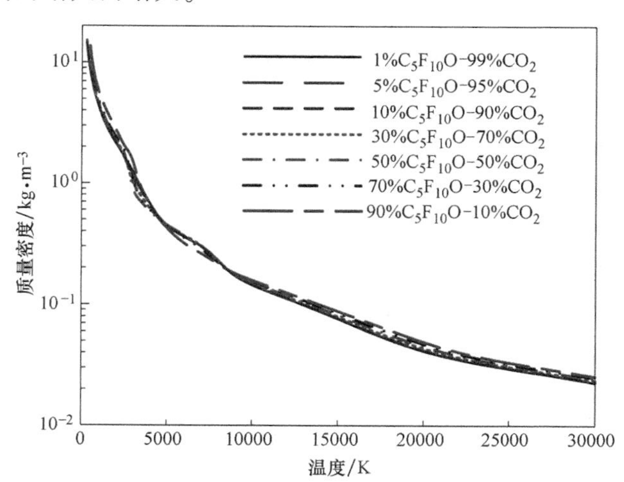

图 4-24 0.8MPa 时不同混合比例下的 CO_2-$C_5F_{10}O$ 等离子体的质量密度

当温度高于 5000K 时，等离子体中的分子均分解成原子（C、F、O），而后进一步电离成离子（C^+、F^+、O^+、C^{2+}、F^{2+}、O^{2+}、C^{3+}、F^{3+}、O^{3+}）由于 F 的原子

质量高于 C 和 O 的原子质量，因此等离子体的质量密度随着 $C_5F_{10}O$ 浓度的增加而增加。

图 4-25 和图 4-26 分别表示不同 CO_2-$C_5F_{10}O$ 混合比且在 0.8MPa 恒定压力下的焓值和定压比热容。可以观察到，CO_2 含量影响定压比热容的峰值数量和位置。例如，当 CO_2 的质量分数达到 90%时，在 1200K 和 3000K 左右由 C_5 和 CF_4 产生分解的定压比热容特征峰消失，而与 CF_2 和 CF 的解离相对应的定压比热容峰值对应的温度分别从 3400K 变为 2800K，4000K 降至 3400K。与纯 $C_5F_{10}O$ 等离子体不同，在纯 CO_2 等离子体中仅观察到三个峰，因为在纯 CO_2 中不存在与 CF_2O、CF_4、CF_2 和 CF 相关的峰。8400K 以下，随着值 $C_5F_{10}O$ 的分数增加，CO_2-$C_5F_{10}O$ 混合等离子体的焓值增大，而 8400K 以上则减小。由焓值计算公式可知，这些趋势与质量

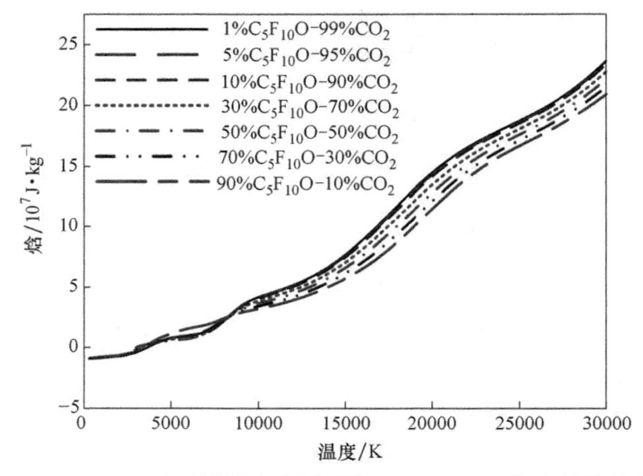

图 4-25 0.8MPa 时不同混合比例下的 CO_2-$C_5F_{10}O$ 等离子体的焓值

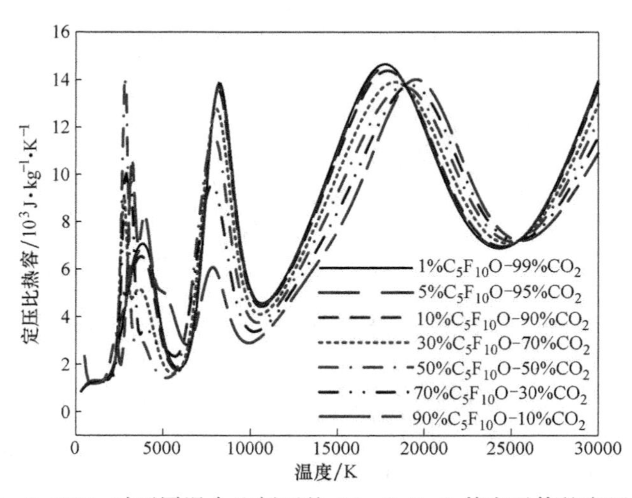

图 4-26 0.8MPa 时不同混合比例下的 CO_2-$C_5F_{10}O$ 等离子体的定压比热容

密度变化有关。对于 99% CO_2-1% $C_5F_{10}O$ 混合等离子体，定压比热容显示在 8200K 和 17700K 附近存在两个特征峰。这两个峰值分别对应于 CO 的解离和 C、O 的电离。对于 10% CO_2-90% $C_5F_{10}O$ 混合等离子体，第一个峰值从 8200K 下降到 7800K。出现该现象，一方面是因为 CO 分压的降低使其解离反应发生在较低的温度（平衡移动原理），另一方面在高 $C_5F_{10}O$ 含量的混合等离子体中，CF 和 C_2 的解离温度比 CO 低。类似地，由于 O 原子分压的降低和 F 原子分压的增加，发生电离的温度升高，定压比热容的第二个峰值从 17700K 偏移到 19500K。

4. 气体压力对输运特性的影响

不同气体压力下的 10% $C_5F_{10}O$-90% CO_2 混合等离子体的电导率如图 4-27 所示。对于 11000K 温度以下的等离子体，气体压力越低，电导率越大，而在 11000K 以上随压力增加而增大。理论上，压力增加，原子的一次电离被抑制。压力增大时，电子数密度的增加比总体数密度慢。因此，在较低的温度下，压力增加导致导电率降低。然而，在较高的温度下，第一次电离基本上完成，第二次和随后电离的推迟意味着系统的平均碰撞积分减小，所以电导率随压力而增加。

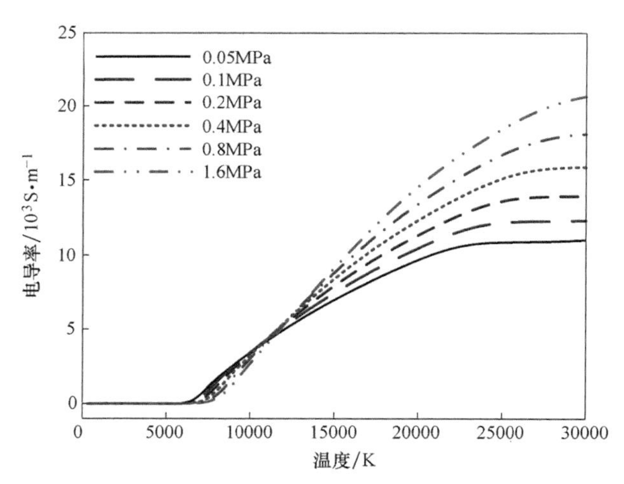

图 4-27　不同气体压力下的 10% $C_5F_{10}O$-90% CO_2 混合等离子体的电导率

在不同气体压力下的 10% $C_5F_{10}O$-90% CO_2 混合等离子体的热导率如图 4-28 所示。热导率是 4 个主要成分的总和：重粒子平动、电子平动、内部和反应热导率。因此热导率的峰值与反应组分相关，与定压比热峰值对应相同的解离和电离过程。当气体压力增加时，峰值转移到更高的温度，伴随着幅值的降低。在高温下，热导率的电子平动成分占主导地位。热导率表现出的这种与压力的关系与电导率相似。

压力范围为 0.05~1.6MPa 的 10% $C_5F_{10}O$-90% CO_2 混合等离子体的黏性系数如图 4-29 所示。在电离发生之前，黏性系数主要由中性粒子之间的碰撞决定，其碰撞积分随着温度的升高逐渐降低。当温度高于 10000K 时，粒子的一次电离完全发生，黏性系数随着压力的增加而增大。如上所述，带电粒子之间的库仑相互作用的

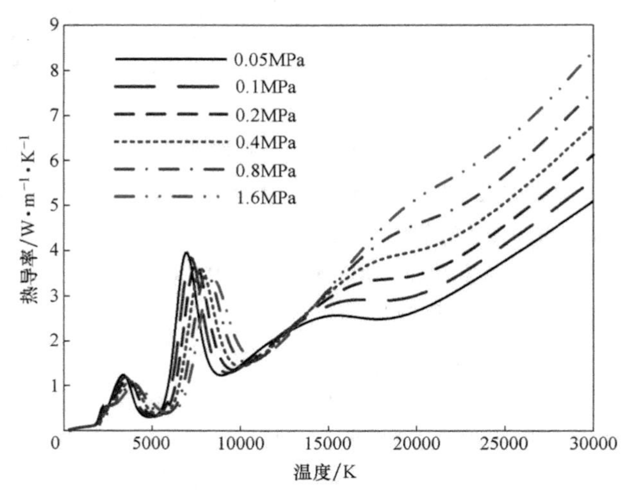

图 4-28　不同气体压力下的 10%$C_5F_{10}O$-90%CO_2 混合等离子体的热导率

碰撞积分比中性粒子之间的碰撞积分大得多，并且随着离子化程度的增加而增大。压力的增加降低了气体的离子化程度，因此系统的碰撞积分降低。而像所有输运系数一样，黏性系数与存在于等离子体中的物质之间的碰撞积分成反比，因此黏性系数增大。

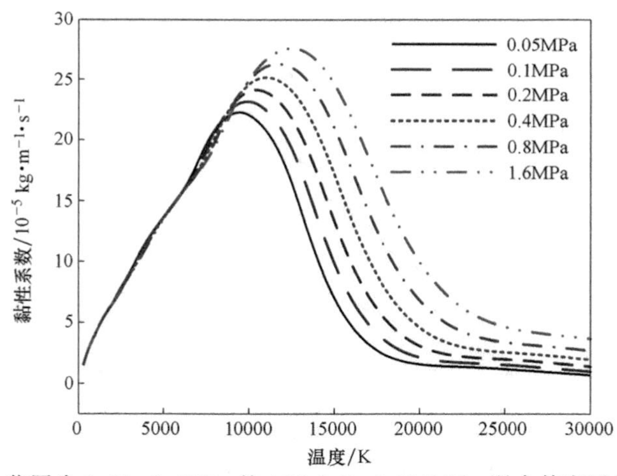

图 4-29　压力范围为 0.05~1.6MPa 的 10%$C_5F_{10}O$-90%CO_2 混合等离子体的黏性系数

5. 混合比例对输运特性的影响

在图 4-30 中给出了添加 $C_5F_{10}O$ 对 CO_2 的电导率的影响。可以看出，不同的混合比例对所计算的电导率影响微弱。在约 15000K 和 20000K 之间的温度范围内，当 $C_5F_{10}O$ 增加时，电导率略有降低，因为 F 的电离发生在比 C 和 O 的电离更高的温度下，在该温度区间里电子密度较低。在高于 20000K 的温度下，电导率几乎与混合比无关。

计算得到的 CO_2-$C_5F_{10}O$ 混合等离子体的热导率如图 4-31 所示。整体上，热导率随温度而升高，其中由于与解离和电离相关的反应热导率较大而产生峰值。对于 90%$C_5F_{10}O$-10%CO_2 混合物，在 7800K 和 20400K 附近有两个峰。第一个峰值可归因于 C_2、CF 和 CO 的解离，第二个峰归因于 F 的电离。当 CO_2 增加，CO 的分压增大，其对应的解离将发生在更高的温度，而 C_2、CF 和 F 含量降低。因此，第一峰值转移到较高温度，第二峰值变小。

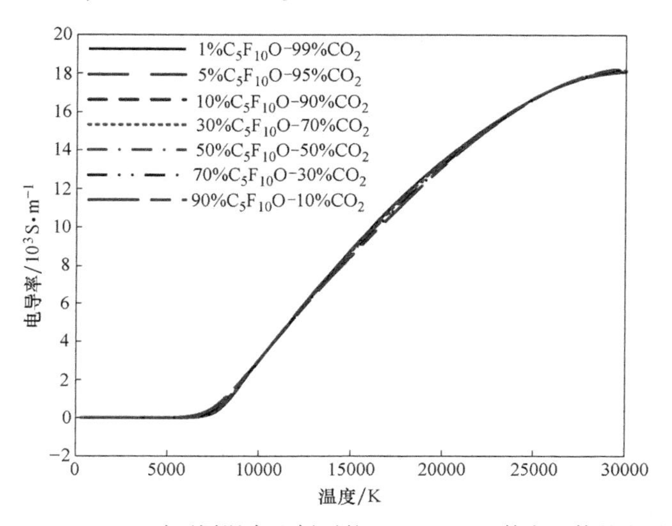

图 4-30　0.8MPa 时不同混合比例下的 CO_2-$C_5F_{10}O$ 等离子体的电导率

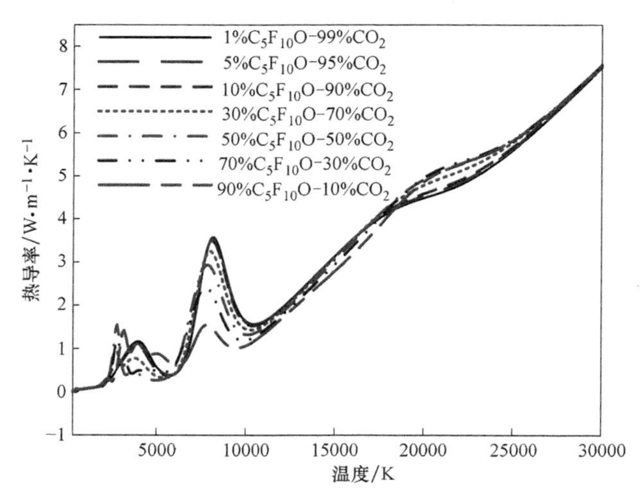

图 4-31　0.8MPa 时不同混合比例下的 CO_2-$C_5F_{10}O$ 等离子体的热导率

从图 4-32 可以看出，加入 $C_5F_{10}O$ 导致在 5000～14000K 的温度范围内的黏性系数降低，但从 15000K 开始增大。这种行为可以通过中性-中性粒子之间的碰撞积分解释。热等离子体的黏性系数与碰撞积分成反比，而在电离之前，黏性系数由中性-中性碰撞决定。然而，电离发生后，带电粒子相互作用占主导地位。由于 F 的电离能相对较高，带电物质的密度随着 $C_5F_{10}O$ 浓度的增加而降低，导致库仑相互作用的影响降低，因此 15000K 以上黏性系数增加。

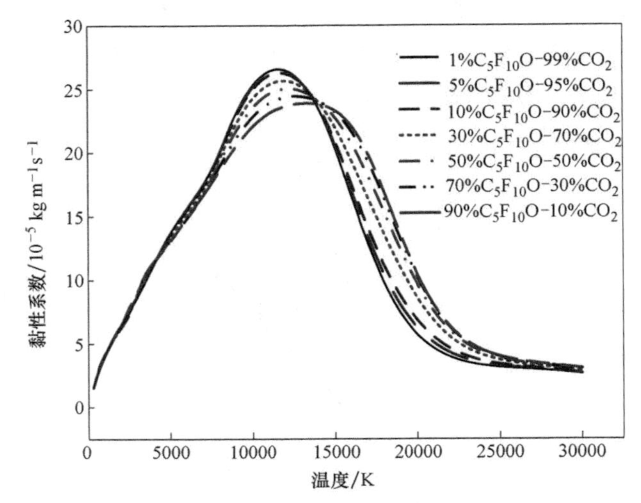

图 4-32　0.8MPa 时不同混合比例的 CO_2-$C_5F_{10}O$ 等离子体的黏性系数

6. 讨论

本节重点比较 CO_2-$C_5F_{10}O$ 混合物和纯 SF_6 的物性参数之间的异同。不同混合比例的 CO_2-$C_5F_{10}O$ 和纯 SF_6 质量密度如图 4-33 所示。可以看出，在高于 7500K 的温度下，纯 SF_6 的质量密度高于 CO_2-$C_5F_{10}O$ 混合物的质量密度，因为 S 的原子质量高于 C 和 O 的原子质量。焓值的演化也与质量密度变化有关，也就是说，较高的质量密度会导致较低的焓，如图 4-34 所示。

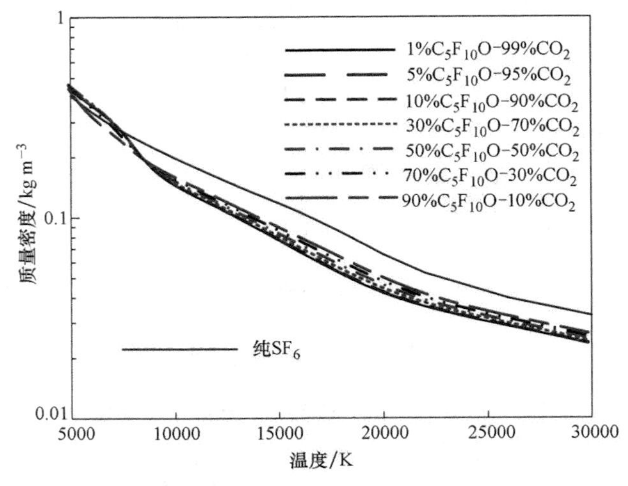

图 4-33　0.1MPa 时不同混合比例的 CO_2-$C_5F_{10}O$ 和纯 SF_6 的质量密度

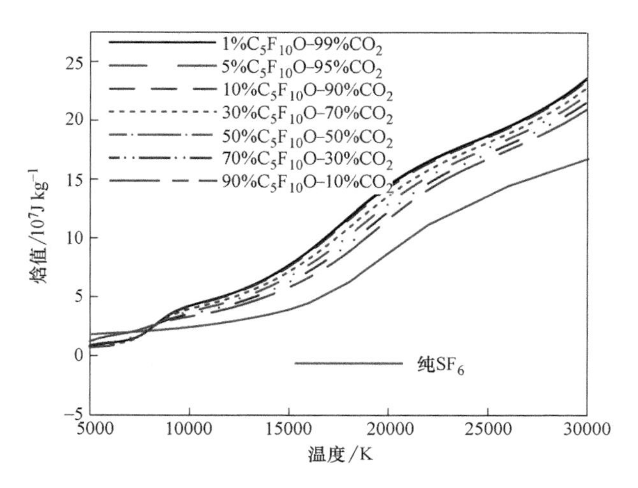

图 4-34 0.1MPa 时不同混合比例的 CO_2-$C_5F_{10}O$ 和纯 SF_6 的焓值

如图 4-35 所示，在 10000～25000K 的温度范围内，CO_2-$C_5F_{10}O$ 混合物的电导率略高于纯 SF_6，10000K 以下的 CO_2-$C_5F_{10}O$ 低于纯 SF_6 的电导率。这表明 CO_2-$C_5F_{10}O$ 混合等离子体在低温灭弧阶段具有较低的导电性。然而，需要注意的是在弧后阶段，等离子体与 LTE 发生偏差，在考虑弧后电击穿时电子吸附的速率也应着重考虑。

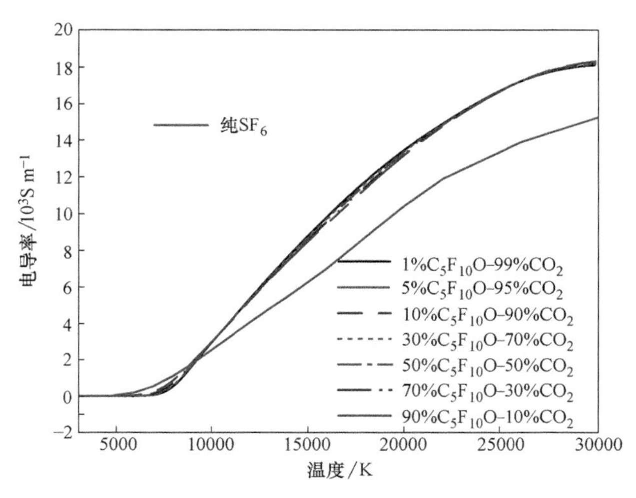

图 4-35 0.1MPa 且不同混合比例的 CO_2-$C_5F_{10}O$ 和纯 SF_6 的电导率

热导率表示电弧将电弧中心区域中的焦耳加热产生的热量传递到电弧边缘区域甚至电弧外部的能力。在燃弧阶段，如果电弧等离子体可以有效地将由焦耳加热产生的能量传递到电弧周边，这有助于熄灭电弧，提高介质强度的恢复。在图 4-36 中，可以看出，与纯 SF_6 不同，由于 CO、C_2 和 CF 的解离，CO_2-$C_5F_{10}O$ 混合物的热导率在 7900K 左右具有峰值。这意味着 CO_2-$C_5F_{10}O$ 混合物在 5000～10000K 的温

度范围内具有比 SF_6 更高的导热性。随着 $C_5F_{10}O$ 浓度的增加，CO_2-$C_5F_{10}O$ 混合物的导热性变得更接近于 SF_6。

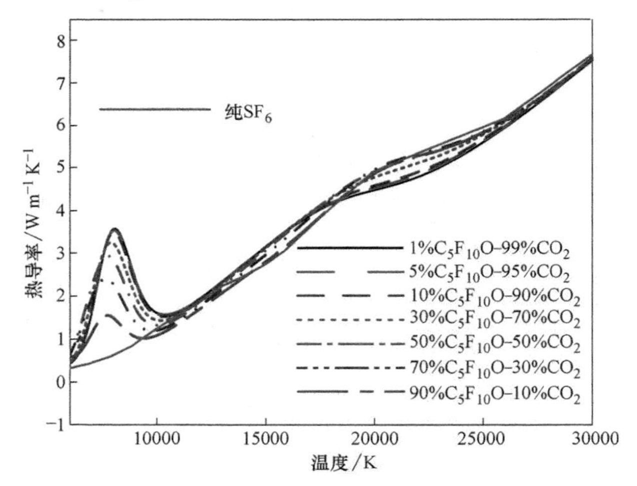

图 4-36　0.1MPa 且不同混合比例的 CO_2-$C_5F_{10}O$ 和纯 SF_6 的热导率

黏性系数主要影响电弧等离子体流速的径向分布，从而影响其他电弧特性和能量转移过程。30% $C_5F_{10}O$-70% CO_2 混合物的黏性系数与纯 SF_6 具有相同的峰值如图 4-37 所示。纯 SF_6 在较高温度下出现峰值，因为 S 的电离发生在比 C 和 O 更高的温度下。大致相当的黏性系数值表明，CO_2-$C_5F_{10}O$ 混合物中的电弧与纯 SF_6 中的流速相似。

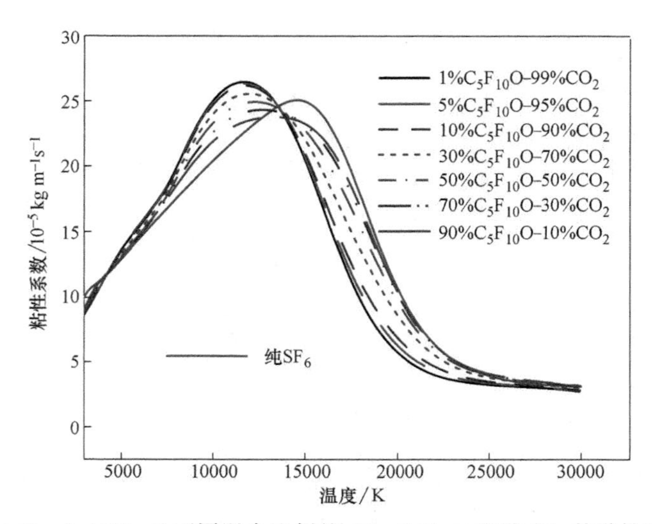

图 4-37　0.1MPa 且不同混合比例的 CO_2-$C_5F_{10}O$ 和纯 SF_6 的黏性系数

由于等离子体行为非常复杂并且受到许多因素的影响，所以根据其物性参数预测或评估 SF_6 替代气体的绝缘和灭弧能力并不直接。然而，计算结果为使用磁流体动力学（Magneto-Hydro-Dynamics，MHD）电弧模型进一步研究等离子体的行为提供了必要的数据基础。

第四节　新型环保混合气体的燃弧特性与灭弧性能

断路器一般用于短路故障情况下大电流的开断，而在系统正常工作情况下，通常采用负荷开关对电路的通断进行控制。相比于断路器，负荷开关的开断能力更低，但用量更大，且操作更为频繁，对于电力系统的运行控制起着重要的作用。因此，有必要针对负荷开关条件下 SF_6 替代气体的燃弧性能进行研究。

高压负荷开关的灭弧方式包括刀闸式、直动式、磁吹式、压气式、灭弧栅片式以及固体产气式等。设计了一套可以开展拉弧和喷口限制下吹弧实验的实验装置，对直动式和压气式负荷开关的开断过程进行模拟。本节针对 CO_2 及其与 C_4F_7N-$C_5F_{10}O$ 混合气体在拉弧以及喷口限制吹弧两种条件下的燃弧特性开展实验研究，对燃弧过程中的电弧电压、电弧电流等电参量，电弧图像、电弧光谱等光学参量以及电流过零附近的零区特性进行了测量诊断。通过对多种参量的综合分析比较，对 CO_2 及其与 C_4F_7N-$C_5F_{10}O$ 混合气体在不同结构下的燃弧特性以及开断性能进行评估。

一、实验及诊断方法

1. 实验腔体与实验电路

气体燃弧特性实验所采用的腔体设计图如图 4-38 所示。该腔体可开展拉弧和喷口限制吹弧两种不同条件下的燃弧实验。图中右侧为上游腔体，左侧为下游腔体，也是燃弧腔体，上下游腔体之间通过波纹管连接，并采用电磁开关来准确地开断过程中上游腔体向下游腔体的气流注入。上下游腔体分别装有正负气压表及充气、抽气接口，用于控制上下游腔体的压力梯度。实验中高压电极为静电极，由图中的高压绝缘柱引入下游腔体内部，并由绝缘支柱固定于腔体中心位置，地电极为

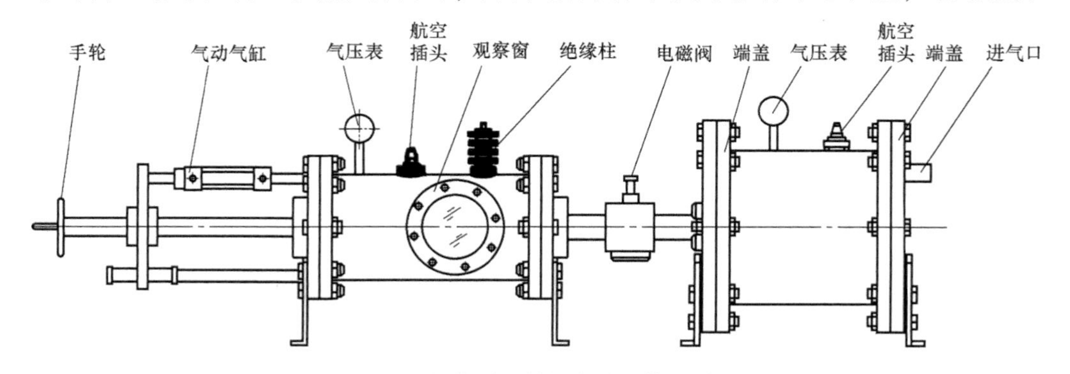

图 4-38　气体燃弧特性实验腔体设计图

动电极，采用动密封设计引出腔体，并与两个平行安装的气动气缸固定，由气体电磁阀控制气动气缸的操动机构从而驱动地电极的运动。燃弧腔体两侧设有相对的观察窗，从而可以对电弧的光学信息进行测量与诊断。实验中的喷口、电极等均为可拆卸部件，从而避免因为过度烧蚀对燃弧过程产生影响。

实验中选用铜材料作为电极材料，电极直径为 10mm。实验腔体可分别开展拉弧实验以及吹弧实验。在拉弧实验中，实验前通过首轮调节低压电极至与高压电极相接触，并存在一定的预压力，保证其良好接触，实验过程中，通过调节触头运动时刻与电流导通时刻，可对电弧起弧相位进行控制。在吹弧实验中，需要在拉弧实验的基础上，给上游实验腔体充入压力高于下游实验腔体并与下游实验腔体气体配比一致的气体，并通过调整两个实验腔体之间的电磁开关的导通时刻，保证在电弧起弧后上游实验腔体的气体通过喷口对电弧进行吹弧。在吹弧实验中，采用下游实验腔体充气压力为绝对压力 0.1MPa，而上游实验腔体的充气压力为绝对压力 0.3MPa。此外，实验采用的喷口材料采用了高压断路器中常用的喷口材料聚四氟乙烯（Poly Tetra FluoroEthylene，PTFE），喷口喉部位置正对于高压电极与低压电极的接触位置。

如图 4-39 所示为实验所采用的电路图。短路电流由大容量 LC 振荡回路提供，通过电容器组与电抗器的串联谐振产生频率为 50Hz 的短路电流，并通过控制电容器组的充电电压来调节预期开断的短路电流。实验采用调压变压器与整流器配合对电容器组进行充电，此时辅助开关 MB_1 闭合，MB_2 断开。当电容器组的充电电压达到预期值时，辅助开关 MB_1 自动断开。此时，将辅助开关 MB_2 闭合，电路将处于待触发状态，当触发源发出信号后，首先连接上下游腔体的电磁开关打开，引导气流从上游腔体注入下游腔体，在触头侧边形成压力梯度；接着，晶闸管导通，电流从高压电极流过低压电极；然后，动触头与静触头分离，在电极间形成电弧。由此，可形成在喷口限制吹弧的实验条件，模拟高压断路器开断过程中的气吹灭弧机理。将喷口拆除并将上下游腔体间的电磁开关保持常闭状态时，即可开展拉弧实验。

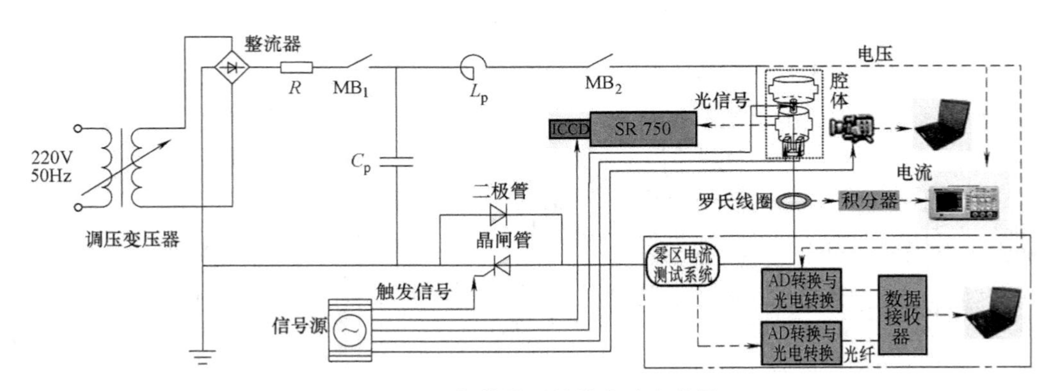

图 4-39　气体燃弧特性实验电路图

在实验中，需要对电流注入时刻、光谱采集时刻、气流注入时刻、触头分离时刻以及高速相机触发时刻进行准确控制与调整，因此采用一台多通道数字信号发生器作为触发源提供触发信号。

除了电弧电压、电弧电流等基本电参量外，还对于电弧光谱、电弧图像以及电流零点附近的电压电流等参量进行了测量与诊断。其中，电弧光谱采用 Andor 公司的 SR-750 型高分辨光栅光谱仪和 iStar DH734 型 ICCD 相机进行拍摄，光谱测量范围在 270~810nm 之间，最小门宽可达 2ns；电弧图像采用美国 VRI 公司的 Phantom V10 型高速摄影仪进行拍摄，该仪器采用 SR/CMOS 传感器，最高分辨率为 2400×1800，最短曝光时间为 2μs；零区电弧参量由荷兰 KEMA 高功率实验室开发的零区测量系统进行测量，该系统的最高测量频率可达 100MHz，而所能测量的电流范围为 50mA~80kA，可对电流零点附近变化极其剧烈的电压电流信号进行准确的测量与记录。需要说明的是，在吹弧实验中，由于喷口的存在阻塞了电弧光谱、电弧图像等光学信号的传输，因而未能对其光谱和图像进行测量。

实验步骤：

1）检查电路初始状态：MB_1、MB_2 均断开，触发源开机且信号延时设置无误，触头处于闭合状态，光谱仪、高速相机、示波器以及零区测量系统均处于待触发状态。

2）电容器组充电：基于预期短路电流设置充电电压，关合辅助开关 MB_1，通过调压变压器给电容器组充电至预期充电电压后，断开辅助开关 MB_1，将调压器降压，关合辅助开关 MB_2，实验准备就绪。

3）实验状态检查：检查光谱仪、高速相机、示波器以及零区测量系统，确认其均处于待触发状态，没有因为电容器组充电发生误触发。

4）触发电路：通过触发源按照一定的时间间隔分别给晶闸管、光谱仪、高速相机、电磁开关以及操动机构发出信号，导通电路开展实验并使得各种测量设备触发。

5）接地：将与电容器组并联的接地开关闭合，放掉电容器组上的剩余电荷，并将接地杆挂在高压触头侧。

6）保存数据：分别将光谱仪、高速相机、示波器以及零区测量系统测量得到的有效数据进行保存。

2. 电弧电参量的测量

电弧电参量包括电弧电压、电弧电流两个电弧的基本参量和电流过零期间的零区参量。电弧电压的大小受到触头开距、瞬时电弧电流、灭弧介质以及充气压力等多种因素的影响，是反映燃弧过程的重要参量之一。采用高压探头（Tektronix P6015A）对电弧电压进行测量，通过 1000∶1 的变比输入示波器进行记录。电弧电流则采用罗氏线圈和配套积分器（创元 CY2003-A3）进行测量。零区参量是指电流过零点附近的电弧电压和电弧电流。在电流过零期间，电弧通道的电子与离子快速复合和扩散，电弧等离子体迅速冷却，在此过程中的电弧电压与电弧电流可反映此时弧隙的介质恢复状态，通过零区参量，可获得电弧的时间常数和能量耗散系数等反映电弧开断过程的重要参量，从而对开断性能进行评估，采用荷兰 KEMA 高功率实验室研制的电流零区测量系统对电弧的零区参量进行测量。

3. 电弧光谱测量

在燃弧过程中，电弧等离子体温度高达数万 K，电弧通道中的粒子将发生电离，同时电弧会对电极存在烧蚀作用，从而在电弧通道中引入铜原子和铜离子等粒子，并发出较强的光。通过电弧光谱，可以对电弧等离子体的多种物理参量进行诊断。为了测量燃弧过程中电子激发温度，采用一台光谱仪和一台 ICCD 相机对燃弧期间的光谱进行测量与记录。实验采用分布式光谱测量，将狭缝调整至垂直于电极方向，并移动光谱仪将狭缝对准需要测量的位置。

基于 Abel 逆变换和 Boltzmann 斜率法相结合可获得电弧温度分布。本文在光谱测量过程中，由于铜原子的谱线较强，辨识度高，且不受灭弧介质的影响，因此选择了 Cu I 521.8nm、Cu I 515.32nm 和 Cu I 510.55nm 三条较为明显的谱线进行测量，从而对电弧温度进行评估。

实验中，光谱仪实际测量得到的光强为实际光强沿某一条弦上的积分值，如图 4-40 所示。为了获得电弧温度的空间分布，首先需要对试验测量的光强进行 Abel 逆变换处理。假设电弧为对称分布的等离子体圆柱，则电弧区域可表示为图 4-40 所示的圆对称区域，半径 r 处的光强可表示为 $f(r)$。对 $f(r)$ 从 A 点至 B 点沿直线路径 s 积分，积分值 $f(y)$ 即为实际测量得到的 y 处光强：

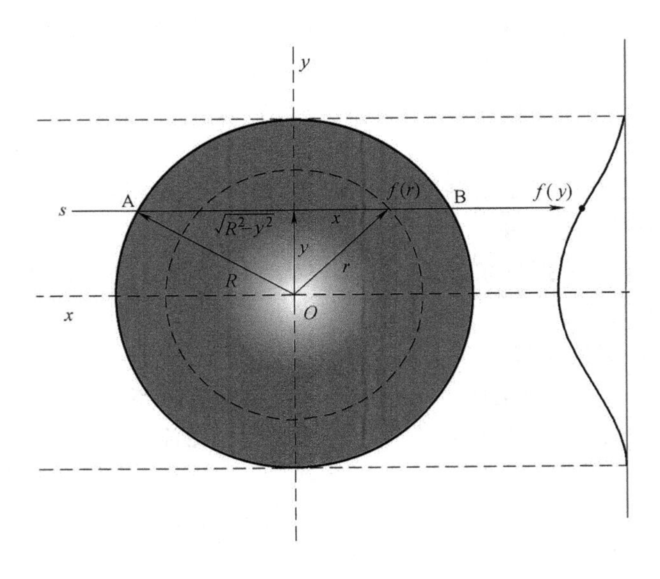

图 4-40 Abel 逆变换原理图

$$f(y)=\int_{-\sqrt{R^2-y^2}}^{\sqrt{R^2-y^2}} f(r)\,\mathrm{d}x \tag{4-35}$$

当已知光强的积分值 $f(y)$，需要求解光强沿径向分布 $f(r)$，此过程即为 Abel 逆变换。可将式（4-35）中的积分变量更换为 r，于是得到

$$f(y)=\int_{y}^{R} f(r)\frac{r\mathrm{d}r}{\sqrt{r^2-y^2}} \tag{4-36}$$

假设电弧边界为 R，则有 $f(R)=0$，于是可通过反变换得到

$$f(r)=-\frac{1}{\pi}\int_{r}^{R} f'(y)\frac{\mathrm{d}y}{\sqrt{y^2-r^2}} \tag{4-37}$$

通过上述变换过程，可以得到各个谱线光强沿径向的分布函数 $f(r)$，在此基础上，根据波尔兹曼斜率法，对于同一元素不同激发态的两条或多条谱线，存在如下关系式：

$$\lg\frac{I\lambda}{gA}=-\frac{5040}{T}E+\lg\frac{hcn_M}{z} \tag{4-38}$$

式中　I——谱线强度；

λ——谱线波长；

g——谱线的简并度；

A——原子从高能级向低能级的自发跃迁概率；

E——谱线的激发能；

h——普朗克常量；

c——光速；

n_M——原子密度；

z——原子在该温度下的配分函数。

于是，可以联合 Cu I 521.8nm、Cu I 515.32nm 和 Cu I 510.55nm 三条谱线获得式（4-38）中与温度相关的斜率，从而获得电弧温度沿径向的分布。

4. 弧后击穿特性评估

Mayr 模型常被用于弧后热击穿特性评估。本节采用 Mayr 电弧模型，对燃弧过程和电流过零前的电弧能量耗散特性及弧后击穿特性开展研究。Mayr 方程通常表示如下：

$$\frac{1}{g}\frac{\mathrm{d}g}{\mathrm{d}t}=\frac{1}{\theta}\left(\frac{u\cdot i}{Q}-1\right) \tag{4-39}$$

式中　g——电弧电导；

θ——电弧时间常数；

u——电弧电压；

i——电弧电流。基于上式推导可以得到：

$$\theta=\frac{g_1 i_2^2-g_2 i_1^2}{i_1^2\ \frac{\mathrm{d}g_2}{\mathrm{d}t}-i_2{}^2\ \frac{\mathrm{d}g_1}{\mathrm{d}t}} \tag{4-40}$$

$$Q=\frac{i_2^2\ \frac{\mathrm{d}g_1}{\mathrm{d}t}-i_1^2\ \frac{\mathrm{d}g_2}{\mathrm{d}t}}{g_2\ \frac{\mathrm{d}g_1}{\mathrm{d}t}-g_1\ \frac{\mathrm{d}g_2}{\mathrm{d}t}} \tag{4-41}$$

二、电弧电压电流分析典型实验结果的分析

不同燃弧方式下 CO_2 气体在拉弧和吹弧实验中的电压电流波形如图 4-41 所示。拉弧实验中，在电流导通后约 0.5ms 时刻，触头分离，电弧开始燃烧，此时电弧

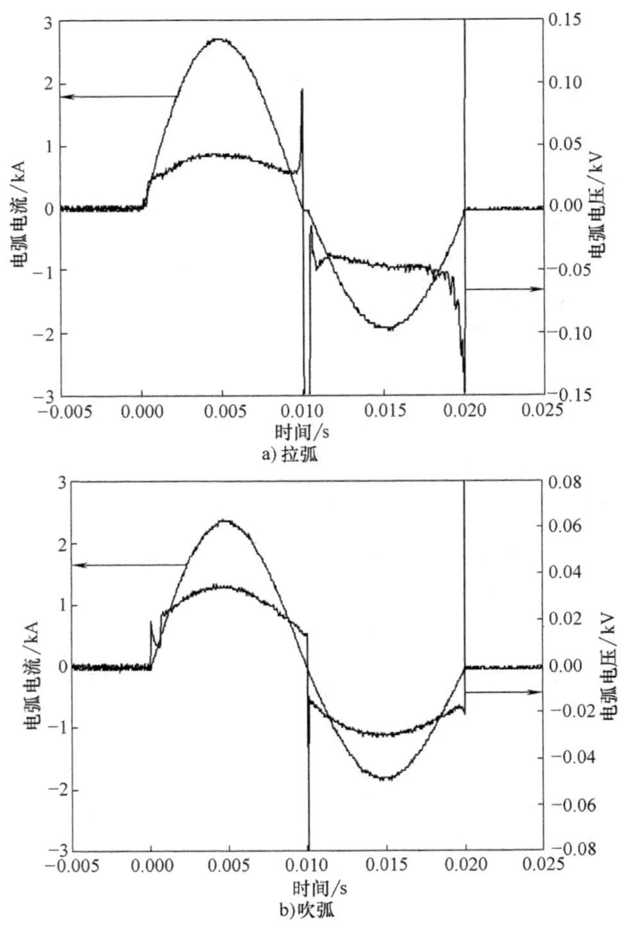

图 4-41　不同燃弧方式下 CO_2 气体燃弧实验中的电压电流波形图

电压为 22V，在第一个电流半波期间，电弧电压随电流的增大和减小而呈现出相似的变化规律，电弧电压峰值约为 34V。电弧稳定燃烧，电弧电压几乎没有出现波动的现象，在第一个电流零点前，电弧电压仅为 14V。第一个电流零点存在短暂的零休现象，此时电流为零，而电压则出现一个反向尖峰，峰值约 84V。在第二个电流半波期间，电弧电压呈现出类似于第一个个电流半波的规律，但在第二个电流零点前，电弧电压出现了一个较小的熄弧尖峰，电弧电压从约 18V 提高到 21V 后电弧熄灭。通过对于电弧图像的分析，了解到在第一个电流半波后，触头的开距仅约为 1.5mm，而第二个电流半波后，触头的开距约为 3.9mm。在吹弧实验中，电流导通后约 0.32ms 时刻触头分离，电弧开始燃烧，此时电弧电压为 22V，在大电流期间，电弧电压变化规律与拉弧实验比较接近，但其峰值约为 42V，略高于拉弧实验，而在第一个电流零点之前，出现了一个明显的熄弧尖峰，电弧电压高达 96V。第一个电流半波过零后，出现了约为 0.84ms 的电流暂停时间，而后电弧重新开始燃烧。在第二个电流半波期间，不同于第一个电流半波期间，电弧电压呈缓慢上升趋势，且在过零前出现了明显的熄弧尖峰，电压高达 158V。

通过比较以上两种燃弧方式的电弧电压波形图可发现，在极小的电极间距（<5mm）下，电弧电压随电弧电流的增大而增大。拉弧实验的第一个电流半波没有出现熄弧尖峰，而第二个电流过零点则出现较小的熄弧尖峰。通过比较拉弧实验与吹弧实验发现，吹弧有助于增强电弧能量的耗散，使得电弧电阻增大，电弧电压升高。在吹弧实验中，第一个电流过零点就出现了明显的熄弧尖峰以及较长的电流暂停时间，这说明吹弧对于熄弧尖峰的形成和电弧的熄灭有着极大的促进作用。

CO_2 气体在拉弧和吹弧实验中的电弧电导波形图如图 4-42 所示。从图中可以看出，拉弧实验中的电弧电导高于吹弧实验。相比于拉弧实验，吹弧实验中，电弧

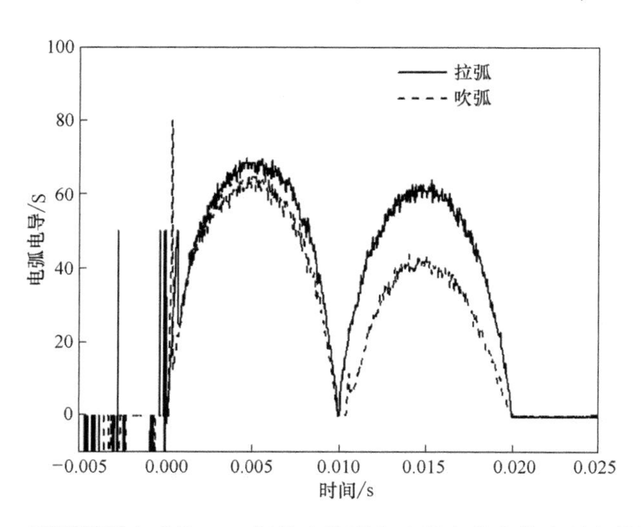

图 4-42　不同燃弧方式的 CO_2 气体在拉弧和吹弧实验中的电弧电导波形图

等离子体受到气吹作用的影响，电弧温度降明显降低，因而电弧电导也将减小。在第一个电流半波期间，吹弧实验中的电弧电导仅略低于拉弧实验，而在第二个电流半波期间，吹弧实验的电弧电导仅约为拉弧实验中的三分之二，这是因为第二个电流半波期间，电极间距明显大于第一个电流半波期间，因而电弧与气流的接触面积更大，气吹对于电弧的影响也更为明显。

CO_2 气体在拉弧和吹弧实验中的电弧注入能量波形图如图 4-43 所示。从图中可以看出，拉弧实验中的电弧注入能量低于吹弧实验。在燃弧期间，电弧的能量注入与能量耗散总体基本保持平衡，两者之间略微的差别是导致电弧形态变化的因素，电弧的能量注入情况一定程度上反映着电弧能量耗散情况。通过比较这两种燃弧条件下的电弧注入能量发现，气吹作用对于电弧能量耗散有极强的促进作用。

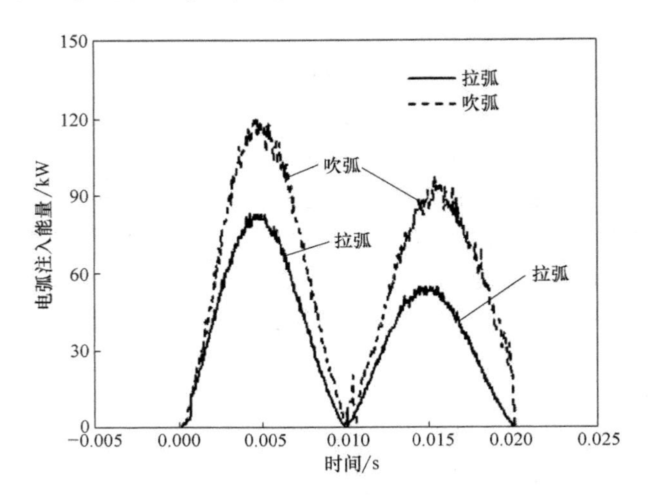

图 4-43 不同燃弧方式的 CO_2 气体在拉弧和吹弧实验中的电弧注入能量波形

为了对燃弧过程中的电弧能量耗散情况更为了解，采用 Mayr 电弧模型对燃弧期间不同电导下的电弧时间常数和能量耗散系数进行了计算，计算方法如图 4-44 所示。首先，给定一个电弧电导 g，并在电弧电导的变化曲线中找到与之相等的两个点，其电导分别为 g_1 和 g_2，进而在确定这两个点对应的电流值 i_1 和 i_2 以及电导变化率 dg_1/dt 和 dg_2/dt，最后，基

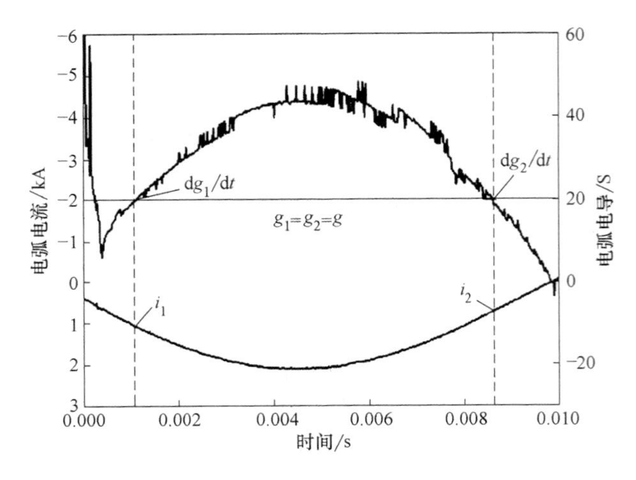

图 4-44 电弧时间常数和能量耗散系数计算方法图

于式（4-40）和式（4-41）得到该电弧电导下的电弧时间常数和能量耗散系数。

拉弧和吹弧电弧实验中的电弧时间常数和能量耗散系数对比图如图 4-45、图 4-46 所示。从图中可以看出，随着电弧电导的增大，电弧时间常数和能量耗散系数均呈增大趋势。相比于拉弧实验，吹弧实验中的电弧时间常数和能量耗散系数均更大，说明气吹对于电弧能量的耗散有极大的促进作用。

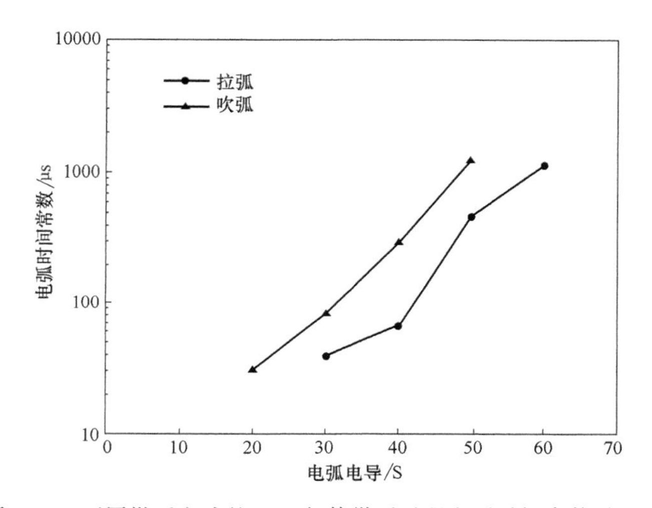

图 4-45　不同燃弧方式的 CO_2 气体燃弧过程电弧时间常数对比图

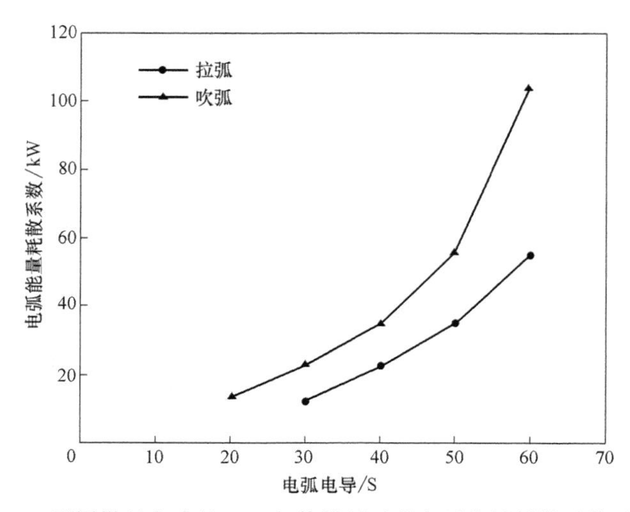

图 4-46　不同燃弧方式的 CO_2 气体燃弧过程电弧能量耗散系数对比图

在拉弧、吹弧实验中，不同气体燃弧过程的电压波形图和电弧电导对比图如图 4-47~图 4-50 所示。实验中所有气体充气压力均为 0.1MPa 绝对压力，$C_5F_{10}O$-CO_2 和 C_4F_7N-CO_2 混合气体的配比为依据饱和蒸气压特性计算得到的最低温度-25℃条件

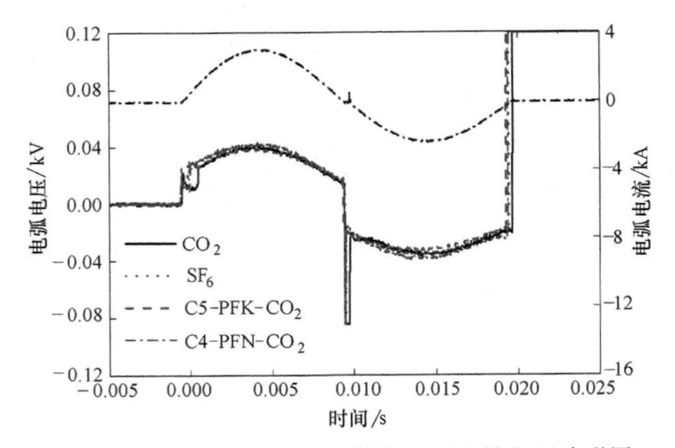

图 4-47　拉弧实验中不同气体燃弧过程的电压波形图

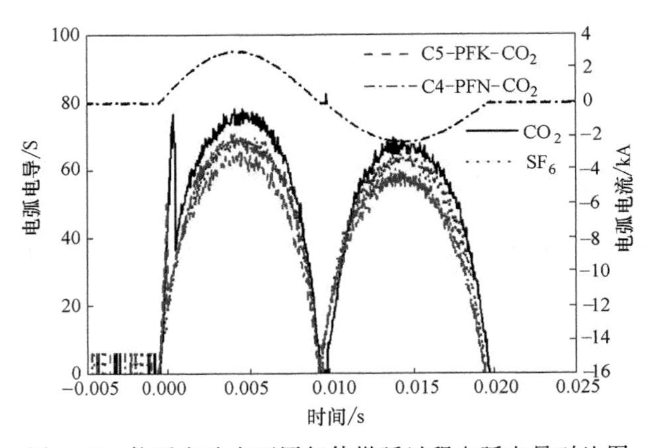

图 4-48　拉弧实验中不同气体燃弧过程电弧电导对比图

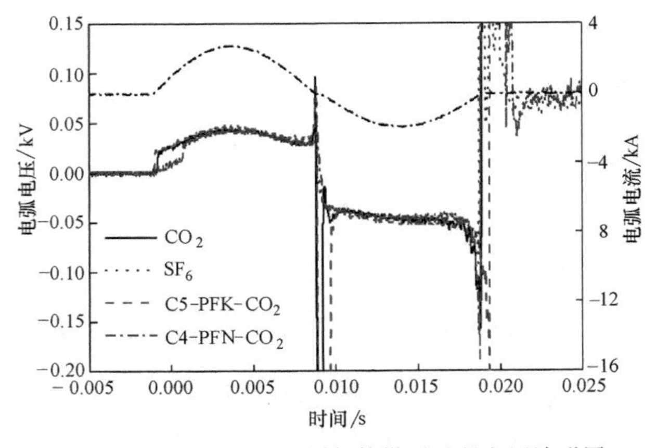

图 4-49　吹弧实验中不同气体燃弧过程电压波形图

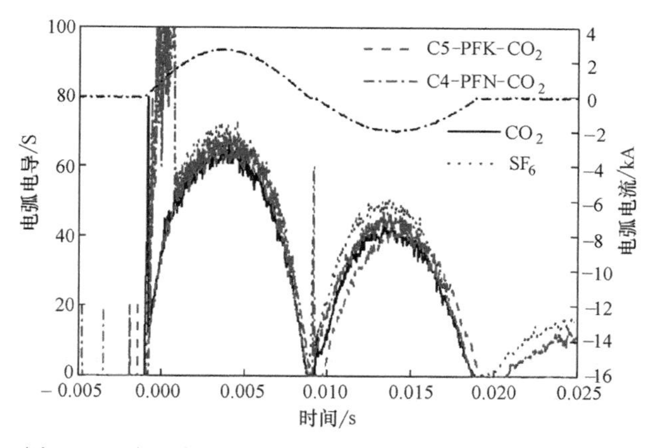

图 4-50 吹弧实验中不同气体燃弧过程电弧电导对比图

下的气体配比。通过对比发现，在拉弧和吹弧实验中，由于电极间距较小，不同气体的电弧电压波形几乎重合。在吹弧实验中，CO_2 电弧电导最低，而 SF_6 电弧电导最高，C_4F_7N-CO_2 混合气体的电弧电导略高于 $C_5F_{10}O$-CO_2 混合气体。而在拉弧实验中，CO_2 电弧电导最高，其次为 SF_6 电弧，而 $C_5F_{10}O$-CO_2 和 C_4F_7N-CO_2 混合气体的电弧电导比较接近。

三、电弧光谱分析

如图 4-51 所示为光谱测量的典型结果。图中横坐标为波长，纵坐标为电弧轴向分布。实验中，通过对触头直径的像素数量进行校验，得到像素点数与电弧位置实际距离的比例关系。从图中可以看出，光谱仪对于目标谱线的测量比较准确，不同谱线之间几乎没有相互影响，而且电弧的分布也较为对称，测量效果比较理想。图 4-52 给出了电弧弧芯位置的光谱分布，从图中可以看出，目标谱线非常清晰，且三条谱线的强度呈线性分布，因此可以通过 Boltzmann 斜线法对电弧的温度进行测量。

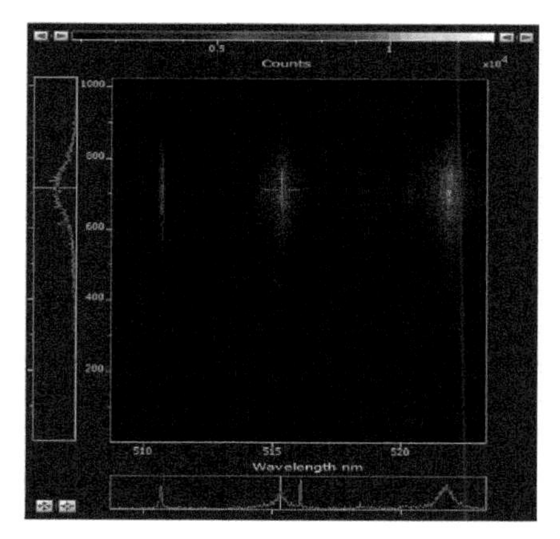

图 4-51 光谱测量典型结果

在拉弧实验中，不同气体燃弧过程 8ms 时距离阳极 1mm 处电弧温度分布如图 4-53 所示。考虑到拉弧实验中第一个电流半波期间，电极最大间距仅为约 1.5mm，因此选择在距离阳极 1mm 处进行测量，为了避免零区电流较小，电弧温度较低，因而光谱强度较低的问题，选择起弧后 8ms 时刻对电弧光谱进行测量。从图中可以看出，拉弧实验中电弧弧芯的最高温度在 8000~10000K 之间。在拉弧实验中，光谱测量位置距离电极距离在 1mm 以内，考虑到铜电极材料的沸点仅约为 2862K，因而该出电弧温度受到铜电极的影响较为显著。在拉弧实验中，电弧弧芯温度从高到低依次为 SF_6(9710K)>$C_5F_{10}O$-CO_2(9240K)>C_4F_7N-CO_2(8270K)>CO_2(8120K)，电弧半径从大到小依次为 CO_2(0.71cm)>SF_6(0.70cm)>C_4F_7N-CO_2(0.51cm)>$C_5F_{10}O$-CO_2(0.38cm)。

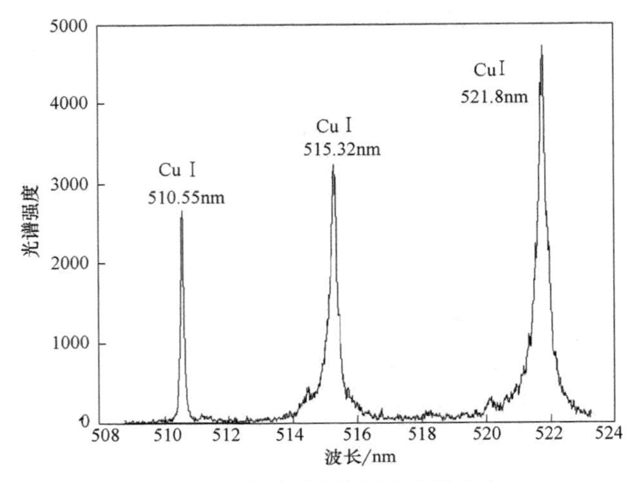

图 4-52　电弧弧芯位置的光谱分布

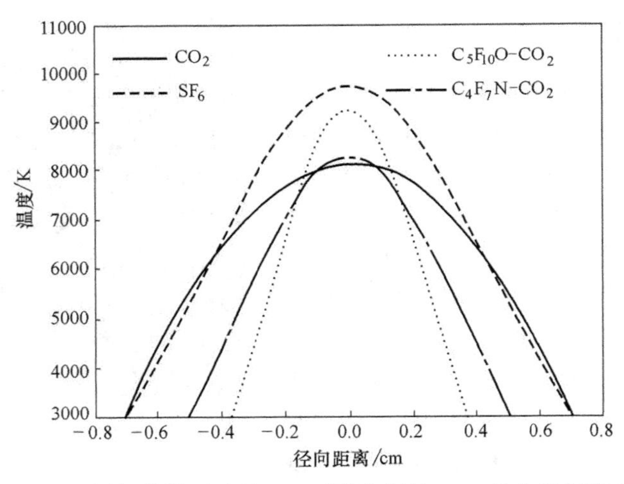

图 4-53　不同气体燃弧过程 8ms 时距离阳极 1mm 处电弧温度分布

四、弧后击穿特性分析

在高压断路器开断短路电流时，电流过零前 200ns 时刻的电弧电导值 G_{200} 是评估断路器开断性能的一个重要判据。图 4-54 给出了拉弧和吹弧实验中第一个电流零点前 200ns 时刻的电弧电导。从图中可以看出，在拉弧实验中，G_{200} 从高到低依次是 CO_2>$C_5F_{10}O$-CO_2>C_4F_7N-CO_2>SF_6，而在吹弧实验中，G_{200} 从高到低依次是

CO_2>C_4F_7N-CO_2>$C_5F_{10}O$-CO_2>SF_6。

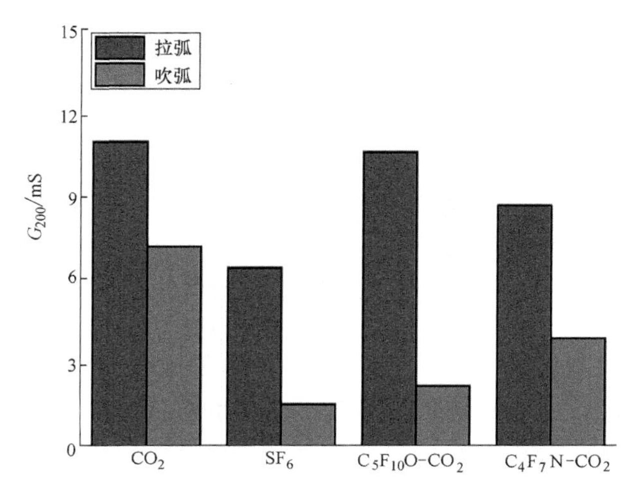

图 4-54　拉弧和吹弧实验中第一个电流零点前 200ns 时刻的电弧电导

在电弧电流衰减至零的过程中，电弧注入能量逐渐减小，从而导致电弧温度逐渐降低，电弧弧柱收缩，电弧电导逐渐降低。当电流过零后，弧隙电弧等离子体温度依然较高，仍保持导体状态，此时，在恢复电压的作用下，将会有一个很小的电流流过，这个电流被称为弧后电流，而电弧的热开断结果则主要通过弧后电流的变化趋势进行判断。当弧后电流对弧隙注入的能量高于此时耗散的能量时，电弧等离子体温度升高，电导变大，弧后电流逐渐增大，电弧重燃；而当弧后电流注入弧隙的能量低于此时的能量耗散时，则电弧逐渐冷却，弧后电流则趋于减小为零，热开断成功。

工程上通常采用 Mayr 模型对弧后热开断的结果进行评判。基于前文所述弧后击穿理论，运用公式分别对电弧的时间常数 θ 和能量耗散系数 Q 进行计算，得到如图 4-55 和图 4-56 所示的结果。电弧时间常数和能量耗散系数反映了电流过零时

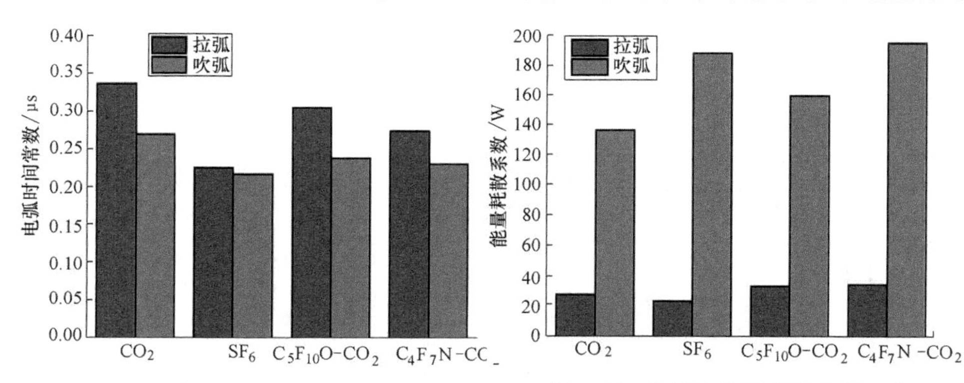

图 4-55　拉弧和吹弧实验中第一个电流零点电弧时间常数

图 4-56　拉弧和吹弧实验中第一个电流零点电弧能量耗散系数

刻电弧等离子体的状态以及能量耗散情况。从图中可以看出，相比于拉弧实验，吹弧实验中电弧时间常数更小，而能量耗散系数则更高，这说明吹弧实验中的电弧能量耗散情况明显优于拉弧实验。在不同气体的拉弧和吹弧实验中，θ 值从高到低依次为 CO_2>$C_5F_{10}O$-CO_2>C_4F_7N-CO_2>SF_6，拉弧实验中 Q 值从高到低依次为 C_4F_7N-CO_2>$C_5F_{10}O$-CO_2>CO_2>SF_6，而吹弧实验中 Q 值从高到低依次为 C_4F_7N-CO_2>SF_6>$C_5F_{10}O$-CO_2>CO_2。

基于电弧的时间常数 θ 和能量耗散系数 Q，结合电流过零前的电弧电压和电弧电流，利用 Mayr 方程得到不同恢复电压上升率 RRRV 和不同零前电流变化率 di/dt 下的弧后电流，基于弧后电流，可以对热开断结果进行评估。在拉弧实验中，CO_2 电弧在不同 RRRV 和 di/dt 下电流过零后的弧后电流分别如图 4-57 和图 4-58 所示。在拉弧实验中，CO_2 电弧的临界 RRRV 和临界 di/dt 分别为 0.12kV/μs 和 0.25A/μs。图 4-59 和图 4-60 给出了实验中的几种气体在拉弧和吹弧实验中第一个电流过零点的

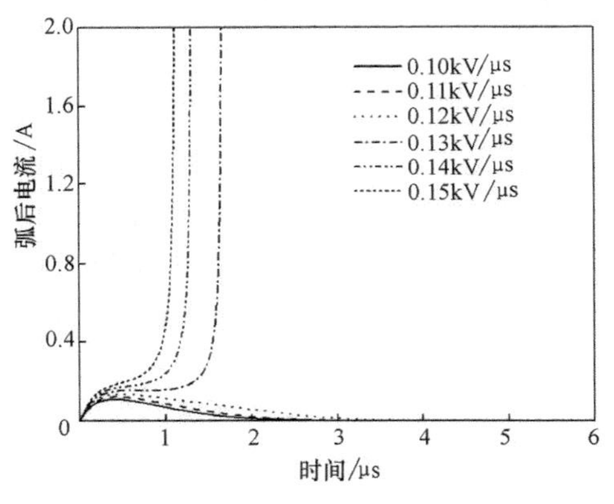

图 4-57 拉弧实验中 CO_2 电弧不同 RRRV 下的弧后电流

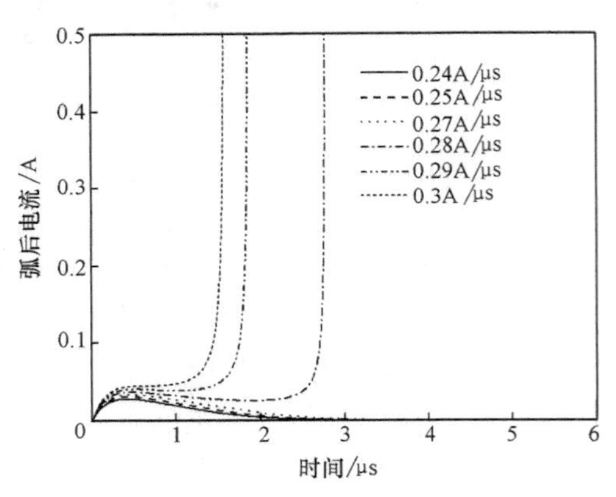

图 4-58 拉弧实验中 CO_2 电弧不同 di/dt 下的弧后电流

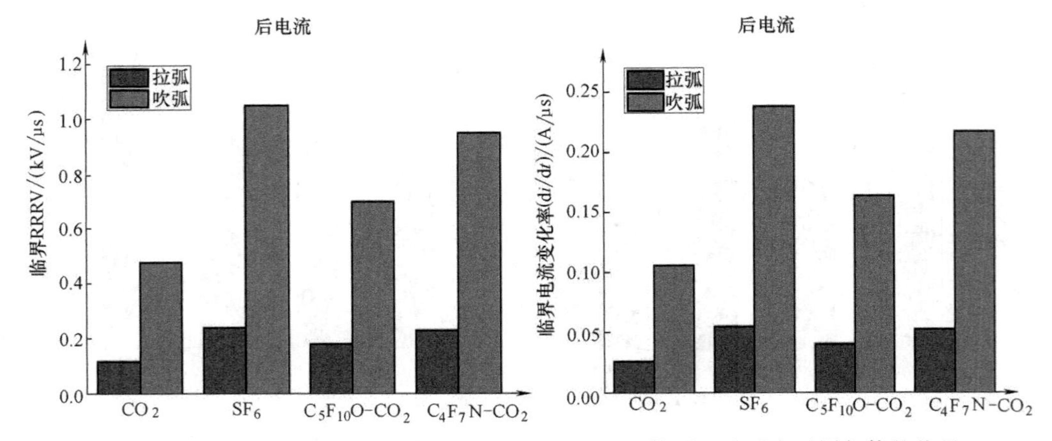

图 4-59 拉弧、吹弧中不同气体的临界 RRRV

图 4-60 拉弧、吹弧中不同气体的临界 di/dt

临界 RRRV 和临界 di/dt。从图中可以看出，吹弧实验中的临界 RRRV 和临界 di/dt 远高于拉弧实验，以 CO_2 为例，拉弧实验中的临界 RRRV 和临界 di/dt 大约为吹弧实验中的 25%。横向对比几种气体，可以看出在拉弧和吹弧实验中，SF_6 气体的临界 RRRV 和临界 di/dt 最高，而 CO_2 最低。在拉弧实验中，CO_2 气体的热开断性能大约为 SF_6 的 50%，$C_5F_{10}O$-CO_2 混合气体的热开断性能大约为 SF_6 的 75%，而 C_4F_7N-CO_2 混合气体则基本与 SF_6 的热开断性能相等。在吹弧实验中，CO_2、$C_5F_{10}O$-CO_2 和 C_4F_7N-CO_2 混合气体的热开断能力分别大约为 SF_6 的 45%、68% 和 91%。

五、C_4F_7N-CO_2 混合气体在 145kV 隔离开关中燃弧特性的研究

1. 145kV 隔离开关结构与实验电路

本节基于一台 145kV 电压等级的三工位隔离开关，针对 SF_6 和 C_4F_7N-CO_2 混合气体开展母线转换电流开断实验。该隔离开关是上海思源电气公司的 ZF28A-126/145 型 GIS 的一个模块。实验短路电流由 LC 振荡回路提供，选用 1600A 的母线转换电流开展实验。经过短路测试，该 LC 振荡回路电流源产生数千安培电流时的充电电压较高，如要产生 1600A 有效值的电流需要充电电压为 76V，较实际母线转换电流开断实验的电压更高。因此，考虑到实验过程中触头的电寿命问题，对于每一种实验条件，采用一个新的断口来开展实验，并且控制实验次数在 50 次，以减小触头烧蚀对实验结果的影响。实验采用 145kV 隔离开关实验电路图 4-61 所示。其工作原理：实验前主合闸开关 MB_2 断开，闭合充电回路开关 MB_1，调节调压器通过整流硅堆对电容器组 C_p 充电；充电至所需实验电压后调压器回零断开充电回路，实验准备就绪。接通主合闸开关 MB_2，由 C_p、L_p，MB_2，腔体以及二极管和晶闸管构成一个典型的单频振荡回路。在实验中，电弧电压由高压探头测得，电弧电流通过罗氏线圈测得，利用一台数字示波器记录。实验现场如图 4-62 所示。

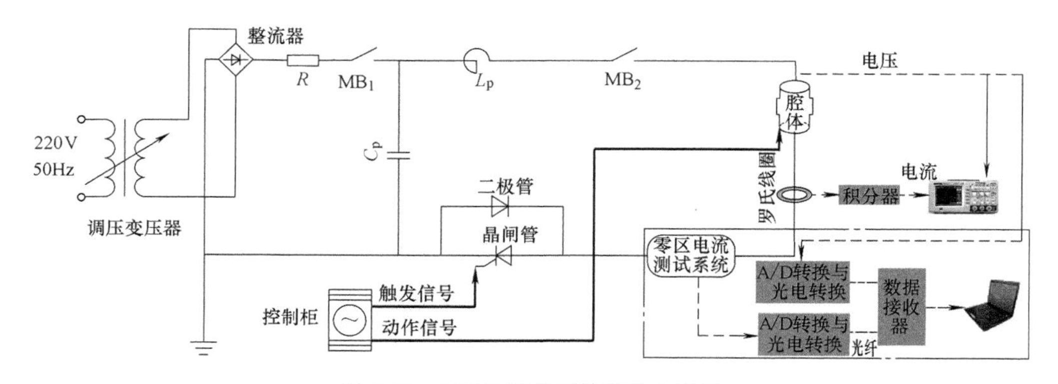

图 4-61　145kV 隔离开关实验电路图

2. 燃弧特性的研究

本次实验中，分别对 0.6MPa 绝对压力下的 SF_6 和 0.6MPa、0.7MPa 下的 C_4F_7N-CO_2 混合气体开展实验。其中，C_4F_7N-CO_2 混合气体的配比由第二章的饱和蒸气压计算得到，保证混合气体的液化温度均为 -25℃。145kV 隔离开关开断母线转换电流实验的典型的电压电流波形如图 4-63 所示。图 4-63 中，几种气体在母线转换电流开断实验中均表现出了较好的灭弧能力，电流在第一个电流过零点后立即熄灭。在燃弧过程中，电弧电压均呈略微下降的趋势，且没有明显的波动。在电流过零前，SF_6 气体电弧电压出现了一个较小的熄弧尖峰，而 C_4F_7N-CO_2 混合气体则没有。图 4-63 中，SF_6 气体燃弧时间约为 9.0ms，0.6MPa 下的 C_4F_7N-CO_2 混合气体燃弧时间约为 9.44ms，而 0.7MPa 下的 C_4F_7N-CO_2 混合气体约为 9.24ms。

图 4-62　145kV 隔离开关实验现场

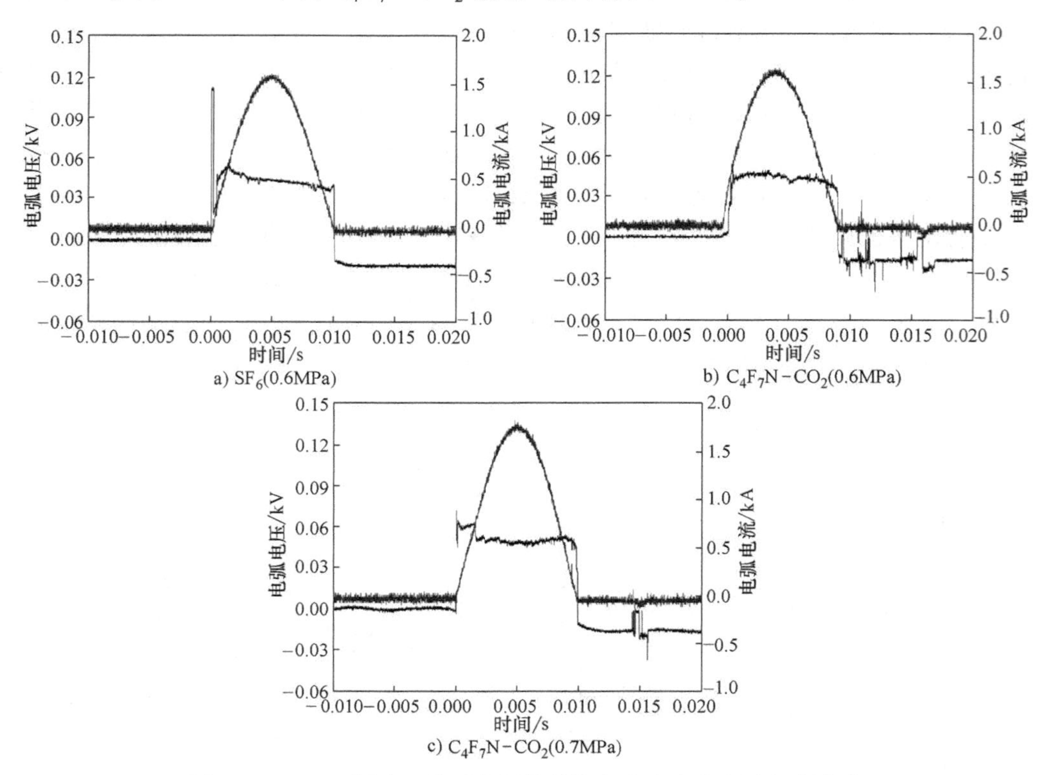

图 4-63　145kV 隔离开关开断母线转换电流实验的电压电流波形

145kV 隔离开关中填充不同气体并作为灭弧介质开断 1600A 母线转换电流时的燃弧时间分布图如图 4-64 所示。经过统计，0.6MPa 绝对压力下的 SF_6 和 0.6、0.7MPa 下的 $C_4F_7N\text{-}CO_2$ 混合气体在开断 1600A 的母线转换电流时的平均燃弧时间分别是 11.59ms、7.66ms 和 9.02ms。从图中可以看出，0.6MPa 下的 SF_6 作为灭弧介质时，燃弧时间最长且分散性最大。而 0.6MPa 下的 $C_4F_7N\text{-}CO_2$ 混合气体作为灭弧介质时，平均燃弧时间最小，0.7MPa 下的 $C_4F_7N\text{-}CO_2$ 混合气体作为灭弧介质时，燃弧时间波动较小，说明提高气压有助于提高燃弧过程的稳定性。

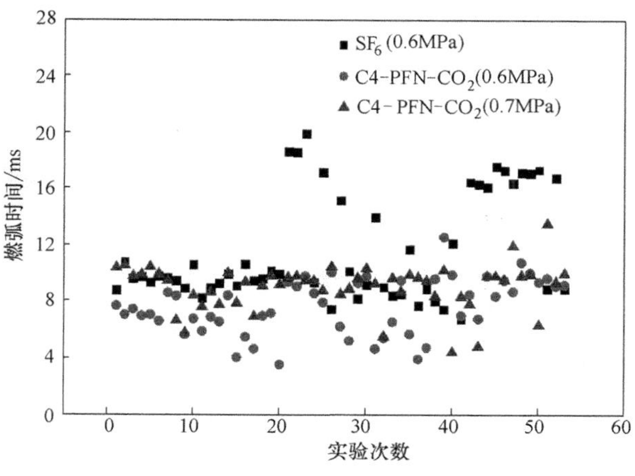

图 4-64　145kV 隔离开关开断 1600A 的母线转换电流时的燃弧时间分布图

第五节　小　　结

本章针对新型环保混合气体的燃弧特性及灭弧性能进行了分析与详细介绍，得到以下结论：

1）基于局部热力学平衡态理论，综合原子物理、分子物理、量子力学、光谱学等物理参数，建立了新型环保气体的物性参数计算模型。计算结果表明，定压比热容和热导率的峰值与混合物中发生的解离或电离反应有关。当在 CO_2 中加入的 $C_5F_{10}O$ 或 C_4F_7N 时，由于其在低温下粒子组成繁多，化学反应复杂，导致定压比热和热导率在 5000K 以下出现多个峰值，且随着 $C_5F_{10}O$ 或 C_4F_7N 比例的变化，其峰值对应的温度和幅值大小均有较大变化。该研究结果有助于模拟以 CO_2 混合气体作为灭弧介质的断路器中的电弧行为，也可协助优化选择适用于不同应用条件下的 CO_2 气体混合比例，实现气体混合比例的优化配置。

2）开展了 CO_2 及其与 $C_4F_7N\text{-}C_5F_{10}O$ 混合气体在拉弧和喷口吹弧条件下的燃弧特性实验，对比分析了不同条件下燃弧过程中的电弧能量耗散特性及热开断特性，并基于光谱分析和阿贝尔逆变换获得了燃弧过程中电弧温度沿半径方向的分布。拉弧实验中的电弧弧芯温度范围在 8000～10000K。在拉弧实验中，CO_2 气体的热开断性能大约为 SF_6 的 50%，$C_5F_{10}O\text{-}CO_2$ 混合气体的热开断性能大约为 SF_6 的 75%，而 $C_4F_7N\text{-}CO_2$ 混合气体则基于与 SF_6 的热开断性能相等。吹弧实验中的热开断能力大约为拉弧实验的 4 倍。在吹弧实验中，CO_2、$C_5F_{10}O\text{-}CO_2$ 和 $C_4F_7N\text{-}CO_2$ 混合气体的热开断能力分别大约为 SF_6 的 45%、68%和 91%。

第五章 新型环保混合气体在电力设备中的应用

第一节 新型环保混合气体在电力设备中的应用技术

一、新型环保气体应用方案

从应用场景上来看，全氟酮类气体由于液化温度非常高，一般可与液化温度低的缓冲气体混合在户内条件下使用。例如 ABB 公司生产的型号为 GLK-14 GIS（混合气体为 $C_5F_{10}O$-CO_2-O_2），其适用温度范围为-5～+5℃。如若为了增大其适用温度范围而增加缓冲气体比例时，会使得混合气体的绝缘性能下降。相比之下，C_4F_7N 气体的液化温度低于 $C_5F_{10}O$ 气体，因此与液化温度低的缓冲气体混合后可应用于户外的一般场景。例如 GE 公司的型号为 B65 的 GIS（混合气体为 C_4F_7N-CO_2），其适用温度就较宽泛，为-25～+55℃。

除此之外，在一些环境恶劣的地区，如严寒地区，电力设备需要考虑增大缓冲气体的比例以降低混合气体的液化温度，此时一些使用在一般地区的设备就需要重新设计或者改变气体成分比例，以适应极端环境，但同时要兼顾电气性能。如高原地带，由于气压低等问题可能需要重新设计电力设备的结构或者改变混合气体比例以适应当地环境。

综合上述，通过多年的研究和探索，研究人员在 SF_6 气体替代技术的探索和应用领域已基本形成了一些共识的技术与方向，如采用 C_4F_7N、$C_5F_{10}O$ 新型环保气体与空气、CO_2 等液化温度较低的缓冲气体混合作为中高压环保型电力设备中的绝缘或灭弧介质，然而如何针对具体气体绝缘电力设备和环境温度的需求与限制，对环保型混合气体的配比、压力选取方案进行优化是新型环保气体在中压气体绝缘设备中应用的关键问题。

本节介绍一种结合新型环保气体饱和蒸气压、临界击穿场强和环境温度、气体绝缘电力设备耐压限制的组配优化方法，主要分以下几步进行：

首先，计算新型环保混合气体在不同配比、不同温度下的饱和蒸气压，可采用上述的 Antoine 方程和气液平衡基本定律相结合的方法计算；

第二步，通过计算或实验得到新型环保混合气体在不同配比、不同压力下的临界击穿场强，可通过板板电极结构下的击穿电压与间距比值或 PT、SST 实验得到临界击穿场强，也可采用玻尔兹曼解析法和等离子体动力学相结合的方法计算；

在此基础上，根据上述得到的新型环保气体不同配比、不同温度下的饱和蒸气压和临界击穿场强数据，可以进一步形成在不同温度下的新型环保气体配比-饱和蒸气压-临界击穿场强关系。

第四步，根据气体绝缘电力设备强度设计、最低使用环境温度以及不同温度下的配比-饱和蒸气压-临界击穿场强关系，可确定在具体气体绝缘电力设备最大允许压力下可使用的新型环保混合气体配比。

第五步，结合对应新型环保气体所能达到的临界击穿场强以及成本、GWP 值等多种因素，进一步确定综合性能较优的新型环保混合气体配比与压力方案。

上述新型环保混合气体组配优选方法的流程图如图 5-1 所示。

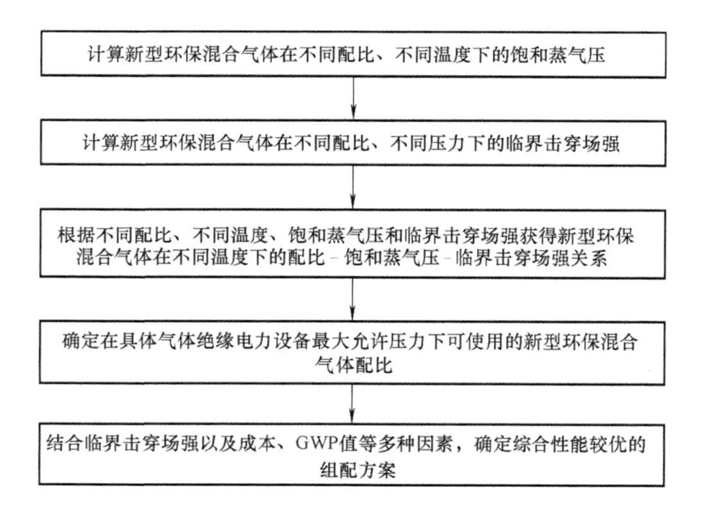

图 5-1　新型环保混合气体组配优选方案的流程图

基于上述新型环保气体组配方法，可对 C_4F_7N、$C_5F_{10}O$ 与空气、CO_2 等的混合气体在不同类型气体绝缘电力设备中的应用方案进行优化和确定。

以 C_4F_7N-CO_2 混合气体为例，现有研究已获得了该混合气体的临界击穿场强与混合气体混合比例的关系，通过将 C_4F_7N-CO_2 混合气体的临界击穿场强与饱和蒸气压结合，针对性地确定不同最低温度限制下新型环保混合气体的压力与配比方案，进一步结合电气设备实际情况，优选充气压力与绝缘强度的配合方案。

结合现有中高压气体绝缘设备中的 SF_6 气体使用方案及其绝缘性能，可得到 C_4F_7N-CO_2 混合气体在中高压气体绝缘电力设备中的建议使用方案，以及液化温度、与 SF_6 气体的相对绝缘强度数据，见表 5-1。

表 5-1 C_4F_7N 混合气体在中高压气体绝缘电力设备中的应用方案

设备	高压设备应用		中压设备应用	
充气压力/MPa abs.	SF_6	C_4F_7N-CO_2	SF_6	C_4F_7N-空气
	0.6	0.6~0.8	0.1~0.13	0.07~1.3
C_4-PFN 含量(%)	—	5~7	—	20~30
最低运行温度/℃	<-30	<-25	<-30	<-30
与 SF_6 的相对绝缘强度	1	0.8~1	1	>1

二、新型环保气体应用技术

一般而言，新型环保混合气体绝缘设备需要充入特定混合比例和压力的混合气体，如混合气体的充、补气方法不当，可能会造成混合气体比例出现偏差，进而影响电气绝缘水平，危及设备和电网安全，因此有必要开展混合气体的充、补气技术及策略研究，为基于混合气体绝缘/灭弧的中高压电力设备应用与运维提供基础。本部分介绍中高压电力设备中作为绝缘介质应用的 C_4F_7N、$C_5F_{10}O$ 与 CO_2、干燥空气等缓冲气体的混合气体快速混充和补气技术。

（1）新型环保混合气体快速混充技术

在混合气体作为电力设备绝缘/灭弧介质使用过程中，一般通过分压原理对设备进行充气、补气，即按照分压力先充入一定分压的气体，再充入一定分压的另一种气体。由于气体遵循道尔顿（Dalton）分压定律，混合气体的体积比与压力比一致，实现对两种绝缘气体充气量和混合比的控制。但该方法混气准确度较低，且充气过程需要分两步操作完成，充气操作过程复杂，还可能造成充气结果的误差和气体浪费。

为实现多组分气体的自动配气、充气功能，设计了混合绝缘气体动态配气装置，结构框图如图 5-2 所示，该装置由保护壳体和内部气路、元件组成，保护壳体上设置三个进气接头，保护壳体上还设置一个出气接头。

其中，保护壳体内部包括配气、混气、充气三个部分和抽真空部分。配气部分包括三条配气支路，每条配气支路均包括气瓶、第一减压阀、汽化器、电磁阀、气体质量流量计；混气部分包括带混气腔室和缓冲静置腔室的混气罐体；充气部分包括气体压缩机、单向阀和快速接头；抽真空部分包括电磁阀和真空泵。配气部分的输出端与混气部分的输入端连通，混气部分的输出端与充气部分的输入端连通。在配气部分中，气瓶的输出端与第一减压阀的输入端连通，第一减压阀的输出端与汽化器的输入端连通，汽化器的输出端经电磁阀与气体质量流量计的输入端连通，气体质量流量计的输出端为配气部分的输出端。在混气部分中，混气罐体包括一个混气腔室和一个缓冲静置腔室，混气腔室设有控制气流方向的设置。在充气部分中，混气部分的输出端与气体压缩机的输入端连通，气体压缩机的输出端与单向阀的输

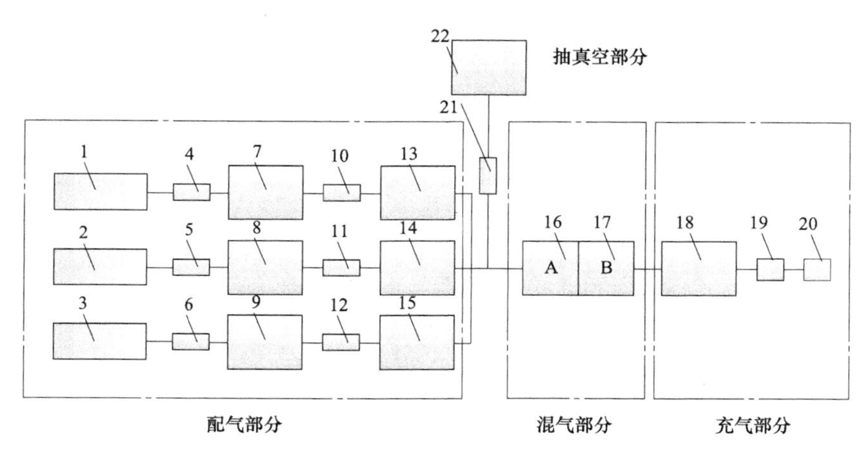

图 5-2　混合绝缘气体动态配气装置的结构框图

1～3—气瓶　4～6—减压阀　7～9—汽化器　10～12—电磁阀　13～15—气体质量流量计　16—混气腔室　17—缓冲静置腔室　18—气体压缩机　19—单向阀　20—快速接头　21—电磁阀　22—真空泵

入端连通，单向阀的输出端与快速接头连通。在抽真空部分中，配气部分的输出端与混气部分的输入端与抽真空部分的输入端通过一个气体三通连通，接着经电磁阀与真空泵的输入端连接。

利用上述混合绝缘气体动态配气装置，为电气设备或实验设备配气前，将装置外壳上的进气接头与相应的气罐连接，外壳上的出气接头与电气设备或实验设备进气口连接；然后利用真空泵对各个元件、腔体和气路进行抽真空操作。为电气设备或实验设备配气时，对于六氟化硫、三氟碘甲烷、八氟环丁烷、氟化腈和氟化酮等液化温度较高的高绝缘强度气体，首先经过汽化器变成气态，经过第一减压阀减压并稳定在0.1～0.2MPa压力范围内，经过电磁阀进入气体质量流量计的入口；对应于氮气、二氧化碳、空气等气体的配气支路，无需汽化器，直接经第一减压阀减压并稳定在0.1～0.2MPa压力范围内，经过电磁阀进入气体质量流量计的入口；三路气体经预先设定的质量流量计控制后，进入混气罐体的输入端，先进入混气腔室，使几路气体充分混合，再进入缓冲静置腔室；均匀混合后的混合气体进入气体压缩机的输入端，由压缩机增压后经单向阀和快速接头进入电气设备或实验设备。

新型环保气体快速混充装置如图 5-3 所示，该装置的主要技术指标如下：

配气浓度范围：3%～40% C_4F_7N（体积分数）；

可选配缓冲气体：N_2、CO_2、空气、CO_2-O_2；

配气精度：±2%；

配气流量：8～20m^3/h；

输出压力：0.8MPa@ Max；

外接电源：AC220V、50Hz。

图 5-3　新型环保气体快速混充装置试验应用现场

图 5-4 所示为采用开发的新型环保气体快速混充装置 C_4F_7N-CO_2 混合气体设定值与测试值试验校核，由图中结果可以看出，装置混气准确性较高，误差小于 2%，满足实验室及现场应用需求。

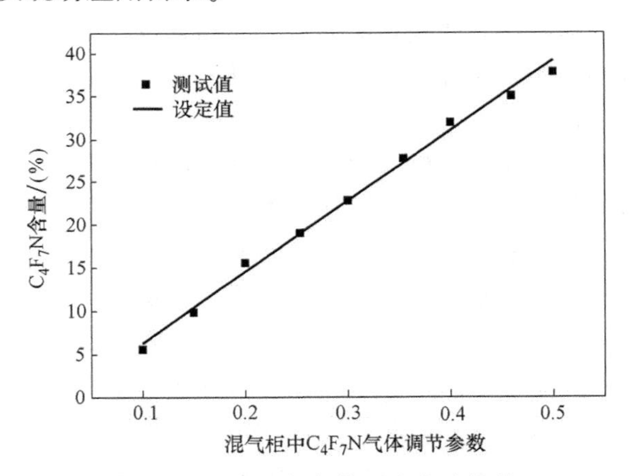

图 5-4　新型环保气体混充实验校核

新型环保气体快速混充装置采用质量流量混合的方法，基于高精度的质量流量控制器（MFC），按照预先设定的二元/三元混合气体各组分的混合比例，严格控制不同气体组分的质量流量，并加以混合而制得满足中高压电力设备充气要求的混合绝缘气体。此外，考虑到快速混充时需要对气体提压力，而在北方户外冬天环境下可能出现由于外界温度过低引起新型环保气体液化的问题，装置中增加了汽化模块，对液化温度较高的新型环保气体进行液化处理，从而有效地避免了上述技术问题。装置还具有如下优势：由于质量流量控制器控制的是气体实际的质量流量，而不是体积流量，因此装置对混合气体的混合配气不受环境温度、气压、海拔等因素的影响，同时能够连续快速配制出不同组分含量的混合绝缘气体，且配气比例动态可调，满足不同混合气体绝缘设备的应用需求。

（2）新型环保气体绝缘设备现场补气技术

新型环保气体绝缘设备在投运过程中，由于充补气环节操作不当、设备缓慢泄露等因素，可能造成设备中气体混合比例与额定混合比例存在一定偏差。对于混合气体绝缘设备现场补气工作，不能机械式的按照设备额定比例进行补气，更不能为操作便利仅补充单一组分气体（如只补绝缘强度较高的气体，SF_6、C_4F_7N、$C_5F_{10}O$）。上述操作可能对产品性能造成严重影响，例如，电力设备在长期运行中将不可避免地出现泄露，而混合气体由于气体的理化特性和分子大小不同，不同组分气体的泄露量也可能不完全相同，如按照额定比例补气，无法对应弥补泄露的气体组分；如仅仅补充绝缘强度较高的气体，虽然可保证气体的绝缘强度，但C_4F_7N、$C_5F_{10}O$的液化温度较高，该操作可能在温度较低时引起部分气体组分液化的现象，从而显著降低气体绝缘强度，影响设备安全运行。

因此，在对混合气体设备进行补气前，首先应对设备内的气体组分进行检测，确定混合气体中各组分的变化情况和总体压力变化情况；然后，根据设备额定组分与压力要求，确定设备中需要补充的气体组分与压力差值容。根据式（5-1）、式（5-2）计算出设备内混合气体各组分的比例，通过式（5-3）、式（5-4）可计算出设备在额定压力和组分下的体积，通过两者比较就能够确定本次需要补充的各组分体积以及混合比例，如式（5-5）。对于混合比例偏差不大的设备，通过补充气体即可进行调整，但如果混合比例偏差较大，单次补气或多次补气都难以实现调整，则需要对设备进行回收后重新按比例充气，避免影响设备安全运行。

$$V_1 = P \cdot V_{总} \cdot \chi_1 \tag{5-1}$$

$$V_2 = P \cdot V_{总} \cdot \chi_2 \tag{5-2}$$

$$V_{1额定} = P \cdot V_{总} \cdot \chi_{1额定} \tag{5-3}$$

$$V_{2额定} = P \cdot V_{总} \cdot \chi_{2额定} \tag{5-4}$$

$$\chi_{1补} = \frac{V_{1额定} - V_1}{(V_{1额定} - V_1) + (V_{2额定} - V_2)} \tag{5-5}$$

第二节 相关环保电力设备的开发及应用

截至目前，国外大型电力设备制造商，例如GE、ABB公司等已经推出基于C_4F_7N和$C_5F_{10}O$的电气设备，并在欧洲多国运行，电压等级最高达到420kV；国内主流电力设备制造商也已经取得了中高压环保型电气设备关键技术的突破。

ALSTON公司（现为GE公司）已将C_4F_7N-CO_2混合气体作为绝缘和灭弧介质在不同电压等级的电力设备上进行应用，主要有420kVGIB（-25℃）、245kV CT（-30℃）、145kVGIS（-25℃）。

在中压领域，ABB公司推出了以$C_5F_{10}O$-空气为绝缘介质的环保型气体绝缘开关柜 ZX2AirPlus，该环保型开关柜保留了现有 GIS 的紧凑性及其他优点，新气体的全球变暖潜能值（GWP）小于 1，大大降低了对环境的影响。此外，ABB 公司还开发了以 $C_5F_{10}O$-CO_2 混合气体为绝缘和灭弧介质的电压等级 170kV、开断容量 40kA 的环保型 GIS，该 GIS 的最低使用温度为 5℃，其中 $C_5F_{10}O$ 气体分压为 39kPa，总充气压力为 0.7MPa 绝对压力。

在国内，相关单位也研制了采用 C_4F_7N 混合气体作为绝缘介质的 10kV 户外高压负荷开关，该设备可处于“微负压”状态下工作，将有效解决常规开关设备在平原地区充气后到高原地区应用出现的“鼓包”问题，尤其适用于云南、贵州等高海拔地区。

现有的环保气体在中压和高压电力设备中替代 SF_6 应用时，一般常规气体在电力开关设备中作为绝缘与灭弧介质应用的主要有 CO_2 及其混合气体、N_2、空气等，相对电压等级较低，目前最高电压等级为 145kV，且主要以中压气体绝缘金属封闭开关设备（c-GIS）为主。在 10kV 电压等级上，环保型气体开关设备主要以空气或 N_2 绝缘、真空断路器开断的形式，如 ABB 公司的 SafeRing/SafePlus Air 和 ZX0Air 干燥空气绝缘环网柜和紧凑型开关柜。CO_2 气体在较高电压等级的灭弧介质中实现了产品应用，如 ABB 公司和日本东芝公司分别研制的 72.5kV 电压等级纯 CO_2 气体断路器，以及 ABB 公司以 245kV LTB-E 断路器降容得到的 145kV、开断能力为 31.5kA 的纯 CO_2 气体断路器。在之后的持续优化设计中，为了提高 CO_2 断路器的热开断性能和减少开断过程中 C、CO 等分解产物，东芝公司在 CO_2 中加入了少量 O_2。

近年来，德国西门子公司和日本三菱公司重点研究了空气绝缘技术及应用。西门子公司推出了 145kV 8VN1 blue GIS，该设备以空气（采用 80%N_2 和 20%O_2 的混合气体）绝缘、真空开断。三菱公司开发了以干燥空气绝缘、真空开断的高压 HG-VA GIS，电压等级达到 72kV。由于干燥空气绝缘强度在相同压力下仅约为 SF_6 气体的 1/3，其结构形式在 SF_6 气体 GIS 上做了一些调整和优化，原充气压力与原 SF_6 气体 GIS 相比略有提升，如原 SF_6 气体 HG-VG GIS 为 0.15MPa 绝对压力，而干燥空气 HG-VA GIS 充气压力为 0.25MPa 绝对压力，且耐压和短时耐受电流值均有下降。

在国内，近年来有数十家企业在中压环保型开关柜领域投入大量研发，并取得了显著的进展。上海天灵开关厂先后推出了 N_2 或 SF_6-N_2 混合气体中压 N2S/N2X 系列开关柜和 N2N 系列无 SF_6 气体绝缘开关柜，N2N 系列开关柜采用低压力的 N_2 作为绝缘气体，利用气体和局部固体相结合的界面绝缘技术。沈阳华德海泰电器在环保型中压开关柜方面重点研究和应用了干燥空气绝缘技术，先后推出了以干燥空气/N_2 绝缘、真空断路器开断的 XGN118-12 环保气体绝缘环网柜、HG3-40.5 环保型气体绝缘金属封闭开关设备（C-GIS）、HG6-72.5kV 环保型气体绝缘组合电器（MTS）等设备。

表 5-2 和表 5-3 分别对 72.5kV 及以上、40.5kV 及以下电压等级的环保型电力开关设备及其主要参数情况进行汇总。

表 5-2　72.5kV 及以上环保型电力设备参数

公司		型号	介质	额定电压 /kV	额定电流 /A	频率 /Hz	体积(*w*,*h*,*d*) /mm	温度范围 /℃	额定充气压力 /MPa	开断容量 /kA
GIS	Siemens	8VN1 blue GIS	干燥空气（绝缘）/真空断路器(开断)	145	3150	50	1000,3200,5500	-50~+55	0.77	40
		8VM1 blue GIS	干燥空气（绝缘）/真空断路器(开断)	72.5	1250	50	1050, 2330, 2500	-30~+45	0.56	25
	Mitsubishi	HG-VA(dry-air) GIS	干燥空气(绝缘)/真空断路器(开断)	72	800/1200	50/60	900,2700,2450	-5~+40(indoor) -25~+40(outdoor)	0.25	25/31.5
	ABB	GLK-14 GIS	C5-PFK-CO_2-O_2	170	1250	50		-5~+5	0.7~0.8	40
	GE	B65 GIS	C4-PFN-CO_2	145	3150	50/60		-25~+55	0.67~0.82	40
	沈阳华德海泰	HG6-72.5kV	干燥空气	72.5	2500	50	3200,2900,4100		0.7	31.5
CB	ABB	LTA CB	CO_2	72.5~84	2750	50		-50~+50		31.5
		245kV LTB-E	CO_2	145	3150	50		-50~+50		31.5
	Toshiba	CB	CO_2+O_2	72	3150	50				31.5
	Alstom	PKG CB	干燥空气	275	50000	50/60		-50		
	Hitachi	HSV CB	干燥空气（绝缘）/真空断路器（开断）	72.5	2000	50		-50		31.5/40

表 5-3　40.5kV 及以下环保型电力设备参数

额定电压/kV	额定电流/A	额定短路开断电流/kA	绝缘气体种类	尺寸（长×宽×高）	产品类型	充气压力（表压）	生产厂家
12	630	20	纯 N_2	750×375×1450	RMU(C)	0.02MPa	上海天灵
				800×450×1800		0.02MPa	厦门华电
				800×420×1500		0.02MPa	江苏大全
				1000×375×1900		0.03MPa	苏州郎格
				890×400×1700		0.02MPa	宁波耐森
				850×425×1500		0.02MPa	浙江冠源
			干燥空气	950×420×1650		0.02MPa	北京科锐
				820×410×1600		0.02MPa	沈阳华德海泰
				810×400×1400		0.02MPa	北京双杰
				800×410×1382		0.02MPa	北京合纵
				880×425×1500		0.02MPa	河北电力装备
				820×410×1420		0.02MPa	正泰电气
				825×420×1530		0.02MPa	华仪电气
				850×410×1450		0.03MPa	北京潞电
				800×410×1400		0.02MPa	山东泰开电力
				800×400×1400		0.02MPa	北京合锐赛尔
				800×420×1420		0.02MPa	北京科力恒久
				800×450×1550		0.02MPa	北海银河开关
				753×410×1400		0.02MPa	一能电气
				851×325×1336		0.04MPa	北京 ABB

（续）

额定电压/kV	额定电流/A	额定短路开断电流/kA	绝缘气体种类	尺寸（长×宽×高）	产品类型	充气压力（表压）	生产厂家
12	630	20	干燥空气	850×325×1500	RMU（C）	0.02MPa	浙江冠源
				850×420×1500		0.02MPa	湖南国奥电力
		25	纯 N_2	750×375×1450		0.02MPa	上海天灵
				890×400×1700		0.02MPa	宁波耐森
			干燥空气	600×350×1300		0.04MPa	博耳电力
		20	纯 N_2	750×440×1450	RMU（V）	0.02MPa	上海天灵
				800×450×1800		0.02MPa	厦门华电
	1250	31.5	干燥空气	1300×550×2350	c-GIS	0.03MPa	沈阳华德海泰
			纯 N_2	1050×500×2250		0.02MPa	上海天灵
				1300×550×2360		0.04MPa	北京潞电
		25		890×500×2000		0.02MPa	宁波耐森
	3150	40	纯 N_2	1400×900×2410		0.02MPa	上海天灵
				2000×1050×2350		0.04MPa	沈阳华德海泰
	2500	40	纯 N_2	1150×800×2250		0.02MPa	上海天灵
40.5	1250	31.5	纯 N_2	1700×800×2300		—	上海天灵
			干燥空气	1400×700×2350		—	沈阳华德海泰
	2500	31.5	纯 N_2	1700×900×2300		—	上海天灵
			干燥空气	1700×950×2350		—	沈阳华德海泰
	2000		C5-PFK-空气	600/800×2300×1760/1860		—	ABB

第三节 运维技术

随着电力设备从单组分气体（SF_6）向新型环保混合气体的转变，现有的电力设备运行维护指南和程序都会受到影响。从单组分气体（SF_6）向新型环保混合气体的过渡是一个巨大的挑战，电力公司需要针对新型环保混合气体制定新的维护程序，其中包括运维技术、维护设备工具以及维护人员的技能等。相比尚处于摸索阶段的新型环保混合气体，SF_6气体的运维技术已经趋近成熟，对新型环保混合气体的运维处理可以参考SF_6气体的相关技术。对于新型环保混合气体的运维技术，可以从以下几个方面进行讨论：1）新型环保混合气体设备的运维策略；2）新型环保混合气体的运维监测指标和相关技术设备；3）新型环保混合气体的回收使用和填充方法以及对其分解气体、副产品的处理要求。

第一个方面是关于新型环保混合气体设备的运维策略。多年来，针对SF_6设备的运维策略已经较为成熟。SF_6设备的运维策略主要有以下几种：纠正性维护策略、基于时间的维护策略（预防性维护）、预测性维护策略、基于状态的维护策略和以可靠性为中心的维护策略。其中，对于纠正性维护策略，使用SF_6气体的电力设备可以基于多年的经验，通过设备的使用程度、对电网的影响、维修成本和发生故障的风险评估等方面制定合理的纠正性维护策略。但对于尚处于初始使用阶段的新型环保混合气体设备，以上方面难以判断，因此对于新型环保混合气体设备纠正性维护策略是暂不适用的。同样，以可靠性为中心的维护策略也是暂不适用于新型环保混合气体设备的。以可靠性为中心的维护策略需要大量已安装的设备来提供统计数据，因此在获得足够的反馈和现场经验之前，可能暂时无法应用该策略。

相对于以上两种策略，基于时间的维护策略（预防性维护）非常适用于新型环保混合气体的高压气体绝缘设备。两次维护之间的时间间隔取决于特定的设备设计和使用的环保气体性质，该时间间隔应该由电力公司和设备制造商之间讨论定义。通常，可以优先开发使用新型环保混合气体的高压GIS，其维护周期可以与使用SF_6气体的GIS相同或者相当。在新型环保混合气体设备安装后的一段时间内（例如，直到首次计划维护之前）进行额外的基于状态的维护是降低风险和提高设备可靠性的另一种方法。当使用新型环保混合气体的后续产品更加成熟时，通过进一步的预测性维护可以提高设备可靠性和降低成本。预测性维护与“预防性维护”有所不同，因为它取决于设备的实际状况（例如通过热成像设备、电晕照相机或与气体相关的指标进行评估）、平均寿命或预期寿命统计信息，用于预测何时需要维护。除此之外，为了获得新运维技术的经验，一条有价值的途径是对代表该技术的某些选定样本（例如较少的面板或隔室）实施基于时间的维护。这些样本是在需要时进行基于状态的维护的基础，并且可以减少总维护的工作量。

第二个方面是关于新型环保混合气体的运维监测指标和相关技术设备。通常情况下，新型环保混合气体必要的监测指标包括以下几个方面：气体压力/密度、气体混合比例、特征分解产物、杂质；可选择的监测指标包括：开关操作次数以及局部放电监测。

对新型环保混合气体的压力和气体混合比例的测量目的是为了检测异常的泄露。环保混合气体电力设备在设计之初，厂家会根据设备运行需求，设定其既定的气体压力和混合比。对新型环保混合气体电力设备断路器中气体组分普查时，发现大部分设备中的气体混合比与设定值差别较大。这是因为电力设备长期运行过程中，可能发生气体泄漏，使得设备内气体压力和混合比发生变化，造成设备的电气性能下降。因此需要定期或实时地检测电力设备中气体压力、气体混合比以及新型环保混合气体含量，并采取相关措施以保证该设备的电气性能。对于设备内气体压力以及气体混合比的检测要尽量实现准确、实时，以便更好地监控设备内混合气体质量，确定其是否有泄露等情况，对设备绝缘故障进行早期预警。对于气体压力检测，可以采用用于测量和监测气体压力/密度的气体压力表和密度监测器，这是用于检测 GIS 的气体压力的最先进设备。在混合气体的情况下，有必要考虑到气体的特性，决定是仅监视总压力/密度，还是必须监视一次气体成分的分压。上述两种方法的结合，即温度补偿压力传感器和密度传感器，可以用于监测单个气体组分的分压。在使用的过程中，还必须考虑到不同的气体或混合气体需要不同的气体密度监测仪的校准。当气压/密度检测表明存在异常泄露时，还应该采取措施确定泄露位置。除了使用气泡法测试泄露位置以外，还可以使用专用的嗅探设备来确定泄露位置。对于新型环保混合气体，重点可以放在主要气体成分的嗅探上。除此之外，也可以检测次级气体成分（例如 CO_2）浓度的突然变化以确定泄漏位置。除了对电力设备内部设有检测装置以外，工作室内也应当设有气体检测泄漏报警装置，以确保操作人员的生命安全，同时应当配备防毒面具等应急用具，以避免如 C_4F_7N 气体泄漏时含有氰基化物对人员生命构成威胁。值得注意的是，此处不包括诸如氧气之类的污染物的测量，对氧气等污染物的测量包括在杂质水平的测量中。但应该意识到，在某些情况下，污染物的存在会影响气体混合比的测量质量。而对于诸如断路器，带有新型环保混合气体的隔离开关或接地开关之类的活性气体室，还可能要考虑压力升高等其他检测指标。

除此之外，与 SF_6 等传统气体不同，C_4F_7N、$C_5F_{10}O$、$C_6F_{12}O$ 等新型环保气体的分解过程在放电、电弧或热离解后是不可逆的。这使得电力设备即便不发生泄露，在使用一段时间后，其内部的新型环保混合气体含量也会减少，从而导致电力设备的电气性能大打折扣。因此，需要对新型环保混合气体的特征分解产物进行监测。根据《IEC6048：2004 从电气设备中取出六氟化硫（SF_6）的检验和处理指南及其再使用规范》标准，用于气体分解组分检测的方法有四种：气相色谱法、红外吸收光谱法、气体检测管法和离子色谱法。其中，气相色谱法是目前国内外用于气体组分检测的最常用方法，具有检测组分多、灵敏度高的优点。

电力设备在长期运行中，不仅会发生气体泄露、分解等情况，还可能会有杂质混入新型环保混合气体。因此，还需要定期或实时地对电力设备混合气体进行杂质检测，常见的杂质有水蒸汽、O_2 以及 N_2 等空气中常见气体。在这些杂质中，水蒸汽影响最大。首先，如果气体中的水分含量过多，水分会在固体表面凝结，湿润绝缘表面，绝缘性能下降，使得设备存在安全隐患。其次，水蒸汽杂质的加入会显著提高混合气体电离反应速率，降低绝缘性能。另外，水蒸汽杂质的增加也会使得强电负性气体 C_4F_7N 、$C_5F_{10}O$ 的比例减少，进一步降低混合气体的绝缘性能。对于 C_4F_7N、$C_5F_{10}O$ 含量较少的混合气体，水蒸汽杂质就能够显著的提高其有效电离系数，降低临界电场强度；随着 C_4F_7N、$C_5F_{10}O$ 的含量提高，水蒸汽杂质的影响越来越显著，水蒸汽杂质会使得混合气体的绝缘性能大幅降低。因此，水蒸汽杂质对新型环保混合气体绝缘特性的影响十分大，其影响要大于氧气杂质和氮气杂质。目前，新型环保混合气体设备含水量可以参考中华人民共和国电力行业规范《DL/T 603-2006 气体绝缘金属封闭开关设备运行及维护规程》中对气体绝缘金属封闭开关设备运行及维护的规定。其次是 O_2。O_2 杂质能够提高混合气体的有效电离系数，使得混合气体的绝缘性能下降。C_4F_7N、$C_5F_{10}O$ 在混合气体中的比例越高，O_2 杂质对绝缘性能的影响越明显。最后是 N_2。N_2 杂质对有效电离系数的影响是双向的。在场强较低时，N_2 杂质能够提高有效电离系数，使其绝缘性能下降；在场强较高时，N_2 杂质能够降低有效电离系数，且场强越高，降低的程度越大。N_2 杂质的比例越高，对混合气体绝缘性能的影响也就越大。对新型环保混合气体分解产物或杂质的测量监测除了为了保证电力设备的性能和操作安全性以外，还为了能够决定是否可以重复使用混合气体。

对于新型环保混合气体，除了以上必要的监测指标以外，还有两项可供选择的指标：开关操作次数和局部放电监测。开关操作的次数可以潜在地指示开关设备的状态。对于新型环保混合气体，仔细查看开关操作历史可能有助于估计混合气体是否已达到最低功能性气体成分，并确定是否要有必要采取进一步的监测以及维护措施（例如对设备内混合气体的分析、补充，对干燥剂的替换或对固体分解产物的清洁）。监视局部放电活动则可以帮助检测和定位操作期间可能出现的缺陷，从而启动适当的维护措施。对于 SF_6 气体，不必考虑由于局部放电而导致的气体质量下降。而对于新型环保混合气体，当混合气体成分受到局部放电的影响时，局部放电监测是需要的。

综合上述，在使用新型环保混合气体的电气设备运行中，需要时刻注意检测设备中混合气体的压力、混合比以及分解杂质和水蒸汽的含量，同时也要关注 N_2、O_2 对混合气体绝缘性能的影响，确保电力设备的整体性能和安全性。

第三个方面是关于新型环保混合气体的回收使用和填充方法以及对其分解气体、副产品的处理要求。经检测后，发现新型环保混合气体电力设备故障或需要维护时，需要对设备内混合绝缘气体进行现场回收。对于新型环保混合气体，与 SF_6

气体的主要区别在于需要在填充和回收工作期间付出额外的努力来保持正确的气体混合比。必须考虑单个气体成分的液化行为，这会增加维护工作期间所需的气体处理时间。新型环保混合气体的回收不像 SF_6 气体那样可以直接液化灌装，需要先将混合气体分离再分别回收。国际上提出混合气体的分离方法主要有液化法、PSA法和高分子薄膜分离法等。对于新型混合环保气体 C_4F_7N、$C_5F_{10}O$ 等，由于它们和缓冲气体液化相变温度相差较大，可以采用深冷分离技术，实现它们的初步分离，然后再分别对两种气体压缩灌装，从而实现快速回收。目前，回收的新型环保混合气体不能在现场重复使用。从技术上讲，提纯净化再利用是可行的，但目前暂无可使用的设备。混合气体的处理要比纯化带有某些杂质的“单组分气体”更为复杂。对于回收的新型环保混合气体，一般采取回收后进行焚化处理。

当发现电力设备中混合气体有气压降低或混合比不满足要求时，应对电力设备进行补气。目前，还没有统一的配气、补气方法和执行标准。一般在现场主要采用分压补气法，即先充入一定分压的一种气体，再充入一定分压的另一种气体，两次充气采用分压力控制两种气体的充气量和混合比。但这种方法配气准确度较低，充气操作过程复杂，而且工作人员常常忽略了表压，造成设备内混合气体比例发生较大改变。为保证混合气体的纯度和质量，新型环保混合气体电力设备的气体填充可以采用预混合瓶或者专用的气体混合设备进行现场混合。其中，预混合瓶可以分为：将气体（部分）以液相预混合以及将气体以气相预混合。这三种方式在不同的情况下存在不同的优缺点。对于气体部分为液相的预混合瓶，当进行安装和例行维护时，优点是其运输便捷，所需的混合瓶数量少；但当需要对设备进行紧急补气时，缺点在于对其预热和均质化需要额外的时间。对于气相气体预混合瓶，优点在于可以降低用于混合气体均质化的工作量和时间，并且在需要紧急补气时可以实现快速补气；缺点在于对于大型设备需要大量补气瓶，并且对于储存运输有额外的要求（低温时有凝露的危险）。两种不同的预混合瓶还有一个共同的缺点：固定的混合比。要解决这个问题可以使用专用设备进行现场混合，但这种方法的缺点是对设备和运维人员的要求更高，以及存在更高的安全要求。

当检测发现新型环保混合气体发生分解时，需要对分解气体和副产物进行处理。如今，对于新型环保混合气体，没有类似于 IEC 60376《电力设备用工业级六氟化硫（SF_6）规范》或 IEC 60480《从电力设备中取出六氟化硫（SF_6）的检验和处理指南及其再使用规范》的标准。每个新型环保混合气体电力设备制造商都规定了处理分解后的混合气体的程序。混合气体分解产物的性质以及它们对电力设备性能完整性的影响，在很大程度上取决于新型环保混合气体的成分组成以及特定的电力设备设计。电力公司应与设备制造商讨论在发生设备故障时是否适用不同的评估标准。

从以上内容可以发现，新型环保混合气体的运维技术可以简单地分为检测和操作两个方面。检测方面，新型环保混合气体电力设备在运行过程中，需要定期对新型环保混合气体的质量（混合气体压力、混合比和杂质含量等）进行检测和监控，以确保电力设备的电气性能良好。操作方面，当电力设备发生气体泄露时，需要对电力设备进行补气；当设备损坏时，需要进行气体回收。这些都是新型环保混合气体电力设备日常的运行维护工作。可以发现，除了运维技术与设备需要进一步发展以外，对于运行维护人员的要求也更高。根据新型环保混合气体的特性，可能会出现需要补充性技能组合（例如化学方面的信息）的新技术维护人员（尤其是负责紧急任务，例如加气或加注操作）。与成熟的 SF_6 气体运维技术相比，新型环保混合气体由于具有新的特性，仍然需要在实践中继续深入研究探索。目前对新型环保混合气体电力设备的运维技术研究仍然较少，随着新型环保混合气体在电力设备中的推广应用，将会继续得到完善补充。当务之急是提出成熟的新型环保混合气体的检测、回收、分离、配气补气等技术方案，并研制相应的仪器，以满足现场对运维的需求，为以后电力设备的运维技术、气体回收处理循环再利用关键技术深入研究及推广应用做好技术储备。本小节对新型环保混合气体检测、回收处理、配气补气技术进行了初步探讨，随着混合绝缘气体的推广应用，以及对混合绝缘气体的深入研究，现有技术和方法将得到进一步优化和更新。

第四节　小　　结

采用新型环保气体与空气、CO_2 等液化温度较低的缓冲气体混合使用时，如何针对具体气体绝缘电力设备和环境温度的需求与限制，对环保型混合气体的配比、压力选取方案进行优化是新型环保气体在中压气体绝缘设备中应用的首要问题。针对该问题，介绍了考虑最低环境温度、电气设备充气压力限制和气体绝缘强度的新型环保混合气体最优组配方法，可充分发挥新型环保气体性能，提高环保型电力设备的电气性能。

另一方面，针对新型环保混合气体在实验室与设备现场的应用需求，介绍了中高压电力设备中作为绝缘介质应用的 C_4F_7N、$C_5F_{10}O$ 与 CO_2、干燥空气等缓冲气体的混合气体快速混充和补气技术，可为基于混合气体绝缘/灭弧的中高压电力设备应用与运维提供基础。

此外，汇总了国内外相关环保型电力设备的开发及应用情况，并对现有技术和产品进行了讨论。最后，从新型环保混合气体设备的运维策略、运维监测指标和相关技术设备、气体回收使用和填充方法等方面对基于新型环保气体绝缘的电力设备运维技术进行了讨论。

参考文献

[1] PETROVIĆ Z L, DUJKO S, MARIĆ D, et al. Measurement and interpretation of swarm parameters and their application in plasma modelling [J]. Journal of Physics D: Applied Physics, 2009, 42 (19): 194002.

[2] PETROVIĆ Z L, ŠUVAKOV M, NIKITOVIĆ Ž, et al. Kinetic phenomena in charged particle transport in gases, swarm parameters and cross section data [J]. Plasma Sources Science and Technology, 2007, 16 (1): SI.

[3] NECHMI H E, BEROUAL A, GIRODET A, et al. Effective ionization coefficients and limiting field strength of fluoronitriles-CO_2 mixtures [J]. IEEE Transactions on Dielectrics and Electrical Insulation, 2017, 24 (2): 886-892.

[4] AINTS M, JÕGI I, LAAN M, et al. Effective ionization coefficient of C5 perfluorinated ketone and its mixtures with air [J]. Journal of Physics D: Applied Physics, 2018, 51 (13): 135205.

[5] LONG Yunxiang, GUO Liping, SHEN Zhenyu et al. Ionization and attachment coefficients in C_4F_7N/N_2 gas mixtures for use as a replacement to SF_6 [J]. IEEE Transactions on Dielectrics and Electrical Insulation, 2019, 26 (4): 1358-1362.

[6] HAEFLIGER P, FRANCK C M. Detailed precision and accuracy analysis of swarm parameters from a pulsed Townsend experiment [J]. Review of Scientific instruments, 2018, 89 (2): 023114.

[7] TAGASHIRA H, SAKAI Y, SAKAMOTO S. The development of electron avalanches in argon at high E/N values. II. Boltzmann equation analysis [J]. Journal of Physics D: Applied Physics, 1977, 10 (7): 1051.

[8] DUJKO S, WHITE R D, RASPOPOVIĆ Z M, et al. Spatially resolved transport data for electrons in gases: Definition, interpretation and calculation [J]. Nuclear Instruments and Methods in Physics Research Section B: Beam Interactions with Materials and Atoms, 2012, 279: 84-91.

[9] XIAO Dengming. Fundamental theory of townsend discharge [M]. Berlin, Heidelberg: Springer, 2016: 47-88.

[10] RABIE M, HAEFLIGER P, CHACHEREAU A, et al. Obtaining electron attachment cross sections by means of linear inversion of swarm parameters [J]. Journal of Physics D: Applied Physics, 2015, 48 (7): 075201.

[11] CHACHEREAU A, HÖSL A, FRANCK C M. Electrical insulation properties of the perfluorok-

etone $C_5F_{10}O$ [J]. Journal of Physics D: Applied Physics, 2018, 51 (33): 335204.

[12] CHACHEREAU A, HÖSL A, FRANCK C M. Electrical insulation properties of the perfluoronitrile C_4F_7N [J]. Journal of Physics D: Applied Physics, 2018, 51 (49): 495201.

[13] TENNYSON J. Electron-molecule collision calculations using the R-matrix method [J]. Physics Reports, 2010, 491 (2-3): 29-76.

[14] SHI Deheng, ZHU zunLue, SUN jinfeng, et al. Total Cross Sections for Electron Scattering from the Isoelectronic (Z = 14) Molecules (C_2H_2, CO, HCN and N_2) at 100-5000 eV [J]. Chinese Physics Letters, 2004, 21 (3): 474.

[15] 2017 UNAM database (www. lxcat. net/UNAM) (Accessed: 15 September 2019)

[16] CHACHEREAU A, FRANCK C. Characterization of HFO1234ze mixtures with N_2 and CO_2 for use as gaseous electrical insulation media [C]//Proceedings of the 20th International Symposium on High Voltage Engineering (ISH 2017). CIGRÉ, 2017.

[17] CHACHEREAU A, FRANCK C. Electron swarm parameters of the hydrofluorocarbon HFC-227ea and its mixtures with N2 and CO_2 [C] //22nd International Conference on Gas Discharges and their Applications (GD 2018), 2018.

[18] PACHIN J, HÖSL A, FRANCK C M. Measurements of the electron swarm parameters of R1225ye (Z) (C3HF5) and its mixtures with N_2 and CO_2 [J]. Journal of Physics D: Applied Physics, 2019, 52 (23): 235204.

[19] HÖSL A, PACHIN J, CHACHEREAU A, et al. Perfluoro-1, 3-dioxolane and perfluoro-oxetane: promising gases for electrical insulation [J]. Journal of Physics D: Applied Physics, 2018, 52 (5): 055203.

[20] ZHONG Linlin, WANG Jiayu, WANG Xiaohua, et al. Calculation of electron-impact ionization cross sections of perfluoroketone (PFK) molecules CxF2xO (x = 1−5) based on Binary-Encounter-Bethe (BEB) and Deutsch-Märk (DM) methods [J]. Plasma Sources Science and Technology, 2018, 27 (9): 095005.

[21] XIONG Jiayu, LI Xingwen, WU Jian et al. Calculations of total electron-impact ionization cross sections for Fluoroketone $C_5F_{10}O$ and Fluoronitrile C_4F_7N using modified Deutsch-Märk formula [J]. Journal of Physics D: Applied Physics, 2017, 50 (44): 445206.

[22] RANKOVIĆ M, CHALABALA J, ZAWADZKI M, et al. Dissociative ionization dynamics of dielectric gas C_3F_7CN [J]. Physical Chemistry Chemical Physics, 2019, 21 (30): 16451-16458.

[23] BRAUN M, MARIENFELD S, RUF M W, et al. High-resolution electron attachment to the molecules CCl_4 and SF_6 over extended energy ranges with the (EX) LPA method [J]. Journal of Physics B: Atomic, Molecular and Optical Physics, 2009, 42: 125202.

[24] ORIO M, PANTAZIS D A, NEESE F. Density functional theory [J]. Photosynthesis research, 2009, 102 (2-3): 443-453.

[25] CHEN Li, ZHANG Boya, XIONG Jiayu, et al. Decomposition mechanism and kinetics of iso-C_4 perfluoronitrile (C_4F_7N) plasmas [J]. Journal of Applied Physics, 2019, 126 (16): 163303.

[26] FRISCH M J, et al. Calculations were performed using Gaussian A. 09, Revision A. 02 [J]. Gaussian, Inc., Wallingford, CT, 2009.

[27] ZHANG Boya, Xiong Jiayu, CHEN Li, et al. Fundamental physicochemical properties of SF_6-alternative gases: a review of recent progress [J]. Journal of Physics D: Applied Physics, 2020, 53 (17): 173001.

[28] CHEN Li, ZHANG Boya, LI Xingwen, Decomposition pathway and Rinetic analysis of Perfluoro Retone $C_5F_{10}O$ [J]. Journal of Physics D: Applied Physics, 2020, 53 (41): 415502.

[29] Coufal O. Composition and thermodynamic properties of thermal plasma up to 50 kK [J]. Journal of Physics D: Applied Physics, 2007, 40 (11): 3371.

[30] WHITE W B, JOHNSON S M, DANTZIG G B. Chemical equilibrium in complex mixtures [J]. The Journal of Chemical Physics, 1958, 28 (5): 751-755.

[31] TRUHLAR D G, GARRETT B C. Variational transition state theory [J]. Annual Review of Physical Chemistry, 1984, 35 (1): 159-189.

[32] YANG Lei, SONK J A, BARKER J R. HO+ OClO reaction system: featuring a barrierless entrance channel with two transition states [J]. The Journal of Physical Chemistry A, 2015, 119 (22): 5723-5731.

[33] KEE R J, RUPLEY F M, MEEKS E, et al. CHEMKIN-III: A FORTRAN chemical kinetics package for the analysis of gas-phase chemical and plasma kinetics [R]. Sandia National Labs., Livermore, CA (United States), 1996.

[34] CHEN Li, ZHANG Boya, YANG Tao, et al. Thermal decomposition characteristics and kinetic analysis of C_4F_7N/CO_2 gas mixture [J]. Journal of Physics D: Applied Physics, 2019, 53 (5): 055502.

[35] 李兴文，赵虎. SF_6 替代气体的研究进展综述 [J]. 高电压技术，2016，42 (6): 1695-1701.

[36] LI Xingwen, ZHAO Hu, MURPHY A B. SF_6-alternative gases for application in gas-insulated switchgear [J]. Journal of Physics D: Applied Physics, 2018, 51 (15): 153001.

[37] 李兴文，邓云坤，姜旭，等. 环保气体 C_4F_7N 和 $C_5F_{10}O$ 与 CO_2 混合气体的绝缘性能及其应用 [J]. 高电压技术，2017，43 (3): 708-714.

[38] ZHAO Hu, LI Xinwen, TANG Nian, et al. Dielectric properties of fluoronitriles/CO_2 and SF_6/N_2 mixtures as a possible SF_6-substitute gas [J]. IEEE Transactions on Dielectrics and Electrical Insulation, 2018, 25 (4): 1332-1339.

[39] 陈昌渔，王昌长，高胜友. 高电压试验技术 [M]. 4 版. 北京：清华大学出版社，2017.

[40] ZHANG Boya, UZELAC N, CAO Yang, Fluoronitrile/CO_2 mixture as an eco-friendly alternative to SF_6 for medium voltage switchgears [J]. IEEE Transactions on Dielectrics and Electrical Insulation, 2018, 25 (4): 1340-1350.

[41] GUO Ze, LI Xinwen, LI Bingxu, et al. Dielectric properties of C5-PFK mixtures as a possible SF_6 substitute for MV power equipment [J]. IEEE Transactions on Dielectrics and Electrical Insulation, 2019, 26 (1): 129-136.

[42] 李志闯，丁卫东，高克利，等. C_4F_7N/CO_2 混合气体中环氧绝缘子雷电冲击沿面绝缘特

性 [J]. 高电压技术，2019，45（4）：1071-1077.

[43] LI Zhichuang, DING Weidong, LIU Yishu, et al. Surface flashover characteristics of epoxy insulator in C_4F_7N/CO_2 mixtures in a uniform field under AC voltage [J]. IEEE Transactions on Dielectrics and Electrical Insulation, 2019, 26 (4): 1065-1072.

[44] ZHANG Boya, LI Xingwen, WANG Tianyu, et al. Surface charging characteristics of GIL model spacers under DC stress in C_4F_7N/CO_2 gas mixture [J]. IEEE Transactions on Dielectrics and Electrical Insulation, 2020, 27 (2): 597-605.

[45] ZHANG Boya, LI Chenwei, XIONG Jiayu, et al. Decomposition characteristics of C_4F_7N/CO_2 mixture under AC discharge breakdown [J]. AIP Advances, 2019, 9 (11): 115212.

[46] ZHANG Boya, ZHANG Ziyue, XIONG Jiayu, et al. Thermal and electrical decomposition products of $C_5F_{10}O$ and their compatibility with Cu (111) and Al (111) surfaces [J]. Applied Surface Science, 2020, 513: 145882.

[47] 周文俊，郑宇，高克利，等. 环保型绝缘气体电气特性研究进展 [J]. 高电压技术，2018，44（10）：3114-3124.

[48] CHRISTOPHOROU L G, OLTHOFF J K, VAN BRUNT R J. Sulfurhexafluoride and the electric power industry [J]. IEEE Electr. Insul. Mag, 1997, 13 (5): 20-24.

[49] 廖瑞金，杜永永，李剑，等. 新型环保绝缘气体的研究进展 [J]. 智能电网，2015，3（12）：1118-1124.

[50] GUO Ze, LIU Shungui, et al. Study of the Arc Interruption Performance of CO_2 Gas in High-Voltage Circuit Breaker [J]. IEEE Trans. Plasma Sci, 2019, 47 (5): 2742-2751.

[51] KIM J Y, KIM Y M, SEOK B Y, et al. A study on the lightning impulse breakdown characteristics of dry air for design of eco-friendly electric power apparatus [C]. 18th International Symposium on High Voltage Engineering. Seoul, Korea: ISH, 2013.

[52] CHRISTOPHE P, DANIEL P, et al. Application of HFO1234ZEE in MV switchgear as SF6 alternative gas [C]. 24th International Conference & Exhibition on Electricity Distribution. Glasgow: CIRED, 2017.

[53] RABIE M, FRANCK C M. Comparison of gases for electrical insulation: Fundamental concepts [J]. IEEE Transactions on Dielectrics & Electrical Insulation, 2018, 25 (2): 649-656.

[54] WU Yi, WANG Chunlin, SUN H, et al. Evaluation of SF_6-alternative gas C5-PFK based on arc extinguishing performance and electric strength [J]. Journal of Physics D: Applied Physics, 2017, 50 (38): 385202.

[55] RAJOVIC Z, VUJISIS M., STANKOVIC K and OSMOKROVIC P. Influence of SF_6-N_2 gas mixture parameters on the effective breakdown temperature of the free electron gas [J], IEEE Transaction. Plasma Science. 2013, 41 (12): 3659-3665.